全ゲノム・エクソーム解析時代の遺伝医療, ゲノム医療における倫理・法・社会

【編集】三宅秀彦
（お茶の水女子大学大学院人間文化創成科学研究科
ライフサイエンス専攻 遺伝カウンセリングコース/領域教授）

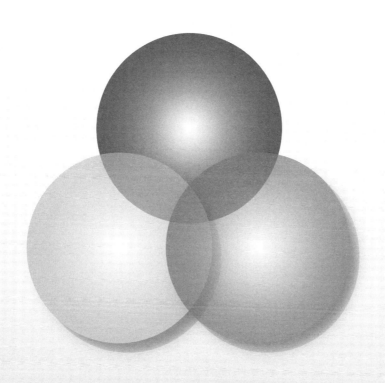

はじめに

「正解はひとつじゃない」
「物事にはいろんな解決法がある」
「逆に解決法がないときもある」
「ひとつのやり方に捉われるな」
（葦原大介　ワールドトリガー　3巻）

　本書は 2007 年に玉井真理子先生の編集，福嶋義光先生の監修の元で上梓された「遺伝医療と倫理・法・社会」の続編として企画されたものです。2007 年は次世代シークエンサーが本格的に上市された年であり，この年を境にゲノム解析のコストは格段に低下し，遺伝学的検査の一般診療化，多遺伝子パネル検査の普及，NIPT の実用化，ゲノム編集の製薬などへの応用など，加速度的に遺伝医療/ゲノム医療は進展しました。その一方で遺伝情報に基づく差別や偏見などへの対応は置き去りとなっていました。そして，2023 年に「良質かつ適切なゲノム医療を国民が安心して受けられるようにするための施策の総合的かつ計画的な推進に関する法律」が成立し，社会体制の整備の本格化が見えてきたところです。また，2007 年はスマートフォンの普及が本格化した年でもあります。スマートフォンの普及は情報の入手を容易にし，さらには SNS による個人の情報発信が可能になりました。その情報発信も一方で，本当に必要な情報へのアクセスが困難になることや，得られた情報が誤りであることも少なくありません。また SNS 社会では，フェイクニュースの拡散やネット炎上，誹謗中傷といった案件が日常茶飯事のように生じており，様々な対策がなされているにもかかわらず，収まる気配もありません。

　科学技術の進歩は多くの恩恵をもたらしてきましたが，その裏側で様々な課題が生み出されます。これらの課題に対して，私達は対応をしていかなくてはなりません。本書の作成にあたり，様々な分野におけるトップランナーの皆様に執筆を依頼しました。現状を俯瞰し，これから生じる課題への対応に向けて，本書が役立つことを期待しています。

三宅秀彦

全ゲノム・エクソーム解析時代の遺伝医療，ゲノム医療における
倫理・法・社会

目　次

編　集：三宅秀彦（お茶の水女子大学大学院人間文化創成科学研究科
　　　　　　　　　ライフサイエンス専攻 遺伝カウンセリングコース / 領域教授）

はじめに ……………………………………………………………………………………………… 5
　　　　　　　　　　　　　　　　　　　　　　　　　　　　　　　　　　　　三宅秀彦

総論

1. 生命倫理，医療倫理，研究倫理：その基礎と実践 ………………………………… 10
　　　　　　　　　　　　　　　　　　　　　　　　　　　　　　　　　　　福嶋義光

2. 遺伝医療の社会における位置づけ
　　1）小児疾患 −先天異常症候群を中心とした小児期の遺伝医療− ……………… 17
　　　　　　　　　　　　　　　　　　　　　　　　　　　　　　　　　　　大場大樹

　　2）生殖・周産期領域 …………………………………………………………………… 22
　　　　　　　　　　　　　　　　　　　　　　　　　　　　　　　　　　佐々木愛子

　　3）腫瘍 ……………………………………………………………………………………… 27
　　　　　　　　　　　　　　　　　　　　　　　　　　　　　　　　　　　植木有紗

　　4）難病（成人疾患）…………………………………………………………………… 33
　　　　　　　　　　　　　　　　　　　　　　　　　　　　　　　　　　　中村勝哉

3. 検体検査における遺伝子関連検査の位置づけ ……………………………………… 38
　　　　　　　　　　　　　　　　　　　　　　　　　　　　　　　　　　　岩泉守哉

4. 遺伝医療・ゲノム医療を担う専門職 ………………………………………………… 43
　　　　　　　　　　　　　　　　　　　　　　　　　　　　　　　　　　　西垣昌和

5. 遺伝臨床における倫理 ………………………………………………………………… 50
　　　　　　　　　　　　　　　　　　　　　　　　　　　　　　　　　　　甲畑宏子

6. 人のゲノムデータをめぐる研究倫理：近くて遠く・浅くて深い問題 ………… 56
　　　　　　　　　　　　　　　　　　　　　　　　　　　　　　　　　　　井上悠輔

7. 難病のゲノム医療（網羅的解析）……………………………………………………… 63
　　　　　　　　　　　　　　　　　　　　　　　　　　　　　　　　　　　三宅紀子

8. 遺伝医療の実践に必要な法律の知識 ………………………………………………… 69
　　　　　　　　　　　　　　　　　　　　　　　　　　　　　　　　　　大磯義一郎

9. ゲノム医療推進法 ……………………………………………………………………… 75
　　　　　　　　　　　　　　　　　　　　　　　　　　　　　　　　　　　横野　恵

各 論

1. 多遺伝子スコアの倫理：成人，未成年者，胎児，胚の観点 ……………… 82
石井哲也

2. 地域における遺伝医療の課題 …………………………………………………… 90
徳富智明・植木有紗・吉田明子

3. 遺伝性疾患と福祉制度 …………………………………………………………… 96
神原容子

4. 当事者の思いと当事者団体の役割 …………………………………………… 103
太宰牧子

5. 患者・市民参画（PPI） ………………………………………………………… 109
江花有亮

6. 遺伝子検査ビジネス ……………………………………………………………… 114
福田　令

7. 遺伝医療とインターネットの関わり ………………………………………… 119
荒川玲子・高野　梢・加藤規弘

8. 医療者教育はどのように行われているか。 ……………………………… 125
蒔田芳男

9. 初等・中等教育における遺伝教育 …………………………………………… 129
佐々木元子

10. 高等教育における遺伝教育 ………………………………………………… 135
渡邉　淳

11. 周産期医療の倫理（保因者検査含む） …………………………………… 140
汀川真希子・山田崇弘

12. 発症前検査の倫理−神経疾患を中心に− ………………………………… 147
柴田有花・山田崇弘

13. 網羅的ゲノム・遺伝子解析において判明する偶発的所見・二次的所見をめぐる
倫理的課題 ……………………………………………………………………… 153
大橋範子

巻 末

資料：参考となる法律・指針・ガイドライン ……………………………………… 162
三宅秀彦

索引 ……………………………………………………………………………………… 166

執筆者一覧 (五十音順)

荒川玲子
国立国際医療研究センター病院 臨床ゲノム科 医長
国立国際医療研究センター研究所 メディカルゲノムセンター 室長

石井哲也
北海道大学 安全衛生本部 教授

井上悠輔
京都大学大学院医学研究科 医療倫理学分野 教授

岩泉守哉
浜松医科大学医学部附属病院 検査部 部長, 准教授
浜松医科大学医学部附属病院 遺伝子診療部 副部長

植木有紗
がん研有明病院 臨床遺伝医療部 部長

江川真希子
東京医科歯科大学大学院医歯学総合研究科 血管代謝探索講座・遺伝子診療科 寄附研究部門 准教授

江花有亮
東京医科歯科大学 生命倫理研究センター 講師

大磯義一郎
浜松医科大学医学部 総合人間科学講座 法学教室 教授

大場大樹
埼玉県立小児医療センター 遺伝科 医長

大橋範子
大阪大学データビリティフロンティア機構 ビッグデータ社会技術部門 特任助教

加藤規弘
国立国際医療研究センター病院 臨床ゲノム科 診療科長
国立国際医療研究センター研究所 メディカルゲノムセンター センター長

神原容子
(元) お茶の水女子大学 ヒューマンライフサイエンス研究所 特任助教

甲畑宏子
東京医科歯科大学 生命倫理研究センター 講師

佐々木愛子
国立成育医療研究センター 周産期・母性診療センター 産科医長 / 遺伝診療センター

佐々木元子
お茶の水女子大学大学院人間文化創成科学研究科 ライフサイエンス専攻 遺伝カウンセリングコース / 領域講師

柴田有花
北海道大学病院 臨床遺伝子診療部 認定遺伝カウンセラー

高野 梢
国立国際医療研究センター病院 臨床ゲノム科 認定遺伝カウンセラー
国立国際医療研究センター研究所 メディカルゲノムセンター 認定遺伝カウンセラー

太宰牧子
一般社団法人ゲノム医療当事者団体連合会 代表理事
特定非営利活動法人クラヴィスアルクス 理事長

徳富智明
川崎医科大学 小児科学 特任教授
川崎医科大学附属病院 小児科・遺伝診療センター 部長

中村勝哉
信州大学医学部 内科学第三教室 講師
信州大学医学部附属病院 遺伝子医療研究センター 講師

西垣昌和
国際医療福祉大学大学院 医療福祉学研究科 遺伝カウンセリング分野 教授

福嶋義光
信州大学医学部 遺伝医学教室 特任教授

福田 令
富山大学附属病院 遺伝子診療部 助教, 認定遺伝カウンセラー

蒔田芳男
旭川医科大学病院 遺伝子診療カウンセリング室 室長, 教授

三宅紀子
国立国際医療研究センター研究所 疾患ゲノム研究部 部長

三宅秀彦
お茶の水女子大学大学院人間文化創成科学研究科 ライフサイエンス専攻 遺伝カウンセリングコース / 領域教授

山田崇弘
北海道大学病院 臨床遺伝子診療部 教授, 部長
北海道大学大学院医学院 臨床遺伝学・医療倫理学 教授

横野 恵
早稲田大学社会科学部 准教授

吉田明子
岩手医科大学医学部 臨床遺伝学科 助教

渡邉 淳
金沢大学附属病院 遺伝診療部 部長, 特任教授
金沢大学附属病院 遺伝医療支援センター センター長

総論

総論

1 生命倫理，医療倫理，研究倫理：その基礎と実践

福嶋義光

　遺伝医療・ゲノム医療において，「倫理」の基礎を深く理解しておくことは極めて重要である。主に先端医療の倫理的課題を扱う生命倫理，医療の現場における倫理的課題を考える医療倫理，そして研究における適切な倫理的対応と誠実な態度を考える研究倫理，いずれの場合であっても倫理的な行動とは，理想の姿を追い求めるものであり，決して法律やガイドラインに違反していないかどうかを確認することだけではない。遺伝医療・ゲノム医療の倫理規範は技術的な進歩および社会環境の変化により，これからも変化し続けることが予想される。判断に迷う事案に直面した場合には，他者の意見やガイドラインを参考にしつつも，自分自身で考え続けていく姿勢を保つことが重要である。

Key Words

生命倫理の４原則，自律尊重，善行，無危害，正義，倫理分析，トロッコ問題，神の委員会，WHO ガイドライン，人類遺伝学会，厚生労働省，３省指針，全国遺伝子医療部門連絡会議，医学教育モデル・コア・カリキュラム，APRIN，eAPRIN

■ はじめに

　遺伝医療・ゲノム医療において，「倫理」の基礎を深く理解しておくことは極めて重要である。どこに，どのような倫理的課題が存在しているのかについて気がつくことができること，そしてその倫理的課題をどのように解決していけばよいのかを考えていく道筋，すなわち生命倫理を系統的に学んでおくことが望まれる。岩波書店の広辞苑によれば，道徳とは「ある社会で，その成員の社会に対する，あるいは成員相互間の行為の善悪を判断する基準として，一般に承認されている規範の総体。法律のような外面的強制力を伴うものではなく，個人の内面的な原理」と記載されており，道徳を論理立てたものが倫理である。すなわち倫理は，所属する社会集団の中で，円滑に行動するための基本的ルールであるということができ

る。しかし注意しなければならないのは，この基本ルールである倫理規範は常に変化していることである。社会が異なれば倫理観は異なるし，科学の進歩により変化することも考えられる。

　本稿では，筆者が実際に「倫理」に関連する事項について重視してきたこと，および遺伝医療・ゲノム医療において，生命倫理・医療倫理・研究倫理の側面から実践してきたことを中心に述べてみたい。

Ⅰ．生命倫理の４原則

　生命倫理は，生命科学・医学研究，あるいは先端的医療から生じる倫理的問題や課題について，医学，生物学，哲学，法学，社会学，行動科学，宗教などの専門家の叡智を結集し，よりよい解決方法を考えていく学際的な分野である。具体的には，終末期医療，臓器移植，生殖医療，再生医療，

遺伝子治療などが生命倫理の主たる検討課題であるが，当然のことながら遺伝医療・ゲノム医療のあり方についても倫理的課題と解決方法を考えていかなければならない。

　倫理的課題の一つの解決方法は，一つ一つの事例を詳細に検討し，原理化することである。BeauchampとChildressにより提案された生命倫理の4原則を**表❶**に示す。

　判断に迷う事案に直面した場合には，この生命倫理の4原則に立ち返って考えることにより，解決の糸口につながることがある。生命倫理の4原則を深く理解し，倫理分析技術を身につけておくことが望まれる一方で，道徳的価値観には多様性があることを理解しておくことも重要である。

Ⅱ．倫理教育の実践

1．生命倫理：トロッコ問題

　筆者が行う生命倫理の授業では，まず初めに受講者に次のトロッコ問題に答えてもらうことにしている。

　「あなたは安全なところにいて，ポイントの前に立っている。トロッコが暴走してきて，このままでは5人が轢かれて命を失ってしまうが，ポイントを切り替えることによりこの5人を救うことができる。しかし，ポイントを切り替えるとその先に1人の作業者がいて，その人の命を奪うことになる。あなたはポイントを切り替えますか」

　学生たちは，全員目をつぶり，ポイントを切り替えるか，切り替えないか，のどちらかに手を上げてもらう。最大限の命を救うべきだと思う人がいる一方，何もせずそのままにしておくべきだと考える人もいる。毎年，必ず二つに分かれ，回答が一つになることはない。同じクラスの仲間であっても道徳的価値観には多様性があることに気づかせるのが目的である。生命倫理を考える際に

価値観には多様性があることを理解しておくことは極めて重要である。

　生命倫理の4原則を使いこなせるようになるためには，系統講義あるいは成書[1]により，生命倫理を系統的に学ぶことが望まれる。生命倫理を学ぶうえで最も重要なことは，倫理的に課題のある問題については，一つの正解があるわけではなく，常にどのように考えて議論を進めたらよいのかという考え方を学ぶという姿勢である。現在，種々の領域でガイドラインが制定されているが，そのガイドラインの文言を知識として覚えることよりも，どのような倫理的な考え方のもとにガイドラインが作られているのかを理解することのほうが重要である。

2．医療倫理・臨床倫理：神の委員会

　医療倫理と臨床倫理は同義語であり，医療の現場における倫理的課題を考えるものであるが，医療倫理は医療システム全体に焦点が当てられている一方，臨床倫理は個々の患者と医療提供者の関係に焦点が当てられている。

　医療倫理・臨床倫理の授業では，文献2で紹介されている神の委員会および終末期医療を例に，受講生に医療倫理・臨床倫理について考える機会を提供している。

（1）神の委員会

　1962年当時，年間数万人が腎不全で死亡している状況において世界初の人工透析センターが米国シアトルに開設された。多数の患者が殺到し，誰に透析を受けさせるのか選別しなければならなかった。この選別する委員会は神の委員会と呼ばれた。

　以下の5名が急性腎不全に罹患し透析が必要な状態である。しかし透析機器は2台しかない。あなたが委員会のメンバーになったとしたら誰に透析

表❶　生命倫理の4原則

自律尊重（Respect for autonomy）：個人の自己決定権を尊重し，判断能力の制限のある人を保護する。
善行・仁恵（Beneficence）：個人の福祉，幸福を守ることを優先させ，彼らの健康に寄与すべく最善をつくす。
無危害・被害防止（Maleficence）：当事者に対して有害なものを取り除き，防ぎ，少なくとも有害なものを最小限にする。
正義（Justice）：個人を公正かつ公平に扱い，保健に関する便益と負担を対社会的にできるだけ公平に配分する。

■総　論

を受ける機会を与えますか？　その理由も述べて下さい。

候補者①：28歳女性，シングルマザー，子ども2人，生活保護受給中

候補者②：45歳男性，会社社長（社員500人），独身

候補者③：75際男性，著名な俳優，社会に文化的貢献をしている

候補者④：38歳女性，家庭の主婦，子ども3人（15歳，12歳，8歳），よい母親

候補者⑤：52歳男性，医師，子どもは20歳の医学生

　この課題は，生命倫理の4原則のうちの一つである「正義（Justice）」について深く考えるためのものである。当然のことながら，正解があるわけではなく，レポートを集計してみると選ばれる候補者はばらばらに別れる。選ぶ根拠としては，くじ引きによってというものもあるが，「〇〇に応じて選んだ」というものであってほしい。自分自身の価値観に気づくきっかけになるからである。待機時間（順番）に応じて，病気の重症度に応じて，治癒の可能性に応じて，年齢に応じて，社会的価値に応じて，今までの社会に対する貢献度に応じて，これからの社会に対する貢献度に応じて，家族からの必要度に応じて，本人の努力に応じて，本人の熱意に応じて，など各人の倫理観・道徳観によって選別の根拠は異なる。

　様々な立場の様々な価値観をもつ人々がいて，すべての人々に納得していただくことは困難ではあるが，選んでいくプロセスの公正性を保つことは重要である。倫理問題の解決のためには，一人ひとりが自分自身の価値観・倫理観に基づき根拠を明確にしたうえで議論を重ねていくことが必要である。

　神の委員会のその後であるが，医学の進歩により誰でもが透析を受けられるようになり，神の委員会は1971年に解散した。医学の進歩が深刻な倫理課題を解決したのである。

（2）終末期医療

　Aさん（78歳，男性）は，アルツハイマー型認知症（FAST分類6）で施設に入所中であるが，最近，十分に食べたり飲んだりできなくなってきた。Aさんの長男は，「父は延命を望んでいなかったので，自然のまま施設で看取ってほしい」と述べたが，遠方に住んでいる長女は，「命は大切。何とか少しでも長く生きていてほしいので，点滴などの治療をお願いしたい」と，兄妹で意見が分かれました。あなたが，Aさんの担当だったらどうしますか？

　このような終末期医療の倫理では，医学的視点，倫理的視点，法的視点のバランスのとれた考え方によって検討していく必要がある。生命倫理の4原則の一つである自律尊重は重視されなければならないが，自己決定能力の乏しい方に対しては誰が代理で判断してよいのか，また善行原則の観点から延命治療を行うのがよいのか，自然に看取るのがよいのか，家族で意見が分かれる場合にはその方針決定は容易ではない。

　日本臨床倫理学会は，このような日常の医療・ケアの実践から生ずる倫理的問題に対して広く関連分野との連携を図りながら，患者の視点と現場の実践に基づいた立場から対処し，よりよい医療の実践を目指すことを目的として活動している。また，各医療施設における様々な倫理的な問題に対して適切な助言を与えることのできる人材育成として臨床倫理認定士制度を運営している。

Ⅲ．遺伝医療・ゲノム医療の倫理的課題に対する実践

　遺伝医療・ゲノム医療にも深刻な倫理的課題が存在する。生涯変化せず，当事者だけではなく血縁者にも影響を与えうる情報を明らかにするものであり，また研究が進めば進むほど将来の発症を予測できる情報を知ることのできる遺伝学的検査をどのように臨床の場で用いたらよいのか慎重に検討する必要がある。遺伝医療・ゲノム医療の倫理的課題を解決していくために最も重要なキー

ワードは「遺伝カウンセリング」である。生命倫理の4原則の一つである自律尊重を実質化させていくためには，専門家と当事者の間の情報格差を極力小さくしていくことが必要であり，遺伝カウンセリング体制の充実が求められる。以下，筆者が実際に関与してきた事柄を中心に，わが国の取り組みを振り返ってみたい。

1. 遺伝子診療部の設立と遺伝医学に関するガイドラインの作成（表❷）

信州大学では，1996年に大学病院としては全国で初めて遺伝子診療部を開設したが，ちょうど同じ頃，遺伝医学の臨床応用についてのWHOガイドライン（1995，1997，2002）が作成されていた。生命倫理の4原則を基礎に，遺伝医学の臨床応用に際して問題となりうる倫理的諸課題について網羅されており，それぞれに対し的確な考え方が示されていた（現在，1997年版のみがHPで閲覧可能である）。臨床遺伝に携わる者であれば誰もが日常悩まされる倫理的諸課題について大変すっきりした考え方が示されており，臨床遺伝を実践している医療関係者に必要であると考え，有志とともに日本語に翻訳し，遺伝医学セミナー

参加者など臨床遺伝に関係する方々に配布した。

日本人類遺伝学会では，遺伝医学研究の進展とともにその臨床応用に際しての留意点について，次々とガイドラインを公表した。これらのガイドラインを基礎に，2003年に，遺伝学的検査に深く関与していた遺伝医学関連10学会が合同で「遺伝学的検査に関するガイドライン」を公表し，後述するように厚生労働省にも引用されるようになった。最終的には，2011年に日本医学会「医療における遺伝学的検査・診断に関するガイドライン」としてまとめられた。このガイドラインは，2022年に，次世代シークエンサーなどの解析技術の進展や個人情報保護のあり方などに対応するための改定が行われている。これらのガイドラインはすべて生命倫理の考え方に基づいて作成されている。

2. 厚生労働省における遺伝カウンセリングの位置づけ

生殖細胞系列の遺伝学的検査がわが国で初めて保険適用されたのは，進行性筋ジストロフィーの2006年であるが，検体検査判断料として遺伝カウンセリングに係る加算が新たに創設されたのは

表❷　遺伝医学に関連したガイドラインの作成

WHOガイドライン（1995，1997，2001）
- 遺伝医学の倫理的諸問題および遺伝サービスの提供に関するガイドライン（1995，日本語訳1997）
- 遺伝医学と遺伝サービスにおける倫理的諸問題に関して提案された国際的ガイドライン（1997，日本語訳1998）
  https://jshg.jp/wp-content/uploads/2017/08/WHOguideline.pdf
- 遺伝医学における倫理的諸問題の再検討（2001，日本語訳2002）

日本人類遺伝学会
- 遺伝カウンセリング・出生前診断に関するガイドライン 1994
  https://jshg.jp/about/notice-reference/guidelines-on-genetic-counseling-and-prenatal-diagnosis/
- 遺伝性疾患の遺伝子診断に関するガイドライン 1995
  https://jshg.jp/about/notice-reference/guidelines-on-genetic-diagnosis-of-hereditary-diseases/
- 遺伝学的検査に関するガイドライン 2000
  https://jshg.jp/about/notice-reference/guidelines-for-genetic-testing/

遺伝医学関連10学会・研究会（日本遺伝カウンセリング学会，日本遺伝子診療学会，日本産科婦人科学会，日本小児遺伝学会，日本人類遺伝学会，日本先天異常学会，日本先天代謝異常学会，日本マススクリーニング学会，日本臨床検査医学会，家族性腫瘍研究会）
- 遺伝学的検査に関するガイドライン 2003
  https://jshg.jp/wp-content/uploads/2017/08/10academies.pdf

日本医学会
- 医療における遺伝学的検査・診断に関するガイドライン 2011
  https://jams.med.or.jp/guideline/genetics-diagnosis.pdf
- 医療における遺伝学的検査・診断に関するガイドライン 2022
  https://jams.med.or.jp/guideline/genetics-diagnosis_2022.pdf

■総　論

2008年である。

この算定要件として，遺伝医学関連10学会「遺伝学的検査に関するガイドライン」(2003) と「医療・介護関係事業者における個人情報の適切な取扱いのためのガイドライン」(2004) を遵守すべきであることが記載された。後者のガイドラインの10項目に「遺伝情報を診療に活用する場合の取扱い」(表❸) があり，「医療機関等が，遺伝学的検査を行う場合には，臨床遺伝学の専門的知識を持つ者により，遺伝カウンセリングを実施するなど，本人及び家族等の心理的社会的支援を行う必要がある」と記載された。このガイドラインは，2017年と2023年に改定されガイダンスとなり，表現の軽微な変更はあるが，趣旨は全く変わっていない。

3. ヒトゲノム遺伝子解析研究に関する倫理指針（3省指針）と遺伝カウンセリング

2001年に策定された「ヒトゲノム遺伝子解析研究に関する倫理指針（3省指針）」では，表❹に示すように遺伝カウンセリングの項目が設けられた。

3省指針が制定されて以降，遺伝子診療部などの遺伝カウンセリングを実施できる部門が各大学に次々と設立され，第一回全国遺伝子医療部門連絡会議が2003年に開催された。同連絡会議には，2024年7月現在148施設が加盟しており，わが国の遺伝子医療（遺伝学的検査および遺伝カウンセリングなど）の充実・発展のための活動を行っている。

3省指針は，2021年に他の研究倫理指針と統合され，「人を対象とする生命科学・医学系研究に関する倫理指針」となったが，この指針においても3省指針の趣旨が活かされており，「遺伝情報を取り扱う場合にあっては，遺伝カウンセリングを実施する者や遺伝医療の専門家との連携が確保できるよう努めなければならない」と記載されている。

4. 医学教育と遺伝医療・ゲノム医療

従来，医学教育の中で遺伝医学は十分に教育されていなかったが，日本医学会，全国遺伝子医療

表❸　医療・介護関係事業者における個人情報の適切な取扱いのためのガイドライン（厚生労働省 2004）

10．遺伝情報を診療に活用する場合の取扱い
　遺伝学的検査等により得られた遺伝情報については，遺伝子・染色体の変化に基づく本人の体質，疾病の発症等に関する情報が含まれるほか，生涯変化しない情報であること，またその血縁者に関わる情報でもあることから，これが漏えいした場合には，本人及び血縁者が被る被害及び苦痛は大きなものとなるおそれがある。したがって，検査結果及び血液等の試料の取扱いについては，UNESCO国際宣言，医学研究分野の関連指針及び関連団体等が定める指針を参考とし，特に留意する必要がある。
　また，検査の実施に同意している場合においても，その検査結果が示す意味を正確に理解することが困難であったり，疾病の将来予測性に対してどのように対処すればよいかなど，本人及び家族等が大きな不安を持つ場合が多い。したがって，医療機関等が，遺伝学的検査を行う場合には，臨床遺伝学の専門的知識を持ち，本人及び家族等の心理社会的支援を行うことができる者により，遺伝カウンセリングを実施する必要がある。

表❹　ヒトゲノム遺伝子解析研究に関する倫理指針（3省指針）2001

12　遺伝カウンセリング
（1）目的
　　ヒトゲノム・遺伝子解析研究における遺伝カウンセリングは，対話を通じて，提供者及びその家族又は血縁者に正確な情報を提供し，疑問に適切に答え，その者の遺伝性疾患等に関する理解を深め，ヒトゲノム・遺伝子解析研究や遺伝性疾患等をめぐる不安又は悩みにこたえることによって，今後の生活に向けて自らの意思で選択し，行動できるよう支援し，又は援助することを目的とする。
（2）実施方法
　　遺伝カウンセリングは，遺伝医学に関する十分な知識を有し，遺伝カウンセリングに習熟した医師，医療従事者等が協力して実施しなければならない。

部門連絡会議，日本人類遺伝学会，日本遺伝カウンセリング学会は，2013年に医学部卒前遺伝医学教育モデルカリキュラムを公表した。その後，文部科学省は，2016年に改正された医学教育モデル・コア・カリキュラムの「全身におよぶ生理的変化，病態，診断，治療」の大項目の中の1番目に「遺伝医療・ゲノム医療」の項目を新たに設け，「遺伝カウンセリングの意義と方法について理解している」，「遺伝医療における倫理的・法的・社会的配慮について理解している」などが記載されることとなった。表❺に，2022年に改定された医学教育モデル・コア・カリキュラムの遺伝医療・ゲノム医療の部分を示す。

Ⅳ. 研究倫理・研究公正

研究倫理・研究公正は，研究において適切な倫理的対応と誠実な態度を確保し，研究の信頼性と有益性を高めるための原則を意味する。

2014年に文部科学省から「研究活動における不正行為への対応等に関するガイドライン」が制定され，各大学・研究機関に研究倫理教育責任者が置かれることになったことから，研究倫理教育は研究不正の防止と不正が起きた場合の対処法に力点が置かれることになった。また，医学研究など人を対象とする研究においては，「人を対象とする生命科学・医学系研究における倫理指針」の記載事項に逸脱していないかどうか，特に被検者保護がしっかりとなされているかどうかだけを判断するのが研究倫理であるかのような風潮も生まれている。

研究倫理は，英語では通常，research ethics and integrity（研究倫理・研究公正）と表現されており，被検者保護だけではなく，有益性を向上させることも含まれている。

現在，研究倫理教育教材として最も普及しているのは，財団法人公正研究推進協会（APRIN）が提供している e-learning プログラム（eAPRIN）である。APRIN の前身は，2012年に信州大学が主管となり開始された CITI Japan プロジェクト（文部科学省「研究者育成のための行動規範教育の標準化と教育システムの全国展開」）である。CITI Japan プロジェクトでは，国際標準をみたしつつ，常に変化し続ける規範を100名以上の研究者が多彩なテーマについて執筆し，e-learning 教材として，全国の大学・研究機関で広く利用できるように提供するもので，300以上の大学・研究機関の40万以上の研究者・学生に利用されるようになった。文部科学省からの補助が終了した2017年に維持機関会員の会費で運営する APRIN に事業を移管した。その後も利用者は増加し，現在では400以上の大学・研究機関・企業が維持機関会員となり，90万人以上の方々が履修している。

eAPRIN では，現在，150を超える事項（単元）の教材を提供しているが，研究不正防止に関わる事項や被検者保護に関わる事項だけではなく，よ

表❺ 医学教育モデル・コア・カリキュラム（2022）

PS-03-01：遺伝医療・ゲノム医療

PS-03-01-01　集団遺伝学の基礎としてハーディ・ワインベルグの法則について概要を理解している。

PS-03-01-02　家系図を作成し，評価できる。

PS-03-01-03　生殖細胞系列変異と体細胞変異の違い，遺伝学的検査の目的と意義について理解している。

PS-03-01-04　遺伝情報の特性（不変性，予見性，共有性，あいまい性）について理解している。

PS-03-01-05　遺伝カウンセリングの意義と方法について理解している。

PS-03-01-06　遺伝医療における倫理的・法的・社会的配慮について理解している。

PS-03-01-07　遺伝医学関連情報にアクセスすることができる。

PS-03-01-08　遺伝情報に基づく治療や予防をはじめとする未発症者を含む患者・家族への適切な対処法について概要を理解している。

■総論

りよい研究を行っていくために必要な事項，例えば，生物統計学を中心としたデータの再現性確保のための教材や有用性向上のためのチェックリストなども提供している。信州大学医学部では，すべての研究者および大学院生に，eAPRINのうち，**表⑥**に示す15単元を3年ごとに履修することを義務づけている。

遺伝医療・ゲノム医療に研究的側面は不可欠であり，研究倫理・研究公正を系統的に学んでおく必要がある。eAPRINをすぐには利用できない方でも，安価な会費で個人会員になることもできるし，無料で利用できる教材も数多く提供しているので，是非APRINのサイトをご覧いただきたい。

ゲノム医療に関連した教材としては，「人を対象とした研究：基盤編（HSR）」の一つとして，「人を対象としたゲノム・遺伝子解析研究」を筆者が執筆している。

▌おわりに

生命倫理，医療倫理，研究倫理の基礎を学び，それを遺伝医療・ゲノム医療の実践にどのように結びつけていくのかについて，著者自身の経験を踏まえて述べた。現在，様々な倫理指針やガイドラインが作成されているが，これらを学ぶ際に重要なことは，指針やガイドラインの文章をそのまま暗記するのではなく，それらがどのような思想のもとに作成されているのか，その本質を理解することである。今後，新たな技術の進展，社会の変化とともに倫理的な課題についての判断基準は変化していくことが予想される。倫理基準の枝葉の部分は常に変化しうるが，倫理の本質である幹の部分の考え方は変わらないはずである。本書をお読みの方には，是非，生命倫理，医療倫理，研究倫理の学習を深めていってほしいと考えている。

表⑥ 信州大学医学部で3年ごとに履修することが義務づけられているeAPRINの15単元

責任ある研究行為（RCR）
　責任ある研究者の行為について
　研究における不正行為
　データの扱い
　共同研究のルール
　利益相反
　オーサーシップ
　盗用と見なされる行為
　ピア・レビュー
　メンタリング
　公的研究費の取り扱い
人を対象とした研究：基盤編（HSR）
　生命倫理学の歴史と原則，そしてルール作りへ
　研究倫理審査委員会による審査
　研究における個人に関わる情報の取り扱い
　研究におけるインフォームド・コンセント
　特別な配慮を要する研究対象者

・・・・・・・・・・・・・・・ 参考文献 ・・・・・・・・・・・・・・・

1）千代豪昭：生命倫理学を学ぶための副読本 私の生命倫理学ノート−医療現場における倫理分析の原理と演習−，メディカルドゥ，2019.
2）箕岡真子：臨床倫理入門，へるす出版，2017.

・・・・・・・・・・・・・ 参考ホームページ ・・・・・・・・・・・・・

・日本臨床倫理学会
　https://c-ethics.jp
・全国遺伝子医療部門連絡会議
　http://www.idenshiiryoubumon.org/index.html
・APRIN
　https://www.aprin.or.jp

福嶋義光
1977年　北海道大学医学部医学科卒業
　　　　同医学部小児医学教室
1981年　神奈川県立こども医療センター遺伝科
1985年　埼玉県立小児医療センター遺伝科
1986年　米国ニューヨーク州立ロズウェルパーク記念研究所留学
1988年　埼玉県立小児医療センター遺伝科
1995年　信州大学医学部教授（〜2017年）
2011年　信州大学医学部長（〜2014年）
2017年　信州大学医学部名誉教授，特任教授

総論

2 遺伝医療の社会における位置づけ

1）小児疾患−先天異常症候群を中心とした 小児期の遺伝医療−

大場大樹

　小児疾患における遺伝医療の代表に，先天異常症候群のある子どもに対して小児専門病院の遺伝科医が役割を担う包括的支援がある。包括的支援には，診断，包括的健康管理，社会福祉支援，家族支援が含まれ，疾患のある本人はもちろんのこと，その養育・介護者である両親さらには生活を共にする同胞やすべての家族に対する支援を念頭に置いている。このような包括的支援の取り組みは，先天異常だけでなく遺伝医療が関わるすべての小児疾患に通ずるものである。

Key Words

先天異常症候群，包括的支援，多職種・多施設連携，自然歴情報，健康管理，社会福祉支援，患者家族会，ピアサポート，遺伝カウンセリング

■ はじめに

　小児疾患における遺伝医療の多くは小児専門病院の遺伝科医がその役割を担っている。小児専門病院を受診する子どもの中には多器官にまたがる合併症を有する，いわゆる先天異常症候群のある子どもも多い。先天異常症候群では，その背景に染色体異常や単一遺伝子疾患といった遺伝学的要因がある場合があり，その診断から遺伝医療との関わりが始まる。診断後は複数の診療科や機関にまたがる横断的な合併症管理に加え，療育や社会

福祉支援を含む包括的支援が不可欠である。（表❶）。特に小児期には成長・発達の大きな変化が生じ，様々な合併症への留意やそれに伴う社会福祉支援が必要となるが，合併症管理や連携支援を家族のみで調整することは極めて困難であり，そのコーディネーターとしての関わりが小児専門病院における遺伝医療の重要な役割となっている。また，診断後間もない時期に家族が抱える，様々な不安に対する心理社会的なサポートも必要不可欠である。先天異常症候群における遺伝医療は患児を取り巻く様々な状況を全体的に見渡しながら

表❶　小児疾患における包括的支援

支援	具体的な内容
健康管理	合併症評価，治療，専門診療科へのコーディネート
発達支援	療育，リハビリテーション
社会福祉支援	福祉制度 （小児慢性特定疾病，療育手帳，身体障害手帳，特別児童扶養手当など）
家族支援	家族会，ピアサポート，遺伝カウンセリング

全ゲノム・エクソーム解析時代の遺伝医療，ゲノム医療における倫理・法・社会

必要な支援を提供していくものであり，これは各専門診療領域を中心に行われる遺伝医療にも通ずる部分がある。

本稿では，全エクソーム解析や全ゲノム解析の主な対象となるであろう先天異常症候群を中心に，小児専門病院での遺伝医療の役割を，診断，包括的健康管理，社会福祉支援，家族支援に分けて概説する。また，近年進められている小児がんゲノムと遺伝医療との関わりについても簡単に述べたい。

I. 診断

多器官にまたがる合併症の存在は，染色体異常や単一遺伝子疾患をはじめとする症候群性疾患の可能性を示唆し，その診断は自然歴に則したライフステージごとの身体合併症管理を計画するうえで非常に重要である。染色体異常や単一遺伝子疾患そのものを根本的に治療することは今なお困難であるが，合併症の早期発見や治療，適切な発達支援を行うことは生命予後の改善や発達の促進につながり，健康や生活の維持および向上につながる。また患者および家族にとって，診断は今後の見通しを知るうえでの道標にもなる。一方で，患者やその家族にとって検査を受ける意義とはそれぞれ異なるものであり，"診断の確定"，"根本的治療"，"次子再発への不安"など様々である。マイクロアレイ染色体検査，全エクソーム解析，全ゲノム解析などの網羅的解析が普及する以前の遺伝性疾患の診断は，臨床症状による診断の推定と診断確定を目的とした標的遺伝子解析が主流であり，網羅的解析の受検機会は多くなかった。また長らく診断に行き着くことのなかった患者は，その経過の中で本人および家族自らが望んで研究ベースの網羅的解析にアクセスしていた。そのため，患者本人や家族は事前に診断の意義を理解し，出てくる結果に対して一定の受容が整っていた。

マイクロアレイ染色体検査が 2021 年 10 月に保険収載され，本邦においても網羅的なゲノム解析時代が到来した。さらに，今後は全エクソームや全ゲノムといったより詳細かつ診断率の高い網羅

的解析が進んでいき，想定される特定の症候群や原因遺伝子がなくとも先天異常をもつ児の探索的診断が可能となっていくと考えられる。診断のために長い年月をかけて検査を受けてきた未診断患者とその家族にとって探索的検査は，「診断を求める長い旅（diagnostic odyssey）」を解決できる意義を見出しやすい検査かもしれない[1)2)]。一方，生後早期のこれから成長発育が進んでいく時期においては，罹患児のもつ身体合併症を家族が受容・理解できていない場合もある。このような状況下において，遺伝性疾患の診断を告げられることは，家族にとって心理社会的な負担が極めて大きい[3)]。もちろん，治療による疾病の治癒や改善が望めるのであれば，それを目的として家族は検査の受検を決断するであろう。しかしながら，根本的な治療の見込みがつきにくい先天異常症候群を含む多くの遺伝性疾患における探索的検査は，事前の臨床診断の不明確さとその後の経過に対する不安から家族が受検意義を感じにくいことがある。われわれは，患者やその家族にとって "検査は何を目的としているのか？" を知り，そのニーズに合わせた対応をしていく必要がある。また，たとえ根本治療は難しくとも，自然歴情報に基づいた健康管理が患者にとって有益であることや診断後も支援を続けていくことを伝えることは診断を進めていくうえで重要である。

来たる網羅的ゲノム解析時代へ向け，診断プロセスにおける遺伝医療の役割とは "患者・家族の検査受検に対する意思決定の支援" および "検査のみに尽きず，その先にある健康管理を見据えた診断支援" と考える。また，遺伝性疾患の診断は患者および家族にとってデリケートな問題を抱えている場合があり，検査の説明や提出を行う小児科医や遺伝科医のみならず看護師，認定遺伝カウンセラー®，公認心理師といった多職種による心理社会的支援も常に意識する必要がある。

II. 包括的健康管理

包括的健康管理とは，治療をはじめとする医学管理のみならず，療育を代表とした発達支援へのアクセスを含め多くの部門・機関との連携による

横断的な健康管理である。先天異常症候群では多器官にわたる合併症のほか，発育や発達の遅れも生じやすく包括的健康管理が肝要である。複数の診療科や機関にまたがる包括的健康管理を家族のみで行うことは困難であり，先天異常症候群における遺伝医療は合併症のフォローや評価が滞ったり不足したりしないようにするコーディネーターが必要である。特に，ダウン症候群を代表とした自然歴情報の蓄積がある症候群では，留意すべき合併症やライフステージごとの健康管理プログラムが提唱されている[4)5)]。遺伝医療を提供するうえで自然歴情報の収集とアップデートを常に行い，これらの情報を意識したうえで合併症の早期発見・治療に努めることは，先天異常症候群のある小児の生活維持・向上に極めて重要である。

近年，網羅的な解析の普及により，希少疾患や前例のない新規疾患の遺伝学的診断が進んでいる[6)7)]。ダウン症候群のように多くの自然歴情報が蓄積されている疾患がある一方で，希少疾患のほとんどは自然歴情報に乏しく，疾患特有の健康管理プログラムは存在しない。そのため患者およびその家族は診断後の子育て，今後起こりうる合併症や生命予後など様々な不安を抱えやすい。たとえ医学的知見に乏しい疾患においても，多くの先天異常症候群に共通する合併症や類縁疾患の合併症を参考に，患者や家族に寄り添った包括的健康管理を提供することが遺伝医療には求められる[8)]。また，疾患のステークホルダーとして自然歴情報を収集・蓄積し，新たな医学的知見の創出と発信に努めることも遺伝医療の重要な役割であることを忘れてはならない。

Ⅲ．社会福祉支援

先天異常症候群では多器官にわたる合併症管理を要することから，幼少期を中心に外来通院や入院が多い。また，治療に難渋したり，複雑かつ専門的な治療を要したりするため，長期的な治療や入院加療が必要となる場合も少なくない。小児期における外来通院や入院加療は，その多くが都道府県や各市区町村の助成により経済的な負担なく受けられる。一方，入院時の食事代，医療ケア用具の購入や装具作成などには患者および家族の負担が生じる。疾患のある子どもを養育・介護する家族にとって経済的負担の増加は，継続的な合併症管理へのアクセスや養育環境維持の障壁となることで社会的不利を生じやすくする。小児慢性特定疾病制度，療育手帳，身体障害者手帳，精神障害者福祉手帳は，その取得により医療費助成を受けることが可能であり，特別児童扶養手当や障害児福祉手当は，疾患のある児の福祉の増進や社会的な負担軽減を目的とした経済支援を受けることができる社会福祉支援である。福祉制度の利用は様々な合併症をもつ先天異常症候群だけでなく，医療ケアや長期間の治療を必要とする小児疾患のある患者および家族の社会的不利の軽減につながる。しかしながら，これら多くの社会福祉支援は患者および家族が自ら申請することで初めて受けられるものであり，その情報不足は社会的・経済的負担に直結する。小児遺伝性疾患のあるすべての子どもとその家族に対し，診療や様々なケアに関わる経済的負担の軽減および養育環境の維持・向上を目的とした社会福祉の申請支援と情報提供も遺伝医療おいて欠かすことはできない。そのためにも，経済的・心理的・社会的問題の解決へ向けた支援者である医療ソーシャルワーカーとの連携が重要である[9)]。

Ⅳ．家族支援

1．ピアサポート，家族会

先天異常症候群のほとんどが希少疾患であるが，その多くがさらに罹患者の少ない超希少疾患である。希少疾患とは「本邦における対象者が5万人未満」と定義され，米国では対象者が20万人未満，欧州では患者数が人口1万人あたり5人未満の疾患とされている。超希少疾患とは欧州において「患者数が人口5万人あたり1人未満」と定義されているが，実際には人口100万人に1人未満の疾患が多い。先天異常症候群のある子どものいる家族が抱える，希少疾患であるがゆえの情報不足や心理社会的な負担に伴う不安は，同じ疾患のある子どもをもつ家族同士のつながりによって軽減することができる場合がある。このような

同じ境遇にある家族同士のつながりをピアサポートと呼んでおり，その代表として患者家族会がある。患者家族会は心理社会的な支援の場として非常に大きな役割を担っており[10]，先天異常症候群の家族会情報を収集および提供することは遺伝医療における家族支援で必要不可欠である。一方で，超希少疾患である多くの先天異常症候群では疾患固有の家族会が存在せず，家族同士のつながりを提供することが難しい。遺伝科医のいる小児専門病院の取り組みとして，同じ疾患のある子どもをもつ複数の家族がお互いに交流する場を提供する集団外来やグループ外来があり[11]，超希少疾患を含む遺伝性疾患のある子どもとその家族を対象としたピアサポートを行っている。病院におけるピアサポートへの取り組みは家族同士の心理社会的な支援のみならず，情報の少ない希少疾患の自然歴情報収集およびその情報に基づいた新たな医学情報の提供につながる。小児専門病院においても単一施設では他に診断を受けている患者がいない疾患も多いことから，対象を全国に広げた多施設横断的なピアサポート体制の構築が遺伝医療における家族支援の今後の課題である。

2. 遺伝カウンセリング

小児遺伝性疾患のある子どもをもつ家族において，次子再発の不安を抱えることは多い。染色体不均衡型転座をもつ児は片親に均衡型転座を，常染色体潜性遺伝（劣性遺伝）性疾患では両親の保因者を，X連鎖性潜性遺伝（劣性遺伝）性疾患では母親の保因者を考慮する必要がある。また，常染色体顕性遺伝（優性遺伝）性疾患においても家系内で疾患を共有していることがある。遺伝カウンセリングは患者や家族を支援するうえで欠かすことのできない遺伝医療の一つである。遺伝カウンセリングでは正確な遺伝情報の提供のほか，患者および家族に寄り添った不安の傾聴や共感的理解による問題解決の支援，保因者検査における自律的な意思決定の支援などを行う[12]。特に均衡型転座およびX連鎖性潜性遺伝（劣性遺伝）性疾患の保因者検査では心理社会的負担が生じやすく，遺伝カウンセリングの場で不安の傾聴，共感的理解に加え，アンティシパトリーガイダンスによる心理社会的負担の軽減などが重要となる。遺伝カウンセリングを担当する臨床遺伝専門医や認定遺伝カウンセラー®に加え，患者家族の抱える課題や不安に合わせて患児の担当医や関係するコメディカルとも連携をとり，問題解決に向けた情報共有や支援を行うことは遺伝医療における鍵ともいえる。

V．がんゲノム医療

遺伝子情報に基づく個別化治療を目的としたがん遺伝子プロファイリング検査が2019年6月より保険収載となった[13]。本検査は体細胞変異の検出を基本とするが，二次的所見として生殖細胞系列の遺伝子変異を認め遺伝性腫瘍の診断に至ることがあり[14]，小児血液腫瘍での二次的所見の検出率が14％であったとの報告がある[15]。遺伝性腫瘍は家系内での共有も考慮すべきであり，小児がんゲノム医療に関連した遺伝医療では遺伝性腫瘍の診断を目的とした家系全体の診断にも携わる。先天異常症候群と同様に罹患児の診断，健康管理，社会福祉支援に加え家族支援も小児がんゲノム医療における遺伝医療の関わりとなる。一方で，ときに未発症である同胞小児を含む家系員の診断に携わることは，主に罹患者を対象とする先天異常症候群の遺伝医療とは異なる点であり，発症前診断は成人期や小児期といったライフステージにかかわらずより丁寧かつ慎重な対応が求められる[16]。遺伝性腫瘍の早期診断は悪性腫瘍の早期発見や治療方針の決定に大きく関わり，生命予後の改善につながる。そのため，自身の症状を正確に伝えることが困難な乳幼児期においても，小児腫瘍専門医と連携をとりながら診断やサーベイランスを進めることは小児がんゲノム医療において極めて重要である[17]。しかしながら，遺伝性腫瘍における悪性腫瘍の罹患はその多くが成人期以降の発症であり，提唱されているサーベイランス自体も成人を対象としていることが少なくない。小児がんゲノム医療における遺伝医療の課題として，遺伝性腫瘍の自然歴情報収集とその情報に基づいた小児期固有のサーベイランス体制の確立が挙げられる[18]。

おわりに

　小児疾患における遺伝医療の位置づけとその実際について，先天異常症候群に関わる遺伝医療を中心に概説した。個別化医療を目的とした小児がんゲノム医療と遺伝医療についても記述したが，それ以外にも早期発見・治療による生命予後の改善および生活の質の向上を目的として，脊髄筋萎縮症や重症複合免疫不全症の新生児スクリーニングが進められている。各専門分野における遺伝学的診断は今後も進められていくと想定され，適切な遺伝医療を提供していくには，診断や治療を行う各領域の専門医や施設以外にも臨床遺伝専門医，認定遺伝カウンセラー®を代表とする遺伝専門職，療育施設，医療ソーシャルワーカーや各市区町村の窓口など多職種・多施設連携をスムーズに行える体制作りが必要となる。

　最後に，小児疾患における遺伝医療の位置づけとは，疾病罹患をした子どもの診断・治療支援のみならず，その養育・介護者である両親さらには生活を共にする同胞やすべての家族に対して必要十分な支援を継続的に提供するものと筆者は考える。

参考文献

1) Sawyer SL, Hartley T, et al : Clin Genet 89, 275-284, 2016.
2) 山本俊至 : 小児科 62, 1545-1554, 2021.
3) 木水友一 : 日新生児成育医会誌 35, 155-159, 2023.
4) Carey JC, Cassidy SB, et al : Management of Genetic Syndromes 4th ed, 355-387, Wiley-Blackwell, 2020.
5) Bull MJ : Pediatrics 128, 393-406, 2011.
6) Souche E, Beltran S, et al : Eur J Hum Genet 30, 1017-1021, 2022.
7) 鈴木寿人 : 小児科 64, 824-829, 2023.
8) 大橋博文 : 小児臨 66, 1235-1242, 2013.
9) 中村智夫 : 小児内科 47, 1140-1143, 2015.
10) 近藤達郎 : 小児内科 47, 1823-1825, 2015.
11) 清水健司, 張　香理, 他 : 小児保健研 72, 341-345, 2013.
12) 川目　裕 : 小児診療 79, 1719-1724, 2016.
13) 加藤元博 : 日小児血がん会誌 58, 384-387, 2021.
14) 加藤花保, 鈴木修平, 他 : 遺伝性腫瘍 22, 80-84, 2022.
15) Oberg JA, Glade Bender JL, et al : Genome Med 8, 133, 2016.
16) Muranaka F, Kise E, et al : Discov Oncol 14, 14, 2023.
17) 服部浩佳 : 小児診療 86, 857-862, 2023.
18) Ripperger T, Bielack SS, et al : Am J Med Genet 173, 1017-1037, 2017.

大場大樹
2008 年　東北大学医学部医学科卒業
　　　　　埼玉県立小児医療センター初期研修
2010 年　東京都立小児総合医療センター後期研修
2013 年　東北大学大学院医学系研究科遺伝医療学分野
2017 年　同博士課程修了
　　　　　埼玉県立小児医療センター遺伝科レジデント
2019 年　同医長

総論

2 遺伝医療の社会における位置づけ
2) 生殖・周産期領域

佐々木愛子

　次世代シーケンサー（NGS）の普及に伴い，全エクソーム・全ゲノムを対象とした遺伝学的検査の範囲が拡大している。生殖・周産期の領域においては，そのメリット（疾患原因の同定）よりもデメリット（疾患原因が検出されない可能性も高く，評価不能な結果が判明することによるカップル不安の増大など）が大きいことも想定され，検査を行う者は"なぜ行うのか"という各々の適応を明確にするとともに非指示的な遺伝カウンセリングを行い，カップルの理解と自律的な同意を得てから実施する。

　また，ゲノム編集はまだ新しい手法であり，臨床応用のための技術は完全には確立されていない。さらに生殖・周産期領域においては，その編集対象が"体細胞"ではなく"生殖細胞系列細胞"となることが多く，より慎重な対応が求められる。

Key Words

生殖細胞系列，着床前遺伝学的検査（PGT），出生前遺伝学的検査（PNT），非侵襲性出生前検査（NIPT），
染色体数的異常を対象とした PGT（PGT-A），染色体構造異常を対象とした PGT（PGT-SR），
単一遺伝子疾患を対象に行われる PGT（PGT-M），性腺モザイク，ゲノム編集

▌はじめに

　この 10 ～ 20 年における遺伝医療・ゲノム医療の進歩は目覚ましく，従来の染色体検査やサンガー法による古典的な遺伝学的検査の時代から医療は大きく様変わりした。現在，世界各国において，このゲノム医療を，すでに発症した患者の診断・治療に応用するのはもちろんのこと，健常者の発症予防や健康の保持増進にもつなげていく試みがなされている。その一方で革新的な技術を実装するにあたり，医学的な視点のみならず，法律的・社会的・生命倫理的にも許されるかどうか，導入前の十分な協議も大切である。

　生殖・周産期領域における実臨床で現在，どのようなことが可能で，どのようなことが課題と

なっているのかについて述べる。

I．生殖・周産期における遺伝医療の特徴

1．生殖・周産期における遺伝学的検査の基本的取り扱い

　まず，生殖・周産期の領域における遺伝医療を行う場合には，"生殖細胞系列"の遺伝学的変化を対象としていることに十分注意する。すでに生存する個体のみを対象とした検査ではなく，"次世代"，つまり生まれる前の胚や胎児を対象にした遺伝学的検査になるという点である。次世代の"生殖細胞系列"の遺伝情報を調べる検査としては，着床前遺伝学的検査（preimplantation genetic testing：PGT），出生前遺伝学的検査（prenatal genetic testing：PNT）が挙げられる。2024 年 1

月現在，わが国におけるこれらの遺伝学的検査は，いずれの疾患においても保険収載はない。また，法律的にも母体保護法により胎児の疾患を理由とした人工妊娠中絶は許されていない（いわゆる"胎児条項"はない）。よって現在，PGT/PNTは，対象となる患者に受けることが推奨される検査ではなく，あくまでも慎重な遺伝カウンセリングの後に患者の自律性によって選択される自由診療（自費検査）となっている。

2. 出生前遺伝学的検査の現在までの位置づけ

わが国におけるPNTの最初の実施報告（羊水検査による染色体検査）は1974年である[1,2]。以後，PNTは長らく侵襲的検査である羊水検査がその主流を占めていたが，1990年代に血清マーカー検査が海外より導入されることとなった[3]。これは，母体の採血のみで胎児の疾患リスクが算定される非侵襲的検査であり，海外ではその後の主流となっていったが，わが国においては"リスク算定"という新しい概念が導入されたことで，当時の遺伝カウンセリング体制の不十分さもあり，妊婦に混乱をきたすこととなった。これにより「医師が妊婦に対して，本検査（母体血清マーカー検査）の情報を積極的に知らせる必要はない。また医師は本検査を勧めるべきではなく，企業等が本検査を勧める文書などを作成・配布することは望ましくない」とする「母体血清マーカー検査に関する見解」が，厚生科学審議会先端医療技術評価部会出生前診断に関する専門委員会から1999年に発表されることとなった。以来，この見解に基づき，産婦人科医はPNTについて積極的に情報提供を行ってこなかった経緯がある。

その後，母体血清マーカー検査より検査精度の高い"非侵襲性出生前検査（non-invasive prenatal testing：NIPT）"が海外で開発され，2013年に日本でも臨床研究として導入された。その後，妊婦本人もインターネットなどを通じて海外情報を容易に得ることができるようになった背景や，適切な遺伝カウンセリングを伴わない無認可施設でのNIPT実施の拡大もあり，従来の"（PNTについて）積極的に知らせない"とする1999年の見解のままの対応でよいのかという課題が生じることとなった。このような経緯から，2019年からの厚生労働省「母体血を用いた出生前遺伝学的検査（NIPT）の調査等に関するワーキンググループ」，2020年からの厚生科学審議会科学技術部会内「NIPT等の出生前検査に関する専門委員会」での協議を経て，2021年にPNTに対する新たな方針が厚生労働省の課長通達として発表された。この通達「出生前検査に対する見解・支援体制について」[4]によると，"出生前遺伝学的検査は，妊婦全員に推奨されるマススクリーニングとしては実施しないものの，妊婦及びそのパートナーが，出生前検査がどのようなものであるかについて正しく理解した上で（中略）判断ができるよう妊娠・出産・育児に関する包括的な支援の一環として，妊婦等に対し，出生前検査に関する情報提供を行うべきである"と記されている。

3. 着床前遺伝学的検査の現在までの位置づけ

PNTと同様，PGTも2024年1月現在，すべて自由診療として行われている。PGTのうち，染色体数的異常（PGT for aneuploidy：PGT-A）と染色体構造異常（PGT for structural rearrangement：PGT-SR）を対象とするものは，遺伝医療としてより不妊治療・不育治療の一環として捉えられており，現在は，反復着床障害か反復流産，または夫婦の少なくとも一方が染色体構造異常をもつ場合に，さらなる体外受精不成功の回避，流産回避を目的として自費診療で行われている。現在，体外受精は，わが国の"未曽有の少子化"もあり，一定の条件のもと2022年4月より保険収載されているものの，混合診療禁止の原則のためPGTを伴う体外受精は全額自費扱いとなる。PGT-A/SRについては，現在，その有効性・安全性を検討する研究が先進医療Bとして実施（近々終了見込み）されており，今後はPGTの一部において保険適用が進む可能性がある。

一方，家系内の単一遺伝子疾患を対象に行われるPGT-M（PGT for monogenic disorders）は，1998年に日本産科婦人科学会が発表した「着床前診断に関する見解」[5]に則り実施してきた。対象は，重篤な遺伝性疾患，この当時としては"成人に達する以前に日常生活を強く損なう症状が発

現したり生存が危ぶまれる疾患"に対しての実施が妥当であるとの共通見解のもと，疾患名ではなく症例別に適応審査が行われ，20年近くこの基準が準用されてきた。しかし2018年に，この重篤性の基準に該当しない"遺伝性腫瘍"の病的バリアントをもつカップルからの申請があったことを機に，2018年においても，この判断基準が妥当なのかが問われることとなり，改めて検討し直すこととなった。2020年から2021年にPGT-M（重篤な遺伝性疾患に対する着床前遺伝学的検査）に関する倫理審議会（第1〜3部）[6]が開催され，多方面の有識者・一般からの意見も集め，最終的には2022年に新見解である「『重篤な遺伝性疾患を対象とした着床前遺伝学的検査』に関する見解」[7]が発表されている（表❶）。これにより，従来の重篤性の基準では「不適応」として判断してきたような遺伝性疾患の症例に対しても，医学的な見地からのみの判断ではなく，個々のカップル・家族のもつ様々な生活背景や置かれた立場を考慮したうえでの判断も加えて総合審議する方針

となった。

Ⅱ．実際の生殖・周産期における医療現場での全ゲノム・エクソーム解析

1．胎児を対象とした全ゲノム・エクソーム解析

子宮内の胎児を対象とした全エクソーム解析（WES）の有用性の研究は，2014年頃よりいずれも海外でまずは臨床研究として行われており，nuchal translucency（NT）肥厚症例でWESを行った場合，単一遺伝子疾患の病的バリアントが見つかる割合は2〜8%であるとの報告や[8)9)]，胎児超音波異常所見の症例ではWESで10〜47%に病因として説明がつく病的バリアントが検出される（裏を返せば半分以上で原因が検出されていない）といった報告がなされている[10)-12)]。また検出された病的バリアントの内訳として，de novoが38%，常染色体潜性遺伝（劣性遺伝）性疾患またはX連鎖性疾患が37%であったとの報告もあり[12)]，後者の場合にはそのカップルにおける次子再発率を知る大切な基礎情報ともなり得る。

表❶　着床前遺伝学的検査に関する歴史

年	主な出来事
1990年	英国でX連鎖性疾患における性別判定による着床前診断
1992年	英国でcystic fibrosisに対する疾患遺伝子診断による着床前診断
1993年	米国で染色体数的異常に対するFISH法による着床前診断
1998年	日本産科婦人科学会　「着床前診断に関する見解」発表
2004年	日本産科婦人科学会　着床前診断　第1例が承認
2006年	日本産科婦人科学会　「着床前診断に関する見解」を改定 着床前遺伝学的検査の対象に習慣流産を"見解の解説"として追加
2015年	日本産科婦人科学会　「着床前診断に関する見解」を改定 "遺伝子（染色体）解析を外部検査企業等に委託する場合"を追記
2017年	日本産科婦人科学会　「PGS特別臨床研究：原因不明習慣流産（反復流産を含む）を対象とした着床前遺伝子スクリーニング（PGS）の有用性に関する多施設共同研究のためのパイロット試験および反復体外受精・胚移植（ART）不成功例を対象とした着床前遺伝子スクリーニング（PGS）の有用性に関する多施設共同研究のためのパイロット試験」開始
2018年	日本産科婦人科学会　「着床前診断に関する見解」を改定 臨床研究法の適応となる"臨床研究"としての実施ではなく，「極めて高度な技術を要し，高い倫理観のもとに行われる医療行為」として位置づけを変更
2019〜2022年	日本産科婦人科学会　「反復体外受精・胚移植（ART）不成功例，習慣流産例（反復流産を含む），染色体構造異常例を対象とした着床前胚染色体異数性検査（PGT-A）の有用性に関する多施設共同研究」実施
2020〜2021年	日本産科婦人科学会　第1〜3部倫理審議会開催
2022年	日本産科婦人科学会　「着床前診断に関する見解」と細則を改定 『重篤な遺伝性疾患を対象とした着床前遺伝学的検査』に関する見解／細則 不妊症および不育症を対象とした着床前遺伝学的検査に関する見解 不妊症および不育症を対象とした着床前胚染色体異数性検査（PGT-A）に関する細則 不妊症および不育症を対象とした着床前胚染色体構造異常検査（PGT-SR）に関する細則

一方で，検査理由となった胎児超音波異常とは関係のない病的バリアントがWESで二次的に検出された（secondary findings）事例が2〜3.9%あったとも報告されている[10)11)]。以上のことから，現在は胎児を対象としたWESやWGSは，海外においてもガイドラインで推奨されておらず[13)]，あくまでも臨床研究としての実施にとどまっている。

また同一カップルにおいて，ある遺伝性疾患の同胞発症が続く場合で，罹患児にみられる病的バリアントが両親では検出されない場合，理論的に性腺モザイクが疑われる。男性であれば配偶子である精子における性腺モザイクの有無を検査することは可能であるが，女性においてはこの証明が不可能であった。近年，このような親の性腺モザイクが疑われる場合の確認に，親（特に女親）のNGSで該当箇所のディープシークエンスを行い，科学的な証明が行われる例も増えてきた。このような活用法は，繰り返す同胞発症の原因究明に有用であるものの，保険適用はなく現時点では研究的探索の一環として実施されている。

その他，海外では妊娠女性のcell free DNAを用いた胎児の単一遺伝子疾患の検査が，父親が高年齢の場合やすでに胎児超音波異常を認める場合などにNIPTの応用拡大としてすでに商業ベースで実施されている。また，もはや"疾患"ではない胎児の"性別"や"父親"を確認する目的で商業的なNIPTが実施される時代となっている。

現時点では，胚を対象とした全エクソーム解析／全ゲノム解析の臨床応用はないものの，"技術的に可能であることを実際にどこまで実施するか"について，医学的判断だけではなく，生命倫理の観点からも考える必要がある。

Ⅲ．ヒト胚におけるゲノム編集

ヒトの生殖細胞に対するゲノム編集の適用は，生殖細胞の初期発生・発育などに未解明な点が多いこと，また次世代とその子孫に対する事前に予想できない影響があり得ることから，わが国においては2015年8月に厚生労働省より出された「遺伝子治療等臨床研究に関する指針」[14)]により禁止されており，海外でも多くの国が指針または法律で禁止している。

遺伝性疾患においてその根治術が確立されることが，着床前遺伝学的検査や出生前遺伝学的検査において"genotypeに基づく命の選別"が必要ではなくなるための最良の解決法である。ゲノム編集を行うことで病的バリアントを修復することが可能であれば，それは遺伝性疾患の根本的な治療法（根治術）となることが期待される。しかしながら，その影響について「生殖細胞のゲノム編集によって人類の多様性が制限されかねないほか，現時点では予期できない影響が世代を超え，また国境を越えて人類全体に及び，その影響を制御することは極めて困難な事態に陥ることが強く懸念される」と2016年4月に発表された「人のゲノム編集に関する関連4学会からの提言」[15)]にも記載されているように，その個体における安全性はもちろんのことながら，今後の世界における様々な影響にも配慮しなければならない。

Ⅳ．ゲノム医療における倫理・法・社会の今後

海外では，遺伝性疾患の発端者が家系内に生まれた後の診断・治療ではなく，事前に遺伝性疾患をもつ児が生まれる可能性を把握し，それに対して準備するという戦略に目が向けられはじめている。つまり，挙児希望のあるカップルを対象とした保因者スクリーニングは，海外では近々の取り組むべき課題として挙げられている。海外でのこうしたゲノム医療における新しい流れは完全に堰き止めることは難しいものの，そのままわが国に導入するかという点においては，慎重な態度が求められる。わが国には西洋諸国とは異なる文化，生命倫理観があり，またデリケートな内容に対してオープンに他分野を交えて話し合うという土壌が育ってこなかった。よって現在までは，一職能集団である日本産科婦人科学会が，所属する学会員が守るべき"見解"としてPNT/PGTに制限をかけ，自律的に規制を行ってきた歴史がある。このような現状に対し，前述の倫理審議会でも疑問が呈されることとなったため，現在，日本産科婦

人科学会は，このような臨床における規制の基となる"法的根拠"の整備とこの分野における様々な問題を議論する場である．公的機関による「生命倫理について審議・監理・運営する公的プラットフォーム」の設立[16]を要望している．

おわりに

生殖・周産期領域における遺伝医療・ゲノム医療に対しては，様々な価値観が存在し，完全なる"正義（justice）"，"善行（beneficence）"の判断が難しい．たとえ己が遺伝医療の専門家であったとしても自身の経験や価値観を基にした独善的な判断とならないよう，患者とその家族はもちろん，多様な分野の専門家や一般社会との対話を行っていくことが重要である．

・・・・・・・・・・・・・・ 参考文献 ・・・・・・・・・・・・・・・

1) Suzumori K, Yagami Y : Jinrui Idengaku Zasshi 19, 91, 1974.
2) Tamaki T : Jinrui Idengaku Zasshi 19, 90-91, 1974.
3) Onda T, Kitagawa M, et al : Prenat Diagn 16, 713-717, 1996.
4) 出生前検査に対する見解・支援体制について（子母発 0609 第 1 号）（障障発 0609 第 1 号）
https://www.mhlw.go.jp/content/11920000/000793148.pdf
5) 日本産科婦人科学会：日産婦会誌 51, 16-43, 1999.
6) 日本産科婦人科学会：「PGT-M に関する倫理審議会」

最終報告，参考資料，ご意見
https://www.jsog.or.jp/modules/committee/index.php?content_id=178
7) 日本産科婦人科学会：「重篤な遺伝性疾患を対象とした着床前遺伝学的検査」に関する見解 / 細則
https://www.jsog.or.jp/modules/statement/index.php?content_id=3
8) Bardi F, Bosschieter P, et al : Prenat Diagn 40, 197-205, 2020.
9) Di Girolamo R, Rizzo G, et al : J Matern Fetal Neonatal Med 36, 2193285, 2023.
10) Lord J, McMullan DJ, et al : Lancet 393, 747-757, 2019.
11) Petrovski S, Aggarwal V, et al : Lancet 393, 758-767, 2019.
12) Gabriel H, Korinth D, et al : Prenat Diagn 42, 845-851, 2022.
13) American College of Obstetricians and Gynecologists' Committee on Practice Bulletins-Obstetrics; Committee on Genetics; Society for Maternal-Fetal Medicine : Obstet Gynecol 136, e48-e69, 2020.
14) 厚生労働省：遺伝子治療等臨床研究に関する指針（令和 5 年 3 月 27 日一部改正）
https://www.mhlw.go.jp/content/001077219.pdf
15) 日本遺伝子細胞治療学会，日本人類遺伝学会，他：人のゲノム編集に関する関連 4 学会からの提言
http://www.jsrm.or.jp/guideline-statem/statement_2016_01.pdf
16) 日本産科婦人科学会 日本産科婦人科学会臨床倫理監理委員会：生まれてくるこどものための医療（生殖・周産期）に関わる「生命倫理について審議・監理・運営する公的プラットフォーム」についての公開討論会（2023 年 4 月 2 日開催）報告書へのパブリックコメントについて
https://www.jsog.or.jp/modules/committee/index.php?content_id=306

佐々木愛子	
1999 年	岡山大学医学部医学科卒業
	同医学部産科婦人科教室入局
2004 年	岡山大学病院産科婦人科医員 / 助教
2008 年	国立成育医療センター産科医員
2010 年	岡山大学大学院医歯薬学総合研究科修了
2020 年	国立成育医療センター周産期・母性診療センター産科医長
2022 年	同遺伝診療センター（併任）

総論

2 遺伝医療の社会における位置づけ
3) 腫瘍

植木有紗

　遺伝性腫瘍の診断に至る経緯は近年，多様化しつつある。遺伝性腫瘍診療において遺伝カウンセリングを併用して定期的にサーベイランスを行いつつ，患者のみならず血縁者を含めた心理社会的支援を行っていくプロセスが肝要であり，本邦における体制整備が求められる。本稿では，本邦における保険診療で実施される遺伝性腫瘍診療について，遺伝性乳がん卵巣がん，Lynch 症候群，がん遺伝子パネル検査を中心に概説し，今後の展開が期待されるマルチ遺伝子パネル検査や血縁者診断の意義と留意点について述べる。

Key Words

遺伝性腫瘍，遺伝カウンセリング，コンパニオン診断，遺伝性乳がん卵巣がん（HBOC），
BRCA1/2 遺伝子検査（BRACAnalysis® 診断システム），MSI 検査，MMR-IHC 検査，
Lynch 症候群，マルチ遺伝子パネル検査，がん遺伝子パネル検査

はじめに

　現在，遺伝性腫瘍診療が大きなパラダイムシフトを迎えていることは明白である。従来，既往歴・家族歴から遺伝性腫瘍を疑った場合は，遺伝学的診断を目的に遺伝カウンセリングと遺伝学的検査が自費診療を中心として行われてきた。近年，様々な検査が保険収載され，治療選択を目的としたコンパニオン診断の過程で遺伝性腫瘍の遺伝学的診断に至る方や，がん遺伝子パネル検査から germline findings として遺伝性腫瘍を疑われる方が増え，遺伝学的診断に至る経緯は多様化している。遺伝性腫瘍診療において遺伝学的診断が早期発見・早期治療を可能にする意義は大きい。一方で，発症前の不安や血縁者への影響などを負担に感じるクライエントも少なくない。このため遺伝性腫瘍診療において遺伝カウンセリングを併用して定期的にサーベイランスを行いつつ，患者の

みならず血縁者を含めた心理社会的支援を行っていくプロセスが肝要であり，本邦における体制整備が求められる。

　本稿では，社会における遺伝性腫瘍診療の位置づけについて，現在の日本において保険診療で実施される医療を中心に概説する。

I. 遺伝性腫瘍診療体制

1. 遺伝性腫瘍の概要

　がんが家系内に集積することは古くより知られており，「家族性腫瘍」と位置づけられてきた。近年の医学研究の発展により，遺伝要因の関与が強い一部の家族性腫瘍は「遺伝性腫瘍」として扱われるようになった。遺伝性腫瘍の多くは原因遺伝子の病的な生殖細胞系列バリアントにより引き起こされることも解明されている。

　1971 年に Knudson は，常染色体顕性遺伝（優性遺伝）形式の網膜芽細胞腫の発がん機序として，

全ゲノム・エクソーム解析時代の遺伝医療，ゲノム医療における倫理・法・社会

がん抑制遺伝子の機能喪失型病的バリアントが生殖細胞系列に起こり（1st hit），続いて対立遺伝子に体細胞系列の病的バリアント（2nd hit）が二段階で起こるという 2 hit theory を提示した[1]。これにより遺伝性腫瘍の発がん機序の一部が解明され，目覚ましい勢いで多くの遺伝性腫瘍症候群の原因遺伝子が同定されてきた（**表❶**）。

遺伝性腫瘍の臨床的特徴は，特定のがんの家系内集積，若年発症，多重多発がん（同時性・異時性の重複がんや両側発症）などである。遺伝性腫瘍の多くは常染色体顕性遺伝（優性遺伝）形式をとり，病的バリアントが次世代に引き継がれる確率は性別にかかわらず 50 ％である。原因遺伝子によって発がんに至るかどうかの浸透率は異なり，遺伝性腫瘍では 100 ％ではないことが多く，病的バリアント保持者の全例が発症するわけではない。遺伝性腫瘍が疑われる場合，遺伝カウンセリングを行い，遺伝学的検査の意義と注意点などを説明したうえで，遺伝学的検査受検についてクライエントの意思決定を支援する。ただし，遺伝学的検査でも診断がつかない場合もある。これは，検査法の限界やその他の原因遺伝子が関与する可能性，未知の遺伝子が原因である可能性，環境要因といった原因が考えられる。遺伝学的検査により当該遺伝子の病的バリアントが認められな

かった場合でも，遺伝性腫瘍の可能性を完全に否定できず，個々の症例について既往歴・家族歴などを考慮して判断すべきである。

2. 遺伝性腫瘍における遺伝カウンセリング

遺伝性腫瘍は多岐にわたり，さらにその関連腫瘍は多臓器に起こる。疾患群ごとに関連腫瘍も異なり，遺伝学的診断に応じた治療戦略構築や，次のがん発症予防のための方策が重要である。遺伝カウンセリングでは家系情報を確認しながら，クライエントの背景や来談目的を適切に把握する必要がある。クライエントのがん既往有無を含めた背景情報を整理し，クライエント自身が正確な情報に基づいた今後の健康管理について自己決定するために，遺伝カウンセリングでは十分にサポートする役割が求められる。

3. 遺伝性腫瘍における遺伝学的診断の意義

様々ながん発症を契機に遺伝性腫瘍の診断に至る症例が増え，多重がんのリスク低減や家系員の健康管理につなげることが可能となれば，がん予防に広く貢献できることが期待できる。遺伝性腫瘍診断の意義の一つに，結果による適切な治療戦略構築が可能になることが挙げられる。特にがん既発症者の場合，自身の治療戦略決定が遺伝学的検査の第一の目的となりうる。さらには多重がんのリスク低減のためのサーベイランスやリスク低

表❶　遺伝性腫瘍の例

遺伝性腫瘍の種類	原因遺伝子	関連するがん・症状
遺伝性乳がん卵巣がん（HBOC）	*BRCA1*，*BRCA2*	乳がん，卵巣がん，前立腺がん，膵がんなど
Lynch 症候群	*MLH1*，*MSH2*，*MSH6*，*PMS2*，*EPCAM*	大腸がん，子宮体がん，小腸がん，胃がん，卵巣がん，尿路系がんなど
家族性大腸ポリポーシス（FAP）	*APC*	大腸ポリープ，大腸がん，十二指腸乳頭がん，デスモイド腫瘍など
Li-Fraumeni 症候群	*TP53*	骨肉腫，軟部肉腫，乳がん，脳腫瘍，副腎皮質がん，白血病など
遺伝性びまん型胃がん	*CDH1*	胃がん，乳がんなど
Cowden 症候群 / PTEN 過誤腫症候群	*PTEN*	乳がん，子宮体がん，甲状腺がん，腎細胞がん，消化管ポリープ，大頭症，皮膚症状など
Peutz-Jeghers 症候群	*STK11*	大腸がん，胃がん，乳がん，卵巣がん，膵臓がん，消化管ポリープなど
多発性内分泌腫瘍症 1 型（MEN1）	*MEN1*	下垂体腺腫，副甲状腺機能亢進症，膵消化管内分泌腫瘍，カルチノイドなど
多発性内分泌腫瘍症 2 型（MEN2）	*RET*	甲状腺髄様がん，副甲状腺機能亢進症，褐色細胞腫など
遺伝性網膜芽細胞腫（RB）	*RB1*	網膜芽細胞腫，骨肉腫など
Von Hippel Lindau 病（VHL）	*VHL*	網膜や中枢神経の血管芽腫，腎がんなど

減手術などの医学的マネジメントを相談することが可能となる。サーベイランスとは「監視する」という意味で用いられ，発症リスクに応じたがん早期発見のための検査を指す。

また遺伝学的検査の結果，病的バリアントが認められた場合には，家系員が同じ病的バリアントを受け継いでいるかどうかの解析が可能である。家系員が同じ病的バリアントを共有している場合，がんの一次予防・二次予防としての対策を講じることが推奨される。サーベイランスやリスク低減手術によって，いかにがん死低減を目指すのか，その方法と限界について主治医とともに検討することが求められる。

Ⅱ．遺伝性腫瘍に関する各種検査

1．コンパニオン診断と遺伝性腫瘍診療

近年，がん遺伝子解析に基づく個別化治療戦略が続々と開発されている。これまで臓器別の縦割りで行われてきたがん診療が，分子遺伝学的解析で治療標的を定める手法によって臓器横断的に可能となり，遺伝子発現をバイオマーカーとした実臨床での治療戦略構築が大きな潮流になりつつある。本邦においても遺伝子の変化に着目した方法でがんの診断や治療法の選択を目的に，コンパニオン診断薬やがん遺伝子パネル検査が臨床現場で活用されている。

そもそもコンパニオン診断薬とは，「特定の医薬品の有効性や安全性を一層高めるために，その使用対象者に該当するかどうかなどをあらかじめ検査する目的で使用される診断薬」[2]と定義される。保険診療でのがん遺伝子パネル検査の中にはコンパニオン診断として医薬品の適応判定を目的として承認された体外診断用医薬品もある。がん種ごとに適切なコンパニオン診断の知識を得ることは，遺伝診療の領域においても患者の治療選択肢を広げるために必須である。

2．BRCA1/2 遺伝子検査（BRACAnalysis® 診断システム）と遺伝性乳がん卵巣がん

DNA 損傷修復などに関わる *BRCA1* または *BRCA2*（*BRCA1/2*）に生殖細胞系列病的バリアントが存在する場合，遺伝性乳がん卵巣がん（hereditary breast and ovarian cancer：HBOC）と狭義に定義される。一般に若年発症，重複がん，男性乳がん，また両側乳がんなどの傾向があり，家系内に乳がんや卵巣がん（卵管がん・腹膜がんを含む），膵がん，前立腺がんなどが好発する。Kuchenbaecker らによると 80 歳までの累積発症リスクは，*BRCA1* 病的バリアント保持者では乳がんで 72％，卵巣がんで 44％であり，*BRCA2* 病的バリアント保持者では乳がんで 69％，卵巣がんで 17％であると報告されている[3]。*BRCA1/2* 病的バリアント保持者に対してはがん予防法を伝える必要があり，リスク低減手術とサーベイランスが選択肢となる。

HBOC ではがん発症リスク低減を目的とした手術も選択肢となる。リスク低減卵管卵巣摘出術（risk-reducing salpingo-oophorectomy：RRSO）は，各国ガイドライン[4)5)]でも効果が高いリスク低減手法であると推奨され，RRSO により卵巣がんや卵管がんの発症リスクを減少させ，生命予後についても改善することがほぼ確実である。同様にリスク低減乳房切除術（risk-reducing mastectomy：RRM）も乳がん発症リスク低減の選択肢となる。なお，2020 年 4 月に本邦において，HBOC 診断を目的とした BRCA1/2 遺伝子検査および RRSO/RRM は，乳がんあるいは卵巣がん既発症の *BRCA1/2* 病的バリアント保持者に対して一部保険収載されている。さらに PARP 阻害薬の薬剤選択を目的に BRCA1/2 遺伝子検査はコンパニオン診断として用いられ，乳がん，卵巣がん，膵がん，前立腺がんを対象に適応がある。

BRCA1/2 遺伝子検査が保険診療で実施され，HBOC 診療は多くの臨床医にとっても一般診療として対応する場面が増加している。

3．MSI 検査/MMR-IHC 検査と Lynch 症候群

Lynch 症候群は *MLH1*，*MSH2*，*MSH6*，*PMS2* などの DNA ミスマッチ修復（mismatch repair：MMR）遺伝子群や *EPCAM* の生殖細胞系列病的バリアントが原因である遺伝性腫瘍症候群である。Lynch 症候群家系では，大腸がん，子宮内膜がん，卵巣がん，小腸がん，尿管がん，腎盂がんなど様々ながんの発症リスクが高く，しかも若年

発症の傾向がある。近年，Lynch 症候群では原因遺伝子の種類によって関連腫瘍の発生リスクが異なることが報告されている[6]。Lynch 症候群は全大腸がんの 2 〜 5% を占めるとされ，HBOC と並び最も頻度が高い遺伝性腫瘍の一つと考えられている。

MMR 遺伝子群に異常が起こると DNA ミスマッチ修復機構が損なわれ，がん化が引き起こされる。MMR 系が機能低下しているがん細胞は，特徴的にゲノム中の数塩基を単位とする反復配列（マイクロサテライト）の複製に異常をきたす。この形質はマイクロサテライト不安定性（MSI）と呼ばれる。発がんに関わる遺伝子の多くにマイクロサテライト領域が含まれており，これらの領域に異常が蓄積することで MSI-H の状態を呈する。免疫チェックポイント阻害薬が MSI-H を示す腫瘍に特に有効であることが報告され[7]，本邦での免疫チェックポイント阻害薬の投与対象は「がん化学療法後に増悪した進行・再発の MSI-H を有する固形がん（標準的な治療が困難な場合に限る）」となり，2018 年 12 月に MSI 検査がコンパニオン診断として保険収載された。

また，腫瘍組織における MMR タンパクの機能異常があると，大部分の症例では対応する MMR タンパク発現が抑制される。MMR タンパクの免疫組織化学染色（MMR-IHC）検査で一つ以上のタンパク発現が消失していると MMR deficient（dMMR）と判定され，発現低下がいずれも見られないと MMR proficient（pMMR）と判定される。2022 年 10 月，MMR-IHC 検査として MLH1，MSH2，MSH6，PMS2 の 4 種抗体がコンパニオン診断薬として承認され，MSI-H に次いで dMMR 固形がんを対象に，免疫チェックポイント阻害薬の適応が承認された。これらの検査により副次的に Lynch 症候群の可能性が示唆される症例に遭遇する機会は増えると推測される。

4. マルチ遺伝子パネル検査（MGPT）の運用

マルチ遺伝子パネル検査（multi-gene panel testing：MGPT）とは，遺伝性腫瘍に関連すると考えられる複数の遺伝子を同時に解析する検査手法である。これにより，従来の単一遺伝性疾患を念頭に置いた遺伝学的検査で同定することができなかった腫瘍関連遺伝子の診断が増えることが予想される。現時点で保険未収載であるものの，MGPT の普及により診断の見逃しが減ることが大きく期待できる一方，検査前には予期せぬ稀な遺伝性腫瘍と診断されるケースが増えることも想定される。これらの原因遺伝子は報告もまだ少なく，マネジメントについては最新の NCCN ガイドライン[5][6]を参照するなど，エビデンスに基づいた医療の提供には注意が必要である。

また，MGPT では解析対象となる遺伝子が増えることで，稀な遺伝性腫瘍関連遺伝子において病的意義不明（variant of uncertain significance：VUS）と判断される事例も増えると考えられ，解釈のための追加確認作業が必要となりうる。さらに MGPT については，解析対象となる遺伝子の種類に検査会社間の違いがあることに注意が必要なうえ，対象となるすべての遺伝子が必ずしも臨床的に対応可能であるわけではない点についても，事前に確認が必要である。このため MGPT は，遺伝学的な専門知識を背景とする検査前後の遺伝カウンセリングとともに提供することが求められる。

Ⅲ．がん遺伝子パネル検査の導入

本邦において 2019 年 6 月に，「がん遺伝子パネル検査」が保険診療として臨床導入された。現状，保険診療でがん遺伝子パネル検査が行える施設は，がんゲノム中核拠点病院，中核病院，連携病院という施設要件を満たした施設（2024 年 1 月時点で全国 260 施設）に限定されている。また適応は，「標準治療がない固形がん患者又は局所進行若しくは転移が認められ標準治療が終了となった固形がん患者（終了が見込まれる者を含む。）であって，関連学会の化学療法に関するガイドライン等に基づき，全身状態及び臓器機能等から，当該検査施行後に化学療法の適応となる可能性が高いと主治医が判断した者に対して実施する」[8]となっており，検査回数は 1 回に制限され，門戸は広くない。実際には，がん遺伝子パネル検

査のレポートを各施設の専門家で構成されるエキスパートパネルで吟味したうえで，治療選択肢について議論されている。

そもそもがん遺伝子パネル検査は，がん組織における遺伝子発現を検索し適切な治療標的を定めることを目的で腫瘍におけるゲノムプロファイルを検索する。この時コントロールとして正常部位を比較することで遺伝性腫瘍の可能性が明らかになることが5〜15％あると報告されており[9) 10)]，遺伝カウンセリングに紹介されるケースも増えつつある。このような患者の中には，がん組織における体細胞バリアントの検査結果と遺伝性腫瘍の原因となる生殖細胞系列の変化とを混同しているケースも散見される。腫瘍における発現で遺伝性腫瘍の可能性がある場合，治療戦略への応用や家系員への影響について，遺伝カウンセリングで情報の整理を行うことが求められる。

Ⅳ．血縁者診断

遺伝性腫瘍診療における診断意義の一つに，血縁者への医学的介入が挙げられる。発端者の遺伝学的診断は，遺伝カウンセリングを通じて未発症血縁者へのがん予防につながる行動変容を促したり，早期発見・早期治療を目的としたサーベイランスなどを実施するうえで重要な情報となる。遺伝学的検査のタイミングや，がん未発症者には遺伝学的検査やサーベイランスなどが保険適応となっていない現状はあるものの，未発症者にこそがん予防を目的とした医学的介入の意義があることを医療者が意識し，適切なタイミングで遺伝カウンセリングや遺伝学的検査を選択肢として提示することが望ましい。

Ⅴ．"Gene Awareness"

遺伝カウンセリングの場では，患者・クライエント・家族にとって遺伝性腫瘍の遺伝学的診断がバッドニュースと捉えられる場面も想定され，遺伝学的診断を前向きな情報に転換するための心理社会的支援が必要と考えられる。遺伝情報は治療選択やがん予防に活用し医学管理に導入することが可能な"actionable"な情報となりうるため，遺伝学的診断についてネガティブな先入観をもたれないよう，主治医や担当医の説明にも配慮を求めることで，患者家族の受け止めも大きく変わると期待される。われわれは"gene awareness"という言葉に，個々人の遺伝情報に基づいて適切な医学介入を可能にするチーム医療の実現と，遺伝子の変化による差別的な意識を変える社会改革を目指すメッセージを込め発信している。いずれはこの"gene awareness"という意識が医療者だけでなく一般社会に広く認知され，すべての人に遺伝学的診断を治療と予防に用いることができるのだというメッセージが広まることを願っている。

■ おわりに

遺伝性腫瘍診療は多様化しつつあるが，一診療部門だけで診療が完結しないことから，主治医・担当医との連携が不可欠である。がん既発症者の場合，遺伝カウンセリングに紹介する際には信頼関係のある主治医から「なぜ，遺伝の話をしているのか」について説明しておくことが肝心である。患者自身が受診の理由を納得し受診することで，"自発的な"クライエント中心型の遺伝カウンセリングが可能になると期待される。自施設での遺伝カウンセリングと遺伝学的検査が難しければ，その後のマネジメント体制も考慮して，対応可能な医療機関と連携することが勧められる。そして患者が遺伝性腫瘍と診断された場合には，治療方針に関する有益な情報提供を行い，血縁者を含めて適切なサーベイランスを提案し，がんの早期発見・早期治療を支援する体制が必須である。

今後の遺伝性腫瘍診療やがんゲノム医療の発展を鑑みると，遺伝性腫瘍は実臨床の中でさらに対応を求められる場面が多いと推察される。主治医が遺伝学的な配慮を行える教育・啓発活動と並行して，遺伝診療部門は主治医と緊密に連携して，遺伝性腫瘍を疑われたクライエントやその家族を総合的に支援する役割をもつべきと考える。社会の変化に対応しながら，ふさわしい遺伝診療体制づくりを全国規模で継続的に行うことが期待される。

························· 参考文献 ·····················

1) Knudson AG : Proc Natl Acad Sci USA 68, 820-823, 1971.
2) 医薬品医療機器総合機構 PMDA
   https://www.pmda.go.jp/rs-std-jp/cross-sectional-project/0013.html
3) Kuchenbaecker KB, Hopper JL, et al : JAMA 317, 2402-2416, 2017.
4) 日本遺伝性乳癌卵巣癌総合診療制度機構編：遺伝性乳癌卵巣癌（HBOC）診療ガイドライン 2021 年版, 金原出版, 2021.
5) NCCN Clinical Practice Guidelines in Oncology. Genetic/Familial High-Risk Assessment: Breast, Ovarian, and Pancreatic. Ver1. 2022
   https://www.nccn.org/professionals/physician_gls/pdf/genetics_bop.pdf
6) NCCN Clinical Practice Guidelines in Oncology. Genetic/Familial High-Risk Assessment: Colorectal. Ver1.2022
   https://www.nccn.org/professionals/physician_gls/pdf/genetics_colon.pdf
7) Le DT, et al : Science 357, 409-413, 2017.
8) 厚生労働省：令和 4 年診療報酬点数表：D006-19 がんゲノムプロファイリング検査および中央社会保険医療協議会 総会（第 575 回）個別事項（その 19）
   https://www.mhlw.go.jp/content/12404000/001181965.pdf
9) Meric-Bernstam F, Brusco L, et al : Ann Oncol 27, 795-800, 2016.
10) Schrader KA, Cheng DT, et al : JAMA Oncol 2, 104-111, 2016.

植木有紗

2004 年	慶應義塾大学医学部卒業
	静岡赤十字病院初期臨床研修医
2006 年	慶應義塾大学医学部産婦人科後期研修医
2013 年	同大学院医学研究科博士課程修了
	川崎市立井田病院婦人科副医長
2016 年	独立行政法人国立病院機構東京医療センター医員
2018 年	慶應義塾大学病院予防医療センター助教
2019 年	同臨床遺伝学センター・腫瘍センター助教
2021 年	がん研有明病院臨床遺伝医療部部長

総論

2 遺伝医療の社会における位置づけ
4）難病（成人疾患）

中村勝哉

　近年の診断および治療法の進歩により，遺伝性難病領域においてもゲノム医療がますます身近なものになりつつある。本邦では，治療研究の推進と高額になりがちな医療費助成を中核とする独自の難病医療制度が発展し，現在のゲノム医療の提供を容易にしている。さらに，遺伝性 ATTR アミロイドーシス，脊髄性筋萎縮症，デュシェンヌ型筋ジストロフィーでは，核酸医薬などの画期的な疾患修飾療法が登場しており，適切な臨床遺伝学的アプローチを通じて，先制医療を実現することが可能になりつつある。本稿では，本邦における難病政策の変遷と，遺伝性難病領域における先制医療の実際と将来展望について概説する。

Key Words

難病，ATTRv アミロイドーシス，Fabry 病，難病法，指定難病，難病診療連携拠点病院，
機能難病診療分野別拠点病院，難病医療協力病院，発症前診断，臨床遺伝学的アプローチ，先制医療

■ はじめに

　次世代シークエンサーに代表される遺伝子解析技術の革新の結果，従来の解析手法では解析が困難であった遺伝性疾患の診断などに活用されるようになった。また，指定難病の対象疾患を中心に，保険診療として提供可能な遺伝学的検査が増加しており，成人の難治性疾患（難病）領域において，遺伝子診断が一層身近なものになりつつある。筆者が専門としている遺伝性神経疾患領域では，遺伝性 ATTR（ATTRv）アミロイドーシス（旧名：家族性アミロイドポリニューロパチー），Fabry 病，脊髄性筋萎縮症（SMA）に対する核酸医薬など，画期的な新規医薬品が実用化され，さらに多くの疾患に対する疾患修飾薬の臨床試験が計画・進行している[1]-[5]。これらの疾患では，適切な臨床遺伝学的アプローチ，すなわち個々人の遺伝的背景を明らかにし，早期に治療介入するこ

とで，生命・社会的予後を劇的に改善させることが可能となっている。本稿では，遺伝性神経疾患を中心に，本邦における難病政策の変遷と，遺伝性難病領域における先制医療の実際と将来展望について概説する。

Ⅰ．難病対策の歴史と遺伝医療

　成人領域の難病には数多くの単一遺伝性疾患が含まれている[6]。本邦における難病対策は，昭和 39（1964）年頃に，原因不明で腹部症状が先行する亜急性脊髄・視神経・末梢神経障害など（subacute myelo-optico-neuropathy，以下スモン）に苦しむ患者が全国で報告され，社会問題となったことに端を発する[7]。昭和 44（1969）年，スモン調査研究協議会が組織され，調査研究により原因が突き止められ，新規患者の発生は収束した。また，スモン対策予算より患者が入院した際の医療費助成が開始され，治療費の公費負担は特定疾

全ゲノム・エクソーム解析時代の遺伝医療，ゲノム医療における倫理・法・社会

患治療研究事業として恒久化されるに至った。こうしたスモン対策事業の成果から，希少疾患の研究と救済策の重要性が共有されるようになった。厚生省（当時）は昭和47（1972）年に，①調査研究の推進，②医療施設の整備，③医療費の自己負担の解消からなる難病対策要綱をまとめ，スモン，ベーチェット病など8疾患を対象に難病対策事業を開始し，以後，対象疾患は次第に拡大されていった[7]。平成25（2013）年時点では，特定疾患治療研究事業として，①希少性，②原因不明，③治療方法未確立，④生活面への長期の支障の4要素を満たす130疾患を臨床調査研究分野とし，そのうち56疾患を医療費助成事業の対象としていた。一方，特定疾患治療研究事業は予算事業として実施していたため，医療費助成に係る予算を国が十分に確保することができない，要件を満たす疾病であっても医療費助成の対象にならない疾患が存在するなどの課題が生じていた[8]。そこで，難病の患者に対する医療等に関する法律（難病法）が平成26（2014）年に成立，同27（2015）年に施行された[9]。

難病法の成立以後，医療費助成制度，患者登録制度，難病拠点病院，研究体制などは大きく変化した。難病は「発病の機構が明らかでなく，治療方法が確立していない，希少な疾病であって，長期の療養を必要とする疾病」と再定義された。難病のうち患者の置かれている状況からみて良質かつ適切な医療の確保を図る必要性が高い疾患，なかでも患者数が本邦において一定の人数に達しない，客観的な診断基準（またはそれに準ずるもの）が確立している疾患を，厚生労働大臣が医療費助成の対象疾患と指定（指定難病）することが可能となった。一方，医療費助成の対象者は，病状の程度が厚生労働大臣の定める重症度基準を満たす者に限られることとなり，軽症であっても医療費が一定程度以上の者（軽症特例該当者）以外は助成対象外となった。国が難病の病態解明，診断および治療方法に関する調査および研究推進を，都道府県は難病相談支援センターの設置や訪問看護の拡充実施等，療養生活環境整備事業などを分担することとなった[8][10]。

平成29（2017）年に公表された「難病の医療提供体制構築に係る手引き」では，（1）早期に正確な診断ができる医療体制の拡充として，診断がついていない患者が受診できる拠点となる医療機関，（2）身近な医療機関で難病治療継続を可能とするための医療機関間連携，（3）難病の多くは遺伝性疾患であるため，診断のための遺伝学的検査が本人および血縁者に与える影響等について，患者が理解して自己決定できるための遺伝カウンセリング体制の充実，（4）小児期および成人期それぞれの医療従事者間の連携体制，などの体制整備のための方向性が示された[11]。長野県を例にすると，難病診療連携拠点病院に筆者が所属する信州大学医学部附属病院が，専門領域の診断と治療を提供する機能難病診療分野別拠点病院に長野県立こども病院が指定された。長野県内にある10保健医療圏のすべてに難病医療協力病院が指定され，長野県難病医療提供体制整備事業の一環として配置された専属の難病診療連携コーディネーターや専門医師を中心に，ICT技術も併用し難病診療体制の相談・連携に努めている[12][13]。

難病のうち単一遺伝性疾患の患者の正確な診断のためには，一定の質が担保された検査提供体制および遺伝カウンセリングを実施するための体制の充実が課題である[6]。以前は，指定難病を含め，遺伝学的検査が保険収載されておらず，一部の疾患においてのみ臨床研究の一環として提供されていた。平成18（2006）年に進行性筋ジストロフィー症の遺伝学的検査が保険収載され，以降その対象疾患が指定難病を中心に拡大し，令和4（2022）年度診療報酬改定時点で150疾患（186項目）が保険収載されている[1]。一方で，難病と考えられるが症状が非典型例，これまで報告されていない臨床像を呈する例などに対する遺伝学的診断は，次世代シークエンスを活用した網羅的遺伝子解析（全エクソーム解析や全ゲノム解析など）が有用な場合がある。現在，難治性疾患実用化研究事業の一環として「未診断疾患イニシアチブ〔Initiative on Rare and Undiagnosed Disease（IRUD）〕：希少未診断疾患に対する診断プログラムの開発に関する研究」が実施され，各都道府

県に拠点となる医療機関が整備され，次世代シークエンスによる網羅的遺伝子解析が提供されている。今後の難病対策として，保険収載が可能で品質・精度を確保した新たな検査体制の確立と提供体制の整備が強く望まれる[6]。

Ⅱ．発症前診断を併用した難病領域における先制医療

近年の治療研究の進歩により，ATTRvアミロイドーシスやFabry病，SMAなど，難病領域においても有効な疾患修飾療法薬が増加しつつある[1]-[5]。しかし，こうした治療を導入してもいったん進行した中枢神経や心・腎などの臓器障害は不可逆的である。このため，発症前診断を通じて自身の遺伝リスクを正しく認識し，発症早期に医療介入することで予後が劇的に改善することが期待できる[14][15]。

発症前診断とは，①at risk者に対して，②まだ発症が確認されない時点で，③将来の発症の危険性を判定する，遺伝学的検査を指す[14]。これまで，ハンチントン病（HD）や家族性筋萎縮性側索硬化症など，有効な予防法や疾患修飾療法が未確立な疾患では，罹患者の心理的負荷の大きさが報告されている[16][17]。さらに，発症前診断を通じて無症状遺伝子変異キャリアであることが判明した者の心理的影響に関しても多数の研究結果が報告されており[18]，Hubersらの前向き疫学調査では，登録時に2106人中169人（8.0％）に希死念慮を認め，4年間の希死念慮の累積発生率は9.9％と報告されている[19]。発症前診断に際しては，こうしたクライエントの心理的負荷を踏まえ，検査の対象となる疾患の特徴や，クライエントの理解度や支援体制を考慮して，慎重に対応する必要がある。診断前後の遺伝カウンセリングを通じた心理・社会的支援は必須であり，日本神経学会の「神経疾患の遺伝子診断ガイドライン2009」にもその重要性が記載されている[20]。

ATTRvアミロイドーシスは，*TTR*遺伝子の変異に起因する常染色体顕性遺伝（優性遺伝）性疾患で，*TTR*変異の結果TTRタンパクが変性・凝集し，不溶化したアミロイドが末梢神経や心臓な

ど全身に沈着することにより臓器不全に至る。以前は本症に対する有効な治療法は全く存在しなかったが，1990年代から肝移植が行われるようになり，現在ではその有効性が確立している。本邦では，2013年にTTR四量体安定化薬であるタファミジスが，RNA干渉を活用した核酸医薬であるパチシラン（2019年），ブトリシラン（2022年）が承認されるに至り，本症は代表的な治療可能な遺伝性神経疾患となった[14]。

ATTRvアミロイドーシスの心・末梢神経障害は進行すると不可逆的であるため，発症早期に疾患修飾療法を開始することが望ましい。一方で，ATTRvアミロイドーシスは不完全浸透を呈する疾患であり，また上述した疾患修飾薬はATTRvアミロイドーシスを実際に発症した患者が保険診療の対象となることから，発症前診断にて病的バリアントが陽性であったat risk者は，アミロイドーシス発症を確認するための定期的なモニタリングを行うことが推奨されている[21]。つまり，ATTRvアミロイドーシスのat risk者に対しては，発症前診断で遺伝リスクを明らかにし，未発症の段階から定期的なモニタリングを開始・継続し，臓器障害が明らかになる以前に疾患修飾薬を導入することを支援する必要がある。遺伝子診療部門が適切な臨床遺伝学的アプローチを提供することで，いわゆる先制医療を行うことが可能である[14][15]。

ATTRvアミロイドーシスなど，有効な疾患修飾療法が確立した疾患のat risk者に対する発症前診断を提供する際は，上述した早期治療導入といった医学的な目的にばかり目が向きがちであるが，発症前診断の前後にクライエントに心理的影響が生じうる点に注意を払うべきである。当院では，家人を含む他者から発症前診断を強く勧められ来談していた例や，精神疾患の合併が疑われた例などを経験している。親子であっても，肝移植が唯一の治療法であった時期に発症した世代と，疾患修飾療法が確立した後に来談した世代では，疾患や遺伝リスクに対する受け止め方が大きく異なる例があることも経験した。また変異陽性であった場合は，治療の早期導入のための定期的な

モニタリングと引き続く治療介入は生涯にわたるが，残念なことに中断してしまうクライエントが見受けられる。遺伝カウンセリング部門は，多くのat risk者にとって医療機関内で初めて関わる部門であることから，クライエントと医療者が発症前診断の目的を共有し，長期にわたるモニタリングと早期治療を担当する診療部門への橋渡しを見据えた予備的ガイダンスが求められる。

現在，前述したHDを含め様々な遺伝性神経疾患で疾患修飾薬の臨床試験が進行しており，今後病態に基づいた有効な疾患修飾薬が上市されることが期待される。ATTRvアミロイドーシスで実践されている発症前診断を併用した先制医療の取り組みは，将来多くの遺伝性難病のモデルになると考えられる。今後，遺伝カウンセリングを必要とするクライエントが増加することが予想され，遺伝性難病の発症前診断に関連する遺伝カウンセリングに対応できる施設の拡充が求められる。また遺伝性神経疾患も含め，本邦における標準的な発症前診断の手順を定めたプロトコルは存在しておらず，各施設任せとなっていることから，関係者のコンセンサスの下に標準手順書の作成が進められている。疾患修飾薬の多くは高額医薬品となることが予想され，多くの難病患者は指定難病医療費助成制度を使用しつつ治療を開始する。ATTRvアミロイドーシスと同様に，未発症病的バリアント保有者に対するモニタリングが治療前に必須となる可能性があるが，疾患ごとに標準的なモニタリング方法を確立する必要がある。ATTRvアミロイドーシスやFabry病などでは，指定難病医療費助成のために重症度分類による基準が設けられていないが，一部の重症度分類が設けられている疾患では，軽症高額特例を使用しても一定期間に高額な自己負担を求められる可能性がある。公平で持続可能な難病制度を発展させるためにも，ATTRvアミロイドーシスやFabry病などにおける先制医療の有用性のエビデンスをより一層確立していく必要がある。

▌おわりに

近年の診断および治療法の進歩により，遺伝性難病の当事者が自身の遺伝情報を健康管理に利活用する時代が到来しようとしている。本邦では，治療研究の推進と高額になりがちな医療費助成を中核とする独自の難病医療制度が，こうした新時代の遺伝医療の提供を容易にしている。臨床現場で用いられる遺伝学的検査は，その解析手法も制度も年々より複雑化しているが，その実施の目的や検査技術の限界，倫理的に起こりうる課題などを，受検者が検査前に十分理解することが重要である[15]。難病領域も，今後ますます有効な疾患修飾薬の開発が加速することが期待され，特に家系内にat risk者が存在する例が多い成人の難病領域の遺伝医療の実践にあたっては，医療と社会的制度の双方を熟知した臨床遺伝部門が，専門診療科やかかりつけ医，難病診療支援担当者などと連携できる体制が望まれる。

･･･････････ 参考文献 ･･･････････

1) 関島良樹：神経治療 35, 278-282, 2018.
2) Waddington CM, Benson MD : Neurol Ther 4, 61-79, 2015.
3) Adams D, Gonzalez-Duarte A, et al : N Engl J Med 379, 11-21, 2018.
4) Schiffmann R, Kopp JB, et al : JAMA 285, 2743-2749, 2001.
5) Finkel RS, Mercuri E, et al : N Engl J Med 377, 1723-1732, 2017.
6) 難波栄二：モダンメディア 69, 21-27, 2023.
7) 葛原茂樹：指定難病ペディア 2019（日本医師会編），28-33, 診断と治療社, 2019.
8) 藤田雄大：立法と調査 351(4), 68-86, 2014.
9) 厚生労働省：難病の患者に対する医療等に関する法律 (cited 2020 Feb 2)
https://www.mhlw.go.jp/web/t_doc?dataId=80ab4067&dataType=0&pageNo=1
10) 田中彰子：指定難病ペディア 2019（日本医師会編），34-36, 診断と治療社, 2019.
11) 厚生労働省健康局難病対策課：難病の医療提供体制の構築に係る手引き (cited 2020 Feb 2)
https://www.nanbyou.or.jp/wp-content/uploads/upload_files/H290531_1.pdf
12) 長野県難病医療提供体制整備事業 (cited 2020 Feb 2)
https://www.pref.nagano.lg.jp/hoken-shippei/gan/nannbyouiryou.html
13) 日根野晃代：難病と在宅ケア 28(10), 34-37, 2023.
14) 中村勝哉，関島良樹：神経内科 61, 588-593, 2021.
15) Nakamura K, Mukai S, et al : Mol Genet Metab Rep 36, 100983, 2023.
16) Farrer LA : Am J Med Genet 24, 305-311, 1986.
17) Solberg OK, Filkuková P, et al : J Huntingtons Dis 7, 77-86, 2018.
18) Almqvist EW, Bloch M, et al : Am J Hum Genet 64,

1293-1304, 1999.
19） Hubers AA, van Duijn E, et al : J Affect Disord 151, 248-258, 2013.
20） 日本神経学会「神経疾患の遺伝子診断ガイドライン」

作成委員会：神経疾患の遺伝子診断ガイドライン，2009.
21） Ueda M, Sekijima Y, et al : J Neurol Sci 414, 116813, 2020.

中村勝哉
2003 年 信州大学医学部医学科卒業
2011 年 同大学院医学研究科修了
2013 年 同医学部附属病院遺伝子診療部講師
2016 年 University of Florida, Center for Neurogenetics, Postdoctoral Associate
2018 年 信州大学医学部附属病院遺伝子医療研究センター（診療科名変更）講師

総論

❸ 検体検査における遺伝子関連検査の位置づけ

岩泉守哉

新たな検査技術への迅速な対応のために検査分類の柔軟かつ迅速な整備が必要とされていた中，2018 年 12 月 1 日に「医療法等の一部を改正する法律」（以下，改正医療法）が施行され，遺伝子関連・染色体検査は検体検査の一次分類として設置された。この改正医療法では，遺伝子関連・染色体検査について内部精度管理の実施と適切な研修が義務とされたが，外部精度評価は努力義務となり，検査施設の第三者認定は勧奨とされた。全ゲノム・エクソーム解析が臨床実装されようとしている今，遺伝子関連検査の品質・精度が十分に確保される体制が必要であろう。

Key Words

遺伝子関連検査，検体検査，分析前プロセス，分析プロセス，分析後プロセス，バリデーション，内部精度管理，外部精度評価，LDT

■ はじめに

遺伝子関連検査の結果は患者の治療や健康管理の決定を左右するため，検査システムの精度保証は極めて重要である。しかしながら，わが国では医療機関内で自ら実施する検体検査の品質・精度管理の基準と規定は定められていなかった。そのような中，ゲノム医療が実現することを踏まえ，検体検査の品質・精度の確保が明確化された「医療法等の一部を改正する法律」（以下，改正医療法）が 2018 年 12 月 1 日に施行され，医療機関が自ら検体検査を実施する場合における制度の確保のために設けるべき基準が設定された[1]。本稿ではまず，検体検査における遺伝子関連検査の位置づけを示し，次にがんパネル検査の品質・精度がどのようにして確保されるのかを説明し，最後に laboratory developed test（LDT）について米国食品医薬品局（Food and Drug Administration：FDA）のホームページの記載内容[2]をもとにごく簡単に述べたい。

Ⅰ. 検体検査の一次分類と遺伝子関連検査の位置づけ

検体検査は，採取した血液，尿，あるいは穿刺液，臓器・組織を対象とする検査である。改正医療法では分析する技法ごとに**表❶**のように分類されている。この分類では，「微生物学的検査」，「血液学的検査」にこれまで位置していた「病原体核酸検査」，「体細胞遺伝子検査（白血病のキメラ遺伝子など）」が，新設された「遺伝子関連・染色体検査」の二次分類に統合されたことが特徴的である。

Ⅱ. がんパネル検査の品質・精度の確保

主な参考資料は，臨床検査振興協議会から出された「がん遺伝子パネル検査の品質・精度の確保に関する基本的考え方（第 2.1 版）」[3]，日本病理学会，日本臨床検査医学会による「がんゲノム検査全般に関する検査指針（案）」[4]である。

全ゲノム・エクソーム解析時代の遺伝医療，ゲノム医療における倫理・法・社会

表❶　検体検査の分類

一次分類	二次分類
微生物学的検査	細菌培養同定検査 薬物感受性検査
免疫学的検査	免疫血清学検査 免疫血液学検査
血液学的検査	血球算定・血液細胞形態検査 血栓・止血関連検査 細胞性免疫検査
病理学的検査	病理組織検査 免疫組織化学検査 細胞検査 分子病理学的検査
生化学的検査	生化学検査 免疫化学検査 血中薬物濃度検査
尿・糞便等一般検査	尿・糞便等一般検査 寄生虫検査
遺伝子関連検査・ 染色体検査	病原体核酸検査 体細胞遺伝子検査 生殖細胞系列遺伝子検査 染色体検査

1. 施設の整備と管理

(1) 第三者認定の実施体制

　がんゲノム医療を担当する施設の検体検査室・病理検査室は第三者認定として ISO 15189 などを取得し，その要求事項に従ってがんパネル検査などを活用したがんゲノム医療を行う体制を構築し，それら一連の作業を完遂するための設備・仕様・要員（スタッフ）を整備する。がんパネル検査では自施設以外の医療機関の病理組織検体も用いられるため，上記病院以外の医療機関のうち，がんパネル検査用に検体提出が求められる可能性のある施設においても第三者認定の取得が望まれる。

(2) 精度の確保に係る責任者の配置

　改正医療法では，検体検査全般の精度の確保に係る責任者との兼任を認めることとされている。資格要件については，遺伝子関連検査を含む臨床検査全般の精度管理に関する専門知識を有し，相応の経験と資質が求められる。今回の医療法改正に基づく遺伝子関連・染色体検査の精度確保の責任者としては，国家資格である医師，臨床検査技師であることが望ましいと思われる。

(3) 書類の整備，要員の研修・教育，検査機器の整備

　標準作業手順書（SOP）を作成し，業務の標準化に努め，標準化された SOP に従った方法で全操作を行う。また作業日誌や台帳を記録し，不具合やエラー，是正の履歴を残すとともに，継続的な改善を行う。これら書類に関して，的確な報告書フォーマットを作成し，運用する。また定期的に見直し，適切に管理・保存する。検査の一連の過程に関与する者は，各業務を行うための資格を明らかにし，その業務を円滑に遂行できるよう教育・訓練を受け，また教育することとされている。臨床検査で用いる測定システム（分析機器，試薬など）は，意図した用途に合致し，要求事項を満足する信頼性の高い結果が得られることが保証されている必要がある。

2. 精度の確保

　がんパネル検査の品質・精度の確保のためには，分析前プロセス，分析プロセス，分析後プロセスそれぞれにおいてバリデーション，内部精度管理，外部精度評価を実施することが極めて重要である（**図❶**）。これらのプロセスおよびプロセス管理は，がんパネル検査以外の遺伝子関連検査のみならず，臨床検査の品質・精度の確保においても基本かつ重要である。

(1) 検査の導入前の準備

　パネル検査仕様の決定，標準作業手順書（SOP）の作成，据付時適格性確認（IQ），稼働性能適格性確認（OQ）を行う。パネル検査仕様を決定するためには，解析対象の遺伝子リストと遺伝子変異の種類を提示し，解析方法（アンプリコン法，キャプチャー法），体外診断用医薬品類の試薬キット，医療機器〔次世代シークエンサー（NGS）および解析プログラム〕の種類を決め，検査対象とするがん種・検体種別を決定し，それぞれの検査項目に関して，正確度または真度（accuracy），精度や再現性（precision；repeatability, reproducibility），分析感度（analytical sensitivity；limit of detection），分析特異度（analytical specificity），頑健性（robustness），報告範囲（reportable range），参照範囲〔reference

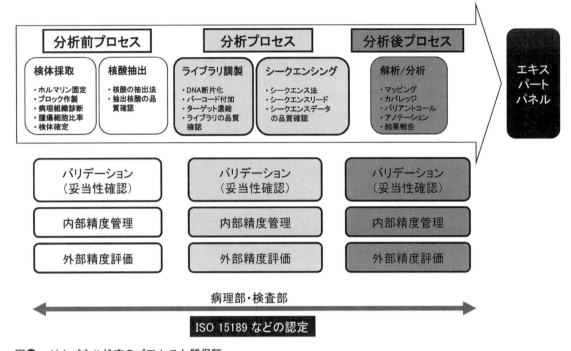

図❶ がんパネル検査のプロセスと質保証

range or reference interval（normal values）］といった分析性能を評価する。

(2) がんパネル検査のプロセス

①分析前プロセス

臨床化学検査の場合，日常行われている臨床検査値が精確でない場合，分析前プロセスの関与が大きく全体の60～70％を占めると報告されている[5]。それは，分析技術の標準化に比して，分析前プロセスに関する標準化が相対的に遅れており，自動化ができてないために人が関与する割合が多くヒューマンエラーが多いうえに，重要性に関する認識も不十分であるためである[6]。がんパネル検査における分析前プロセスとは，検体採取から，ホルマリン固定，病理組織標本作製，腫瘍細胞比率を含む遺伝子検査用病理組織標本の確定，そして確定標本からの核酸抽出までを指す。特にリキッドバイオプシーによる循環血中の腫瘍由来DNAを用いたがんパネル検査における分析前プロセスは複数の工程からなる[7]。詳しくは臨床検査振興協議会から出されている「リキッドバイオプシーによる循環血中の腫瘍由来DNA（circulating tumor DNA：ctDNA）検査の質保証に関する見解」[8]を参照されたい。

適切に抽出された核酸は，適切に品質管理されなければならない。核酸の品質は，長さ，量，化学的純度，構造的完全性を指標とすることができる。核酸の長さ（分解度）の確認には，一般的に電気泳動法が用いられる。良好なDNAの化学的純度の指標は，A260/A280の値が1.8～2.0，A260/A230の値が1.0より大きいことである。DNAの構造的完全性の指標として，リアルタイムPCR法により得られるCt値を用いて核酸品質を評価する方法，電気泳動法を用いてDIN（DNA integrity number）値から評価する方法，蛍光分光光度計を用いてdsDNAを定量し，吸光光度計で測定したDNA濃度と比較する方法がある。

②分析プロセス

ライブラリを調製し，NGSで解析し，データを得るプロセスを指す。ライブラリ調製の際は，

DNA の断片化，アダプターライゲーションと
バーコード付加（ライブラリ調製），ターゲット
濃縮などによる解析用ライブラリ調製およびシー
クエンスリードを生成するまでの方法を規定す
る。ライブラリ調製後，適切な品質チェックを行
い，シークエンス解析に進んでよいかどうかを判
断する。品質指標として，DNA 量，フラグメン
トサイズを用いる。ここまでのプロセスが適正に
行われていたかについて，NGS 解析から得られ
たデジタルデータである FASTQ ファイル情報を
解析する。

③分析後プロセス

　分析プロセスで取得したデータのバイオイン
フォマティクス解析から結果報告までを指す。具
体的にはシークエンスリードをヒトゲノム参照
配列にマッピングし，バリアントコール，アノ
テーション後，結果を報告する。バイオインフォ
マティクス解析時に必須の品質指標は，depth of
coverage（標的領域の読み取り深度），uniformity
of coverage（標的領域の均一性・網羅性），ベー
スコール品質スコアなどである。さらに，GC バ
イアス，マッピング品質（非標的領域にマップし
たリードの割合，重複したリードの割合）もシー
クエンス反応の性能やバイオインフォマティク
ス解析をモニターするのに使用される。その後，
マッピングされたリードの配列とヒトリファレン
スゲノムの配列を比較し，どの部分が異なってい
るか調べることで生殖細胞系列バリアントの検出
を行う。また，がん組織と血液のシークエンス結
果が揃っている場合には，血液からは二つのサン
プルの検出結果の比較を行う。この過程ではシー
クエンサーの違いや解析ソフトウェアの違いによ
り結果が異なる場合が多いため，事前に十分な検
出能力があるか，どのようなエラーが入りやすい
のか検証する必要がある。生殖細胞系列バリアン
トや体細胞バリアントの検出結果では，染色体
名，位置および変化した塩基の情報が主であるた
め，どの遺伝子のどのアミノ酸に対応するか，既
知の文献情報があるかどうかを付与する（アノ
テーション）。その後，アノテーション結果をも
とに意義のある多型・変異を絞り込む（キュレー

ション）。抽出基準がどのようになっているかで
最終的なレポートに掲載される結果が変わるた
め，採用している基準を記録しておく必要があ
る。このような分析後プロセスを経て解析結果の
報告書が作成される。

(3) 各プロセスを管理するために実施すべきこと

①バリデーション

　バリデーションとは，あらかじめ適切な品質基
準を設定し，プロセスごとに客観的証拠を提示す
ることによって品質確認を行うことを指す。臨床
検査は，意図した用途に合致し要求事項を満足す
る信頼性の高い結果が得られることが保証されて
いる測定システム（分析機器，試薬など）を用い
て実施する必要があり，プロセスごとにその妥当
性を客観的な根拠を示し確認するのがバリデー
ションの目的である。

②内部精度管理

　患者試料と近い性質を有する精度管理物質
（quality control materials）を定期的に測定して継
続的に監視し，患者試料の測定結果の質保証を行
う。ここで使用する精度管理物質には，既知の変
異を導入して人工的に構築した DNA 標品，変異
既知の細胞株標品などが挙げられる。また分析
の精確性をみるためには，精度管理の標準物質
（reference standards）が必要である。この標準物
質には，既知の変異を有する精度管理物質を使用
することができるが，測定法が異なっても相互互
換性（commutability）が保たれていることが望
ましい。「がん遺伝子パネル検査の品質・精度の
確保に関する基本的考え方」[3] において内部精度
管理の例として具体例が書かれているため参照さ
れたい。

③外部精度評価（EQA）

　検査室間比較プログラム（外部精度管理調査，
技能試験など）に参加することによって，得られ
た検査結果および検査結果の解釈が適正に行われ
ているかどうかを評価・把握する。所定の性能基
準を逸脱している場合は是正処置を行う。検査室
間比較プログラムへの参加が不可能な場合は，標
準物質，過去に検査した試料，他の検査室との試
料の交換，検査室間比較プログラムで使用される

■ 総 論

精度管理物質などを測定することによって代替措置とすることができる。しかし実際のところ、現在国内の団体によるがんゲノム検査の EQA は医療検査科学会遺伝子・プロテオミクス委員会の主催している白血病関連遺伝子外部精度評価のみであり、今後国内でもさらに EQA を立ち上げていくことは喫緊の課題である。

Ⅲ. Laboratory developed test（LDT）

FDA によれば、"LDTs are in vitro diagnostic products（IVDs）that are intended for clinical use and are designed, manufactured, and used within a single clinical laboratory which meets certain laboratory requirements" とされており[2]、FDA による IVD 承認が困難な気体・有機溶媒・培養液・培地を用いる検査は LDT として扱われてきた。LDT は特定の検査室要件を満たす単一の臨床検査室〔1988 年の Clinical Laboratory Improvement Amendments（CLIA）に基づいて認定された臨床検査室〕内で設計、製造、使用される。1970 ～ 1980 年代、LDT は局地的で特殊なニーズに合わせて使用されていた。しかしながら現在では、多くの LDT がより広域に、大規模に、そしてハイテク機器やソフトウェアに依存して使用され、重要な医療上の意思決定を支援するために重要なものとなっている。そのような中、LDT の安全性と有効性に関する懸念が高まってきた。FDA は患者と医療提供者が適切な医療上の意思決定を行うために、使用している検査が安全で効果的であるという保証が必要であると主張し、LDT に対する監督を強化する方針を提案している。この

ような米国の現状を把握しながら、日本ではどのように取り組むべきか今後議論が必要であろう。

■ おわりに

検体検査としての遺伝子関連検査の位置づけ、がん遺伝子パネル検査の質が確保されるための流れ、LDT について概説した。遺伝子関連検査の品質・精度が十分に確保される体制があって、そのうえで適切な医療が提供される点を忘れてはならない。

·················· 参考文献 ··················

1) 厚生労働省：医療法の一部を改正する法律（2017 年 6 月 14 日交付、平成 29 年法律第 57 号）https://www.mhlw.go.jp/stf/newpage_02251.html（2023/12/6 アクセス）
2) U.S. Food and Drug：Laboratory Developed Tests https://www.fda.gov/medical-devices/in-vitro-diagnostics/laboratory-developed-tests（2023/12/6 アクセス）
3) 臨床検査振興協議会：がん遺伝子パネル検査の品質・精度の確保に関する基本的考え方 https://www.jpclt.org/common/upload_data/websta00000301/file/【確定版】基本的考え方 _ver2.1.pdf（2023/12/6 アクセス）
4) 日本病理学会、日本臨床検査医学会：がんゲノム検査全般に関する検査指針 https://www.jslm.org/others/news/genome_guidelines.pdf（2023/12/6 アクセス）
5) Lippi G, et al：Clin Chem Lab Med 49, 1113-1126, 2011.
6) 前川真人：モダンメディア 68（7）, 243-248, 2022.
7) Febbo PG, et al：Clin Pharmacol Ther 107, 730-734, 2020.
8) 臨床検査振興協議会：リキッドバイオプシーによる循環血中の腫瘍由来 DNA（circulating tumor DNA; ctDNA）検査の質保証に関する見解 https://www.jpclt.org/message/#ctDNA（2022/8/10 アクセス）

岩泉守哉		
1999 年	浜松医科大学医学部医学科卒業	
2009 年	同大学院医学系研究科博士課程修了 UC Sun Diego 消化器内科（Prof. John M. Carethers）研究員	
2010 年	ミシガン大学内科（Prof. John M. Carethers）研究員	
2014 年	浜松医科大学医学部内科学第一助教	
2017 年	同医学部臨床検査医学助教	
2021 年	同医学部附属病院遺伝子診療部副部長（併任）（～現在）	
2023 年	同医学部附属病院検査部部長、准教授（～現在）	

総論

4 遺伝医療・ゲノム医療を担う専門職

西垣昌和

遺伝医療は，単一遺伝子疾患や染色体異常症などの，比較的まれな疾患を有する患者やその家族を主な対象とし，遺伝に関する専門的なトレーニングを積んだ遺伝医療専門職によって提供されるのが一般的であった。一方，ゲノム情報に基づく精密医療の展開を目指すゲノム医療の実装が進むにつれ，遺伝情報の医療現場における活用の裾野が拡がっている。それにともない，遺伝医療専門職のみならず様々な医療職が，遺伝医療・ゲノム医療においてその職能を発揮することが求められている。

Key Words

遺伝医療，ゲノム医療，精密医療，予防医療，専門職連携，医師，薬剤師，保健師・助産師・看護師，臨床検査技師，コンサルテーション

はじめに：ゲノム医療の実装と関連する専門職の多様化

遺伝医療・ゲノム医療を担う専門職について概観するにあたって，まず強調したいのは，ゲノム医療に関わる専門職は，職種やその関わり方が従来の遺伝医療と比較して多様化していることである。従来の遺伝医療は，主として単一遺伝子疾患や染色体異常症といった比較的希少な疾患を有する患者やあるいはそのリスクを有する血縁者を対象に展開されてきた。一方ゲノム医療では，単一遺伝子疾患のみならず，複数の遺伝子や環境要因といった多因子が複雑に関与するような健康問題に対する精密医療（precision healthcare）を展開することも目的とされる。そのような健康問題には，がん，生活習慣病，精神疾患といったcommon disease も含まれ，それらの疾患のゲノム情報に基づく精密医療への期待が高まっている。今後ゲノム医療の実装が進むことは確実であり，すべての医療専門職がゲノム医療の担い手となりうる。また，ゲノム情報を予防に活用することもゲノム医療の重要な要素であり，医療現場の

みならず，保健・公衆衛生の現場での専門職の関与も求められる。そこで本稿では，既存の主な医療関連専門職がいかに遺伝医療に関わり，そして今後ゲノム医療にどのような役割を担うことが求められるかについて概説する。

I. 医師：遺伝/ゲノム情報に基づく診断・治療

様々な疾患の病因・病態に関する遺伝要因の関与が明らかになるとともに，遺伝情報に基づく診断・治療（＝診療）が医療現場において一般的なものとなってきた。かつては，生殖細胞系列の遺伝学的検査によって遺伝性疾患の診断をすることは，遺伝医学に関する特別なトレーニングを積んだ専門医によってのみなされることが一般的であった。ところが，遺伝情報によって特定の薬剤の効果や副作用が予測できたり，従来よりも効果的な疾患管理を提案したりすることが可能となった疾患においては，遺伝学的検査が治療選択の一環となっている。そのような遺伝学的検査は，treatment focused genetic testing（TFGT）と呼ばれ，遺伝医学の専門家に限らず，当該疾患の

全ゲノム・エクソーム解析時代の遺伝医療，ゲノム医療における倫理・法・社会　43

診断・治療に当たる科の医師によって実施されるようになってきた。

TFGTが特に浸透しているのは，乳がん，卵巣がん領域で，*BRCA1*または*BRCA2*の遺伝学的検査が，PARP阻害薬の適応を判断するためのコンパニオン検査として保険適用されている。また，同遺伝学的検査が手術の方針を決定するための情報の一つとして取り入れられている。このような，遺伝情報が治療と密接に関連する領域においては，診断・治療ルーチンの一つとして遺伝学的検査を実施するmainstream genetic testingが進んでいる[1]。腫瘍領域（特に乳がん，卵巣がん領域）におけるこの傾向は，今後様々な疾患領域に広がっていくことが予想され，医師一人一人に，遺伝情報を適切に取り扱い，それに基づいた診断と治療を進める技術・能力が求められる。TFGTに限らず，発症している患者の診断を目的とした遺伝学的検査は，2011年に日本医学会より発表された「医療における遺伝学的検査・診断に関するガイドライン」（2022年3月改定）において，原則として主治医が行うこととされている。なお歯科領域においても，様々な口腔・歯科疾患の遺伝学的背景の解明とそれに基づく診断・治療の研究は進んでおり[2]，歯科医師も同様にゲノム医療の担い手である。

たとえ遺伝学的検査の主目的が治療選択である場合でも，遺伝学的検査によって得られる治療関連情報が遺伝性疾患の診断となることがある。前述したPARP阻害薬の適応可否に関する情報，すなわち*BRCA1*あるいは*BRCA2*に病的バリアントを有するかどうかが，遺伝性乳がん卵巣がん症候群（HBOC）の診断につながるのは典型的な例といえる。遺伝性疾患は，生殖細胞系列の遺伝子の機能不全（あるいは病的な機能獲得）型バリアントが原因であるがゆえに，様々な臓器・部位に症状を呈しうる。例えば，乳がんの治療選択目的に受けたBRCA遺伝学的検査によってHBOCと診断された場合には，卵巣がん，膵臓がんなど，一つの診療科ではカバーできない疾患リスクが明らかとなる。そのため，当該遺伝性疾患の領域横断的なマネジメント計画を立てる医師が担う

役割が大きい。日本では，日本人類遺伝学会，日本遺伝カウンセリング学会が共同で臨床遺伝専門医（後述）を認定している。

ゲノム医療における遺伝学的検査は，従来実施されていた一つあるいは少数の遺伝子を対象とした検査ではなく，多遺伝子パネル検査，あるいは全エクソーム／ゲノムシークエンスが主流であることは，ゲノム，すなわち遺伝情報すべてを扱うゲノム医療の特徴を考えれば明らかである。網羅的な遺伝学的検査においては，検査の本来の目的とは別に，臨床的意義を有する結果が得られることがある。例えば，がんの治療選択目的に網羅的遺伝学的検査を実施した際に，遺伝性循環器疾患の原因遺伝子に病的バリアントが見つかりうる。網羅的遺伝学的検査の臨床実装にあたっては，検査をオーダーする医師は，このような所見〔＝二次的所見（secondary findings：SF）〕を想定した，検査の説明・同意のプロセスを確実に踏むとともに，得られた所見に対する診療連携体制を整える必要がある。

II. 薬剤師：遺伝／ゲノム情報に基づく調剤・服薬指導

ゲノム医療の実装が先んじて進められているがんゲノム医療では，がん細胞のゲノムプロファイリングに基づいて，検出されたドライバー遺伝子が関与する分子経路を標的とした薬剤を選択する。がん領域だけでなく，今後様々な疾患領域で同様の治療選択の開発・実装が進むことは確実であり，ゲノム情報に基づく薬剤選択は，ゲノム医療における治療の中心的役割を担う。また，すでに様々な薬剤について実装されているコンパニオン診断としての遺伝子関連検査の対象薬剤の拡大も想定される。さらに，ゲノム薬理学（pharmacogenomics：PGx）の発展により，薬剤種別のみならず，用法・用量についても患者のゲノム情報に基づいた処方の実装も進むだろう。

これらのような処方に基づく調剤においては，処方監査への薬剤の種別，用法・用量と関連するゲノム情報の反映が重要となる。例えば，通常の半量での投与で十分な血中濃度が保たれ，通常用

量で投与した場合には副作用のリスクが上昇するような，薬物代謝経路に関わる遺伝子多型を有している患者に対し，通常用量の処方せんが出された場合に，疑義照会をかけるといった調剤業務が求められる。また，患者に「なぜあなたにはこのお薬を，この量で，このような方法での服用が適切なのか」について，ゲノム情報と紐づけて患者の理解を促し，アドヒアランスの維持を目的とした服薬指導が必要となるだろう。

Ⅲ．看護師：遺伝 / ゲノム診療の補助と，療養上の援助

看護師は，診療の補助行為として絶対的医行為を除く医行為を業として実施しうる唯一の医療関連職である（**表❶**）。診療の補助行為は，医師の医学的判断が伴うことを前提とした行為で，主として直接的に傷病者・じょく婦の身体に影響を与えうる行為や，診断・治療に直結する臨床評価などが該当する。具体的には，看護師は当該傷病の症状の評価とそれに対する医療的ケア，傷病によってもたらされる療養生活上の影響の評価，およびその評価に基づく身体的・心理的・社会的援助の役割を担う。遺伝医療における看護では，疾患によって現に生じている影響のみならず，遺伝性疾患であるがゆえに今後生じることが予測される潜在的な問題への予防的な援助が特徴といえる。

ゲノム医療における看護では，患者が傷病によって受ける影響の個人差が主たる関心事となる。例えば，外科的手術を受けた際の疼痛の個人差は経験的に明らかであるが，その個人差に関連する遺伝要因（エピゲノムを含む）の研究が進んでおり，遺伝学的に疼痛を感じやすい人には積極的・予防的な鎮痛をするといった個別介入につながりうる。また，看護は傷病によって受ける影響からの回復を促進するため，患者の消耗を最小限にするべく，睡眠，食事，温度などの療養環境を整える。これらの要素の個々の患者にとっての最適値は当然異なる。そのため，個々人にとっての最適な療養環境を整えることができれば，患者アウトカムのさらなる向上が期待できる。傷病者・じょく婦のみならず，妊産婦においても同様

である。このような個別性の観点は，ゲノム医療が目指す精密医療との親和性が極めて高く，看護の対象となる様々な療養上の要素について，遺伝学的な観点から個別化をより充実させる精密看護（precision nursing）の追及が進んでいる[3]。

診療の補助の観点からは，ゲノム情報によって精緻化された治療への適切な対応が求められる。実用化が進んでいるがんゲノム医療を例にすると，がんゲノムプロファイリングに基づいた薬剤選択では，通常は適応外とされる薬剤が推奨治療として挙げられる。適応外使用であるため，その薬剤を実際に患者に使用した際に，どのような副反応・どの程度の副作用が生じるかと，それへの対処についてのエビデンスは不足する。患者の状態を観察し，アセスメントする能力がより重要となってくる。また同病の患者であっても，異なる治療法が適応されることについて，患者や家族が疑問をもち，治療の受け入れが悪くなることがあるかもしれない。そのような際に，ゲノム情報と治療の関係について患者や家族の理解を促し，治療や診断のプロセスが円滑に進むための支援も看護師の重要な役割となる。

Ⅳ．保健師：遺伝 / ゲノム情報に基づく保健指導

ゲノム医療は，ゲノム情報に基づいて診断・治療を精緻化することを目指すとともに，罹患リスクの層別と，リスクに合わせた予防的介入による疾患予防も重要な目標としている。既存の医療関連職種では，医師・歯科医師・薬剤師は，その職能を発揮することによって公衆衛生の向上および増進に寄与する職とされており（**表❶**），医療機関にとどまらず，ゲノム情報に基づいた公衆衛生（public health genomics）の追求が求められる。一方，個人に対する保健指導を主たる業とするのは保健師であり，個人のゲノム情報に基づいた疾病予防を目指すうえでその役割は大きい。

現状では，polygenic risk score を利用した多因子疾患の罹患リスク推定は，個々の市民にそれに基づく保健指導を実施するだけのエビデンスが十分とはいえない。また，ゲノム情報はあくまで

全ゲノム・エクソーム解析時代の遺伝医療，ゲノム医療における倫理・法・社会

■ 総　論

表❶　遺伝医療 / ゲノム医療に関する医療関連職の法的定義

職種（根拠法）	役割・業の定義（根拠法の条番号）	業の制限
医師 （医師法）	医師は，医療及び保健指導を掌ることによつて公衆衛生の向上及び増進に寄与し，もつて国民の健康な生活を確保するものとする。(1)	医師でなければ，医業をなしてはならない。(17)
歯科医師 （歯科医師法）	歯科医師は，歯科医療及び保健指導を掌ることによつて，公衆衛生の向上及び増進に寄与し，もつて国民の健康な生活を確保するものとする。(1)	歯科医師でなければ，歯科医業をなしてはならない。(17)
薬剤師 （薬剤師法）	薬剤師は，調剤，医薬品の供給その他薬事衛生をつかさどることによつて，公衆衛生の向上及び増進に寄与し，もつて国民の健康な生活を確保するものとする。(1)	薬剤師でない者は，販売又は授与の目的で調剤してはならない。(略)(19)
保健師 （保健師助産師看護師法）	この法律において「保健師」とは，厚生労働大臣の免許を受けて，保健師の名称を用いて，保健指導に従事することを業とする者をいう。(2)	保健師でない者は，保健師又はこれに類似する名称を用いて，第二条に規定する業をしてはならない。(29)
助産師 （保健師助産師看護師法）	この法律において「助産師」とは，厚生労働大臣の免許を受けて，助産又は妊婦，じよく婦若しくは新生児の保健指導を行うことを業とする女子をいう。(3)	助産師でない者は，第三条に規定する業をしてはならない。(略)(30)
看護師 （保健師助産師看護師法）	この法律において「看護師」とは，厚生労働大臣の免許を受けて，傷病者若しくはじよく婦に対する療養上の世話又は診療の補助を行うことを業とする者をいう。(5)	看護師でない者は，第五条に規定する業をしてはならない。(略)(31-1) 保健師及び助産師は，前項の規定にかかわらず，第五条に規定する業を行うことができる。(31-2)
保健師・助産師・看護師		保健師，助産師，看護師又は准看護師は，主治の医師又は歯科医師の指示があつた場合を除くほか，診療機械を使用し，医薬品を授与し，医薬品について指示をしその他医師又は歯科医師が行うのでなければ衛生上危害を生ずるおそれのある行為をしてはならない。ただし，臨時応急の手当をし，又は助産師がへその緒を切り，浣腸を施しその他助産師の業務に当然に付随する行為をする場合は，この限りでない。(37)
臨床検査技師 （臨床検査技師法）	この法律で「臨床検査技師」とは，厚生労働大臣の免許を受けて，臨床検査技師の名称を用いて，医師又は歯科医師の指示の下に，人体から排出され，又は採取された検体の検査として厚生労働省令で定めるもの（以下「検体検査」という。）及び厚生労働省令で定める生理学的検査を行うことを業とする者をいう。(2)	臨床検査技師は，保健師助産師看護師法（昭和二十三年法律第二百三号）第三十一条第一項及び第三十二条の規定にかかわらず，診療の補助として，次に掲げる行為（第一号，第二号及び第四号に掲げる行為にあつては，医師又は歯科医師の具体的な指示を受けて行うものに限る。）を行うことを業とすることができる。 一　採血を行うこと。 二　検体採取を行うこと。 三　第二条の厚生労働省令で定める生理学的検査を行うこと。 四　前三号に掲げる行為に関連する行為として厚生労働省令で定めるものを行うこと。(20-2)

全ゲノム・エクソーム解析時代の遺伝医療，ゲノム医療における倫理・法・社会

リスク要因の一つであって，polygenic risk score をその他の様々なリスク要因とともに保健指導に取り入れる必要がある[4]。現状では，保健師の教育・実践にゲノム医療の要素が取り入れられているとはいえず，ゲノム情報を取り入れた保健指導の将来の実装を見据えた人材育成が必要である。

V．その他の医療職

従来ではブラックボックスとして扱われていた「個人差」を，ゲノム情報とその他の臨床情報に基づいて予測し，最適な医療を提供することがゲノム医療の真価であるのなら，「個人差」がある現象に関わる医療職すべてがゲノム医療の担い手である。医療現場における医療行為だけをみても，看護師の診療補助業務独占を一部限定解除するかたちで，様々な医療関連職に割り振られており（**表❶**臨床検査技師 右列参照），それぞれの職能が達成をめざすアウトカムと，対象者のゲノム情報との関連を踏まえた実践が求められる。

そのような臨床実践が実装されるためには，対象者のゲノム情報が明らかにされ，かつ保存・参照が可能でなければならない。しかし，個々の患者のゲノム情報をそれぞれの専門職が常に把握することは現実的ではない。医療専門職のゲノム情報を活用する技術を育成するとともに，医療専門職によるゲノム情報活用を支援するシステムも並行して整備する必要がある〔例：薬物代謝に関連するゲノム情報が電子健康記録（electronic health record：EHR）に取り込まれ，ゲノム情報から想定される適切な用量と異なる処方が入力されたらアラートが生じるようなシステムなど〕。

Ⅵ．遺伝医療専門職の役割

既存の遺伝医療専門職として，医師は臨床遺伝専門医（日本人類遺伝学会，日本遺伝カウンセリング学会が共同で認定），看護師は遺伝看護専門看護師（日本看護協会が認定），そして遺伝カウンセリングに特化した資格職として認定遺伝カウンセラー（日本人類遺伝学会，日本遺伝カウンセリング学会が共同で認定）がいる。ゲノム医療の実装にあたって，これら遺伝専門職の役割も変化する。

1．遺伝を専門領域としない医療者への教育／コンサルテーション

遺伝情報は，医療情報の一つとして適切に取り扱わなければならないのは言うまでもないが，当該情報が個人だけでなく血縁者も共有しうること（共有性），現在だけでなく将来の身体的状況を予測しうること（予測性），一般的な臨床検査結果と異なり生涯結果が変わることがないこと（不変性）という特徴がある。そのため，適切な取り扱いがなされなかった場合に患者やその血縁者に生じうる不利益・負担の程度が大きく，またそれらの不利益・負担から当事者を保護する社会基盤も整備段階である。このような特徴をもった情報が比較的容易に得られるようになり，医療の一部として活用が進む現在では，これまで遺伝情報にふれる機会がなかった医療者においても，その機会が増加する。遺伝情報の取り扱いのみならず，それをどのように日常診療に取り込むかについて，遺伝医療専門職が教育的役割を積極的に果たす必要がある。また遺伝情報を活用した医療が展開されるにあたって，それぞれの診療科からのコンサルテーションが生じる機会も増加する。遺伝医療専門職が，一般診療における専門職連携の一員としてより重要な役割を担うこととなる。

重点的役割の変化に対応して，遺伝医療専門職の在り方の変化も始まっている。臨床遺伝専門医制度では，期待される能力の一つとして，「遺伝医療関連分野のある特定領域について，専門的検査・診断・治療を行うことができる」が設立時に挙げられている。すなわち，臨床遺伝専門医が自身の専門領域について自ら診療を行うことを念頭に置いていた。一方，2022年に立てられた行動目標では，上述の能力に関連する行動目標として，「臨床遺伝学的診察：遺伝学的診療およびケアを適切に提供できる」，「遺伝学的検査：適切な遺伝学的検査の実施について管理できる」，「遺伝学的マネジメント：遺伝学的診療におけるマネジメント計画を立てることができる」とされ，より専門職連携の一員としての専門性の発揮が意識されている。この背景として，扱われる遺伝情報が

■ 総　論

単一遺伝子からより網羅的なゲノム情報へと広がり，特定の診療科に限らず，あらゆる診療科において通常の医療情報の一つになってきたことが挙げられている[5]。医療の在り方とともに形を変える遺伝医療専門職の役割に，個々の遺伝医療専門職が適応する必要がある。

2. 遺伝性疾患患者・血縁者への医療ニーズの増加

　ゲノム医療の実装は，遺伝医療専門職が従来専門としてきた遺伝性疾患への医療を提供する機会も増加させる。前述のように，ゲノム医療における遺伝学的検査は，全エクソーム / ゲノムシークエンスといった網羅的な解析が主軸となる。そのため，二次的所見として，遺伝性疾患の原因遺伝子に病的バリアントが検出されうる。米国臨床遺伝 / ゲノム医学会（American College of Medical Genetics/Genomics：ACMG）は，網羅的遺伝子解析によって二次的に検出された病的バリアントに対応する遺伝性疾患の治療・予防可能性（= actionability）を鑑みて，検査機関から検査をオーダーした臨床医に返却すべき遺伝子リストを作成している。2023 年 6 月に更新された ACMG SF v3.2 list では，遺伝性腫瘍，遺伝性循環器疾患を中心に 81 の遺伝子が挙げられている。

　ACMG SF list（v3.0，73 遺伝子）に挙げられた遺伝子に病的バリアントが検出される頻度は，一般集団ではおよそ 4% とされている[6]。ただし，この報告は *HFE* 関連遺伝性ヘモクロマトーシスの有病率が日本と比べて極めて高いアイスランド（0.4 〜 0.5%）からなされている。それを差し引いたとしても，網羅的遺伝学的検査を実施した患者の 3% 強に何らかの actionable な遺伝性疾患の病的バリアントが二次的所見として検出されることとなり，遺伝医療ニーズの規模が飛躍的に大きくなる。さらに，得られた病的バリアントは二次的所見であるため，多くの場合は未発症，少なくとも未診断のクライエントが対象となる。未発症状態のクライエントが疾患の遺伝学的関与による影響に適応し，予防 / 早期発見にむけて好ましい行動変容を達成することは，既発症の場合のそれよりも難しい。遺伝医療の量的なニーズ拡大への対応もさることながら，複雑なニーズへの対応の

質を向上させることも求められる。特に，二次的所見の対象となる遺伝子のおよそ半数を占める遺伝性循環器疾患に関する遺伝医療の体制整備は喫緊の課題といえる。

■ おわりに：遺伝 / ゲノム医療と公的制度

　ここまでで述べた遺伝医療 / ゲノム医療における専門職の役割が発揮されるには，個々の専門職の知識・態度・技術の向上もさることながら，関連する制度の整備も重要である。特に，日本は国民皆保険制度のもとで，国の管理下に医療は進められているため，法や公的な制度において，各医療職に求められる職能について定義し，管理をする必要がある。ゲノム医療 / 遺伝医療において，遺伝カウンセリングが重要な要素の一つであることに疑いの余地はないが，遺伝カウンセリングを専門とする公的な資格はなく（認定遺伝カウンセラーは学会認定），その量や質が公的には保証されていない。さらに，専門職とその職能の定義だけでなく，その対象となる人々の定義も見直す必要がある。ゲノム医療において予防医療 / 先制医療が重要であることは先に述べたものの，国民皆保険制度は現になんらかの傷病を有する「患者」を対象としているため，「遺伝性疾患の原因遺伝子に病的バリアントを有している状態」の人は対象とならない。現在の医療制度は，個人が全くの未症状でありながらも，遺伝情報から発症超ハイリスク状態がわかるということを想定して作られたものでは当然ない。公的制度も，時代の変化にあわせて修正する必要があり，ゲノム医療推進法が制定された今こそ，積極的に取り組むべき課題である。

・・・・・・・・・・・・・・・・・・ 参考文献 ・・・・・・・・・・・・・・・・・・

1) Scheinberg T, Young A, et al : Asia Pac J Clin Oncol 17, 163-177, 2021.
2) Divaris K : J Dent Res 98, 949-955, 2019.
3) Liu Q, Wang F, et al : Int Nurs Rev 70, 415-424, 2023.
4) Sud A, Horton RH, et al : BMJ 380, e073149, 2023.
5) 臨床遺伝専門医制度委員会：臨床遺伝専門医制度について
https://www.jbmg.jp/about/（2024 年 2 月 1 日参照）
6) Jensson BO, Arnadottir GA, et al : N Engl J Med 389, 1741-1752, 2023.

西垣昌和

2000 年	東京大学医学部健康科学・看護学科卒業 同附属病院看護師（〜 2002 年）
2004 年	東京大学大学院医学系研究科健康科学・看護学専攻修士課程修了
2005 年	東京大学医学部附属病院臨床ゲノム診療部（〜 2013 年）
2007 年	東京大学大学院医学系研究科健康科学・看護学専攻博士課程修了 同成人看護学分野助教，講師（2010 年〜）
2013 年	ノースカロライナ大学チャペルヒル校看護学部国際客員研究員
2014 年	京都大学大学院医学研究科人間健康科学系専攻基礎看護学講座准教授
2019 年	同臨床看護学講座特定教授
2020 年	国際医療福祉大学大学院遺伝カウンセリング分野教授（現職）
2022 年	日本認定遺伝カウンセラー協会理事長

総論

5 遺伝臨床における倫理

甲畑宏子

遺伝臨床ではしばしば倫理的ジレンマや生命倫理の問題に直面する。読者自身が倫理的課題を検討・解決していくために，本稿ではジレンマ事例に触れながら，現在提唱されている医療倫理の原則や理論を紹介する。また，医学的・倫理的課題の複雑さが増す全ゲノム・エクソーム解析において，遺伝カウンセリングでこれまで重視されてきた非指示的アプローチに関する問題点を，患者の自律性と医療者の善行の観点から再考する。

Key Words

倫理原則，ジレンマ，四原則，意思決定，非指示性，命の選択，知る権利・知らないでいる権利，四分割表，二次的所見

■ はじめに

遺伝臨床においては，倫理原則の対立によるジレンマや出生前診断に関連した生命倫理の問題など，しばしば倫理的課題に遭遇する。今後，全ゲノム・エクソーム解析が臨床検査として普及していく中で，研究の枠組みを超えた臨床現場の問題として新たな課題が生じ，多くの医療者が直面することになると予想される。本稿では，現在提唱されている医療倫理の原則や理論，ジレンマ事例に触れながら，遺伝臨床の現場で遭遇する倫理的課題を読者自身が検討・考察していくための知識と手段を紹介する。

Ⅰ. 医療における倫理原則

第二次世界大戦以降の非倫理的・非人道的な人体実験の反省から，1978年に米国の国家委員会は「研究の対象者の保護のための倫理的原則とガイドライン，生物医学的および行動的研究の対象者保護のための国家委員会の報告」，通称ベルモント・レポートを作成し，自律尊重原則，善行原則，正義原則の三原則を提唱した。そ

の後，1979年に Beauchamp と Childress は「生物医学・医療倫理の諸原則」の中で無危害原則を加えた四原則を提唱し，医療倫理の四原則として今に至る。四原則は医療者全体の共通倫理である。

1. 自律尊重原則

医療者は，患者が自ら最善の選択ができるよう，必要な情報を与え患者の自己決定を助けなければならない。自律尊重原則では，患者が自由に医療を選択できるだけでなく，最善の意思決定に向けた支援が提供されるべきとされており，自律尊重原則における医療者の義務として，真実を語ること，秘密保持，プライバシーの尊重，インフォームドコンセント，意思決定支援が挙げられている[1)2)]。

2. 善行原則

医療者は患者に利益をもたらすために行為を遂行しなければならない。善行原則における医療者と患者の関係性は信用と信頼に基づいており，正直さと誠実さが求められる。一方で，善行は時にパターナリズムに発展してしまう危険性をはらんでいる点に注意しなければならない。

3．正義原則

医療者は患者に対し，医療を公平・公正に配分しなければならない。日本は国民皆保険制度があり，保険診療として一定水準の医療を全国民が享受することができる。しかし，非保険・自由診療の医療については所得や地域格差などから享受できる患者は限られる。また，医療資源には制約があるため，災害やパンデミック時など配分方法の検討を迫られる場面もある。

4．無危害原則

無危害原則は善行原則から生じた医療者の義務であり，医療者は患者に危害を加えてはならず，または危害のリスクを負わせてはならない。医療を遂行するにあたりリスクや危害が予測される場合には，リスクと利益を比較考量する必要がある[1]。

Ⅱ．遺伝カウンセリングの非指示性と指示性

1970年頃，西欧においてパターナリズムに対する社会的な拒絶感の高まりから，医師は医療上の意思決定の主導権を患者に委ねるようになった。遺伝カウンセリングにおいても患者の自律性が重要視されるようになり，20世紀前半の優生学運動の反省を踏まえ，生殖に関わる意思決定の場面で，クライエントである患者や家族の自律性を尊重する非指示的アプローチが好んで用いられるようになった。非指示的アプローチは1980年代までに遺伝カウンセリングのあらゆる領域に急速に広まり，受け入れられていった[3]。遺伝カウンセリングにおいて，患者の自律性を重んじることは，生殖，妊娠管理，遺伝的疾患を抱えての生活，特別なニーズをもつ子どもの養育に関する決定について，感情的に複雑で微妙な性質を尊重することにつながっている。

「非指示的療法」はRogersが提唱した心理療法であるが，非指示性の本質的な部分ではなく，繰り返しや反射といったカウンセリング技法に焦点が当てられるようになっていった。そこでRogersは，非指示的に積極的に働きかける態度が重要であるという理念を明確にすることを目的として「来談者中心療法」に名を改めた。遺伝カウンセリングにおいても「非指示性（non-directiveness）」の解釈は，指示しないこと，何らかの価値判断が付随するいかなる発言も控えることを意味するものとして浸透していった[3]。本来，非指示的な態度は患者の自律性と自発性の促進をもたらすものであるが，非指示性に対する誤った解釈により，カウンセラーが意思決定プロセスから距離を置いたり，クライエントと関わらなかったりすることで，患者の自律性が損なわれる懸念が生じる。

「指示性」は患者の意思決定に影響を与えるという批判もあるが，非指示性への固執は遺伝カウンセリング担当者がエビデンスに基づく医学的な推奨事項について患者と話し合うことを妨げ[3]，結果として患者の自律性が損なわれる。日々，遺伝診療に関するデータが蓄積されており，専門的かつ医学的な推奨を行う範囲はますます拡大している。バランスのとれた偏見のない情報を提供することは，患者の自律性を重んじる遺伝カウンセリングと相反する行為ではない。患者の理解を深め，自律的・自発的意思決定を促進する非指示的アプローチと，医学的推奨を含むより積極的なアプローチの両輪が，患者や家族に最善の利益をもたらす。

Ⅲ．遺伝臨床における権利と倫理的課題

遺伝臨床における倫理的課題の多くは，出生前診断における「生命（いのち）の選択」に関連するもの，もしくは発症前診断・保因者診断，時には確定診断目的の遺伝学的検査，家族への情報共有など「知る権利・知らないでいる権利」に関連するもの，に大別することができる。

1．生命の選択

胎児の病気の有無などを調べる出生前診断から得られる情報は，妊娠管理や出産，その後の生活に向けた準備に役立てることができる。しかし，診断がつくことで中絶につながる可能性があることから医療倫理の課題としてしばしば取り上げられる。

出生前診断は，性と生殖に関する様々な機会を

■ 総　論

保障しようという「リプロダクティブヘルス / ライツ」に基づく女性・カップルの権利として議論されることもある。海外では，妊娠管理のリスク評価として非侵襲的出生前遺伝学的検査がルーティン化し，女性の自律性が損なわれていると報告され，出生前診断に関する自律的な意思決定に医療者が積極的に関与し支援することがこれまで以上に重要となっている[4]。

日本国内では，日本医学会による遺伝学的検査のガイドラインにおいて出生前診断は適切な遺伝カウンセリングを行ったうえで実施されることとしており[5]，また日本産科婦人科学会は検査前の遺伝カウンセリングとインフォームドコンセントの実施を求めている[6]。医学的には，正しい理解に基づいたカップルの自律的な決定がなされるよう適切な支援が行われることで，検査実施に対する倫理的要件を満たすことができる。

出生前診断の問題は，胎児の診断に基づいた選択的中絶がなされる点にある。日本では，母体保護法において人工妊娠中絶は原則禁止されている。それにもかかわらず，2022 年度の人工妊娠中絶件数は約 12 万件あり[7]，その大多数は同法14 条（1）「経済的理由」の拡大解釈によって実施されている[8]。出生前診断に伴う選択的中絶についても，母体保護法が「胎児の異常」を適応事由としていないため，先天性疾患を有する児の出生が「身体的・経済的理由により母体の健康を著しく害する恐れがある」という解釈で容認されている[8]。2021 年に厚生労働省は，国内のカウンセリング体制が整ったことなどを理由に，すべての妊婦に出生前検査に関する情報提供を行う方針を定めた。胎児適応がない中での出生前診断に伴う選択的中絶は長年にわたり問題視されている。全妊婦への情報提供が推奨される状況下において，胎児適応の導入は真摯に議論されるべき時期にきているのではないだろうか。

「生命の選択」に関する倫理的問題を回避するため，着床前診断が出生前診断に代わる生殖の選択肢として提案されるようになった。着床前診断には，採卵などで母体にリスクが伴う，受精胚に侵襲が加わる，高額な費用負担を伴うなどの課題

があり，完全に問題が解決したわけではない。しかしながら海外では，患者や家族の"人生全体における生活の質"の観点から着床前診断の対象疾患が拡大している。欧州生殖発生学会（European Society of Human Reproduction and Embryology：ESHRE）の倫理タスクフォースは 2003 年に，着床前診断は成人発症および多因子疾患にも許容できると主張し，2006 年には英国の生殖医療と生殖医学研究管理運営機関（Human Fertilisation and Embryology Authority：HFEA）の倫理法委員会が，成人期発症の遺伝性腫瘍も重篤な遺伝病であるため着床前診断を利用可能とすべきという見解を示した。日本国内では 2021 年に着床前診断に関する制度が見直され，重篤性の定義も修正されたが，対象は原則として小児期発症の疾患に限定されている。重篤性の定義については，今後も時代の推移・経過とともに社会と対話を重ねながら議論されていく必要があるだろう。

2. 知る権利・知らないでいる権利

医療の分野では，自分の健康に関連する情報について「知る権利」を有していることは広く認められているが，「知らないでいる権利」については議論が続いている。特に，遺伝臨床では「知らないでいる権利」がしばしば論じられてきた。

遺伝学的検査によって患者（未発症血縁者を含む）が自身の遺伝学的状態を知るか・知らないでおくかは，正確な情報提供と適切な支援のもとで患者に選択が委ねられる。ただし，医療上推奨される診断や治療のために必要な検査である場合，どこまで患者の自律性を重んじるのかは個別のケースによるだろう。さらに，遺伝性疾患に関連した情報は家族にも影響しうる情報であるため，問題が複雑化しやすい。例えば，患者が家族に対し自身や家系内の遺伝性疾患について情報を共有・開示することを悩んでいる場合などである。家族に遺伝的リスクを開示すること（善行原則）により，家族の「知る権利」を尊重する（自律尊重原則）ことができる一方，伝えられることで家族に精神的苦痛が生じることは無危害原則に反し，不合理な状況が生じる。逆に開示しないことは，家族の「知らないでいる権利」を保障し，精

神的苦痛を生じさせない（無危害原則）が，事実を知らされない家族は遺伝的リスクに対する自律的な決定を奪われることになる。このような家族に開示すべきかどうかという倫理的ジレンマは，遺伝カウンセリングの様々な場面で生じる。患者が家族に開示するかどうかについて意思決定する際は，対象となる家族の将来の自律性を尊重しつつ，知ることによる利益と負担について幅広い観点で議論を積み重ねていく必要がある。Takalaは知識が利益だけでなく害をもたらす可能性がある場合，または利益が不確かな場合，健康について自律的に選択することの価値がリスクを上回るかどうかを判断するのは本人次第であると述べ[9]，利益とリスクの判断は開示される本人しか成しえないことを示唆している。

IV．倫理的課題の検討方法

倫理的ジレンマは，原則同士や医療者としての義務などが対立することで生じる。遺伝臨床において生じる様々な倫理的ジレンマに対処し解決を目指す手段として，これまでにいくつかの理論・方法が提案されている。

まずJonsenらは，直面したケースを整理し，よりスムーズに問題解決へと向かうためのチェック表として「四分割表」を考案した。四分割表（**表❶**）[10]では，①医学的適応，②患者の意向，

③QOL（quality of life），④周囲の状況について情報を整理することで倫理的な議論がしやすくなる。四分割表は，複雑なケースにおいても情報が整理され，論点が明確になり，臨床現場で活用しやすいなどの利点が挙げられる。しかし，倫理的ジレンマは原則同士が対立して起こるため，四分割表を用いても最も尊重すべき原則が明確になるわけではなく，また立場によって尊重する原則や道徳義務が異なることもあるため，具体的な行動方針がいつでも即座に導き出せるわけではない[10]。このような批判から，JonsenとToulminは「決疑論（casuistry）」を，Gertは「共通道徳理論」を提唱している。「決疑論」は，ケースに類似した模範例を収集し目の前のケースを当てはめることで具体的な行動指針を導き出す手法であり，「共通道徳理論」は，人がもつ共通道徳・道徳的規則を重視し，道徳規則間で対立が生じた場合には例外を設けることで対立を解決する手法である。やはりこれらの理論についても，最適な一つの模範例，最重要な一つの道徳義務が明確でない場合，ジレンマを解消する一つの最善策が提示されるわけではない。

長期にわたり，また世代を超えて患者・家族と関わっていく遺伝臨床では，技術革新により倫理的課題そのものも変化し，また時代や社会とともに倫理的価値観も変わっていく。臨床における倫

表❶　臨床倫理の四分割表 (文献10より改変)

＜医学的適応＞ （善行原則／無危害原則） 1. 診断と予後 2. 治療目標の確認 3. 医学の効用とリスク 4. 無益性	＜患者の意向＞ （自律尊重原則） 1. 患者の判断能力と対応能力 2. インフォームドコンセント 3. 治療の拒否 4. 事前の意思表示 5. 代理決定（代理決定と最善利益）
＜QOL＞ （自律尊重原則／善行原則／無危害原則） 1. QOLの定義と評価 　（身体，心理，社会的側面から） 2. 誰がどのような基準で決めるか 　・偏見の危険 　・何が患者にとって最善か 3. QOLに影響を及ぼす因子 4. 生命維持についての意思決定	＜周囲の状況＞ （正義原則） 1. 家族など他者の利益 2. 守秘義務 3. コスト・経済的側面 4. 希少資源の配分

全ゲノム・エクソーム解析時代の遺伝医療，ゲノム医療における倫理・法・社会

■ 総　論

理的ジレンマの検討においては，他職種・多職種がチーム医療の中で，共通の倫理観・道徳観を基盤としつつ，多角的な視野で問題を特定し議論を重ねる中で解決に導いていくことが求められる。

V．ゲノム・エクソーム時代の倫理

遺伝性疾患が疑われる小児の未診断疾患において全ゲノム・エクソーム解析の臨床的有用性は多くの研究で実証されてきている。一方で，小児における全ゲノム・エクソーム解析には様々な倫理的課題も報告されている。Eichinger らは小児の全ゲノム解析における倫理的問題について網羅的系統レビューを行い，倫理的問題を五つのカテゴリー（検査の実施時期，検査前のカウンセリング，解析・解釈，結果の伝達，将来のデータ利用）に分類した[11]。同定された倫理的問題のほとんどは，一般的な遺伝学的検査で生じる問題を反映していたが，増大するデータ量や関連する不確実性によって問題が増幅していくと考えた。また，最も頻繁に議論されているのが "unsolicited findings（UFs）" と呼ばれる，いわゆる二次的所見の取り扱いに関するものであった。

UF の問題について少し具体的にイメージしてみよう。未診断疾患の小児患者においてゲノム解析を実施したところ，*BRCA1* に病的バリアントが検出され，結果を返却すべきかどうかという問題が生じた。*BRCA1* は成人期発症の遺伝性乳がん卵巣がんの原因遺伝子であり，医学的には患児本人の現時点での診断や治療に有益な情報とはならない。また倫理的観点からも，将来の子どもの権利（知る権利・知らないでいる権利）を保障する必要があり，両親や医療者は子どもの最善の利益を守る必要がある。一方で，*BRCA1* に関する遺伝学的リスク情報は両親や血縁者の健康に重大な影響を及ぼす。両親に開示することで，両親は自身の遺伝的リスクについて自律的な決定を行

うことが可能となる。このようなケースにおいては，子どもの最善の利益と家族の最善の利益を評価し，バランスを図る必要がある。

▋おわりに

全ゲノム・エクソーム解析では関連する医学的・倫理的課題の複雑さが増すため，検査前のインフォームドコンセントのプロセスが非常に重要となる。患者本人や代諾者となる親の決定が適切な情報に基づいて自律的に行われ，長期的な視野で支援がなされなければならない。医療者は全ゲノム・エクソーム解析に関する様々な倫理的課題をあらかじめ認識し，状況に応じて利益と課題のバランスをとる必要がある。特定の臨床状況下においては，より指示的な遺伝カウンセリングが必要となる場面もあるかもしれない。

・・・・・・・・・・・・ 参考文献 ・・・・・・・・・・・・

1) 水野俊誠：入門・医療倫理 I（赤林　朗 編），53-68，勁草書房，2005.
2) Schmerler S : A Guide to Genetic Counseling 2nd ed,（Wendy R, Uhlmann WR, et al Ed），363-400, John Wiley & Sons, 2009.
3) Schupmann W, Jamal L, et al : J Bioeth Inq 17, 325-335, 2020.
4) Lewis C, Hill M, et al : Prenat Diagn 37, 1130-1137, 2017.
5) 日本医学会：医療における遺伝学的検査・診断に関するガイドライン（2022 年 3 月改訂）https://jams.med.or.jp/guideline/genetics-diagnosis_2022.pdf（2023 年 12 月 12 日参照）
6) 日本産科婦人科学会：日産婦会誌 75, 726-730, 2023.
7) 厚生労働省：令和 4 年度衛生行政報告例の概況 母体保護法関係 https://www.mhlw.go.jp/toukei/saikin/hw/eisei_houkoku/22/dl/kekka5.pdf（2023 年 12 月 12 日参照）
8) 奈良雅俊，堂囿俊彦：入門・医療倫理 I（赤林　朗 編），193-216，勁草書房，2005.
9) Takala T : Camb Q Healthc Ethics 28, 225-235, 2019.
10) 堂囿俊彦：入門・医療倫理 I（赤林　朗 編），69-90，勁草書房，2005.
11) Eichinger J, Elger BS, et al : BMC Pediatr 21, 387, 2021.

甲畑宏子

2003 年 お茶の水女子大学理学部生物学科卒業, 学士 (理学)

2005 年 東京大学大学院農学生命科学研究科生圏システム学専攻博士前期課程修了, 修士 (農学)
株式会社船井総合研究所 (～ 2007 年)

2010 年 お茶の水女子大学大学院人間文化創成科学研究科ライフサイエンス専攻遺伝カウンセリングコース博士前期課程修了, 修士 (学術)

2012 年 公益財団法人がん研究会がん研究所遺伝子診断部

2014 年 お茶の水女子大学大学院人間文化創成科学研究科ライフサイエンス専攻遺伝カウンセリングコース博士後期課程修了, 博士 (理学)
国立大学法人東京医科歯科大学生命倫理研究センター 兼 同大学病院遺伝子診療科

総論

6 人のゲノムデータをめぐる研究倫理：近くて遠く・浅くて深い問題

井上悠輔

　本稿では，ゲノムデータをめぐる倫理問題を考える。前半では，遺伝情報の政策を考える際に論点となってきた「例外主義」をめぐる議論，そしてゲノムデータの利用・共有の倫理をめぐる六つの基本的な検討軸を紹介する。後半では，日本の倫理指針における留意点をまとめる。遺伝情報は身近な存在になりつつある一方，これがもたらす影響は解析時には読みにくい面がある上，個人を超えた中長期的な問題を引き起こすこともある。

Key Words

遺伝子例外主義，倫理指針（研究倫理指針），HUGO，ユネスコ，倫理審査委員会（倫理委員会），
ゲノム医療法

■ はじめに

　人のゲノム解析は，特にこの四半世紀の間で，研究倫理の中での位置づけ自体が議論されてきた手法であり，今日もなお新たな話題を提供している。日本の研究の倫理指針の中でも，ゲノム・遺伝子解析に関する倫理指針は最も早くから制定され，その余韻からゲノム・遺伝子解析を専門に検討する倫理委員会を残している機関もある。また，個人情報保護法では遺伝情報・DNA配列については特別な解釈が示されており，その情報単体で「個人情報」，「個人識別符号」とされることがある。2023年にはゲノム医療法（「良質かつ適切なゲノム医療を国民が安心して受けられるようにするための施策の総合的かつ計画的な推進に関する法律」）が成立し，「ゲノム情報による不当な差別」が戒められている。

　一方，上記の倫理指針は，2022年に一般的な医学研究の倫理指針（後述）に統合・再編されており，遺伝情報のみを特別視した従来の審査・検討体制からの脱却が図られている。研究者も，あるいは市民にとっても，ゲノム・遺伝子解析かどうかというより，どのようなゲノム・遺伝子解析を行うか，どのような倫理問題が生じうるかに注目する必要がある。「ゲノム」，「遺伝情報」の存在のみが問題であるというより，一つ一つの活動や生じる情報が人々に及ぼす影響や害の大きさを考慮した検討がより求められるようになったと理解するのがよいだろう。

Ⅰ. 例外主義と差別禁止

　Annas[1]に代表されるように，遺伝子・遺伝情報には独特の懸念や検討課題があるとする考え方を「遺伝子例外主義」という。遺伝情報は「人体の設計図」，「究極の個人情報」と言われることがあり，他の個人情報と区別して，特別なルールのもとに管理すべきとする主張もある。

　この論調には賛否両論がある。例えば，ユネスコは「ヒト遺伝情報に関する国際宣言」[2]の中で，遺伝情報に関する「特別」な特徴として「遺伝的

疾病体質の予見」,「子孫・集団への影響力」,「未知の情報」,「文化的な重要性」などを挙げている。ただ,これらの特徴が遺伝情報に「特別」なものとされるかと言われると異論もあるだろう。遺伝情報による「予見」,「影響力」,「重要性」には相当な幅があり,遺伝情報であることのみをもって規制の根拠とするには,あまりに飛躍がある。また,こうした疾病に関する予見をするのは遺伝情報に特別のこととも言えない。この宣言は20年前のことであり,遺伝情報を解析すること自体が社会的にインパクトをもって語られていた時代であったことも,考慮されるべきだろう。

ただ,これらの特徴を複合的かつ強力に具備する遺伝情報が一部にあることは確かであり,また遺伝情報に注目したキットが多く開発されてきたように,疾患理解に遺伝情報は大きな役割を果たしている。解析が安価に実施できることによって,内容の正確さにかかわらず,個人の治療のための利用を超えて,社会における個人の評価(例えば,医療・生命保険の契約,雇用の場面など)に用いられる範囲への懸念も高まってきた。このことが,遺伝情報の差別,いわゆる遺伝差別に関するその後の各国の立法につながっている(ゲノム医療法については他稿を参照されたい)。

なお先述のユネスコの宣言は,①遺伝情報が医学・学術的な分野のみならず,経済的及び商業的重要性が増していること,②真の連結不可能匿名化がますます困難になっていること,③遺伝情報の収集,処理,利用及び保管の諸側面において,人権及び基本的自由の実行と観察,並びに人の尊厳の尊重の確保に対して,潜在的危険性が生じうることについて警鐘を発している。この点は今日にも通じるものがある。また上記の宣言では,医療への利用以外に,行動遺伝学にも言及がある点に注目したい(第7条)。遺伝学的な知見を用いて人の行動・知能を検討する領域では,犯罪捜査や教育における活用の構想が語られてきた経緯がある[3]。わが国でも最近,保育園の運営会社が,子どもの知能などを調べる遺伝子検査キットを保護者らに配り,検査結果を保育に活用しようと計画していたことが判明した[4]。

Ⅱ. データ解析をめぐる基本的な論点

世界経済フォーラム(WEF)のレポートによれば,ゲノムデータの解析には大きく次のような六つの倫理的な対立軸(ethical tensions)が存在するとされる[5]。

1点目が,個人のプライバシーへの配慮か,社会が得る恩恵か(Balancing individual privacy and societal benefits)という点である。いうまでもなく,人のゲノムデータは個人に由来する。多くの結果は,得られたデータを集合的に運用して導かれるが,その過程で生み出された知識や情報による影響を適切に管理しなければ,個人や関係者が振り回されることもありうる。代表例は遺伝差別であり,米国など多くの国で差別禁止の検討がなされてきた。とはいえ,解析されたデータは,個人だけのものとも言い切れない。他者と一定の情報量を共有する上,得られた結果は,他の人に由来する情報と照合されて初めて意味をもつ。個人情報における「個人」の範囲に不確定なところを残しつつ,また生じうる情報や利益・害の可能性にも未知の部分を残しながら,試料や情報が適切かつ透明性をもって管理され,リスクの低減化が図られるよう,研究者・ユーザーは多くの責任・役割を負っている。

2点目は,データは広くオープンにされるべきか,あるいはそのアクセスには人(個人)に由来するものとしての特別の制約を設けることを前提とすべきか(Balancing open and restricted data access)という点である。今日,オープンサイエンスの動きの中,科学データの活用と共有を促すFAIR原則[6]が幅を効かせている。ただ,集めたデータの用途に多くの可能性があることは,これらについてどこまでの用途が許されるかという議論をも産む。例えば,軍事目的での活用をめぐる議論,犯罪捜査を目的とした当局によるアクセスの可否をめぐる議論などはその代表例である。日本ではイメージしにくい話題であるが,政府要人の暗殺犯探しに業を煮やしたスウェーデンの警察当局が,研究目的でのバイオバンクにアクセスした出来事があり,研究参加や試料提供への人々の

困惑や反発を招いた[7]。

研究における商業主義の関与のあり方，公衆衛生の脅威となりうる研究者のアクセス（例：タバコ業界によるバイオバンクへのアクセスをめぐる議論[8]），データ解析の"ただ乗り"をめぐる議論（例：データ解析や公開に多大な貢献をした研究者には，これらのデータを優先的かつ排他的に利用できるようにするべきとする論調など）などもあり得る。一部の国では，自国のゲノムデータ自体を広く管理下に置き，海外による研究者によるアクセスに制約をかけている場合もあり，国境を越えたデータの活用時に課題となることがある[9]。

データの解析や流通をめぐっては，研究用途に限定されていたとしても，例えば，本人の自己決定に限界がある人々や集団について，その個人に由来するデータをどこまでオープンにしてよいかといった問題もある。例えば，子どもから収集したデータを解析する際，本人が法的な判断能力をもつ年齢になるまでにデータ解析やその公表が先行することがありうる。情報の流通についての個人の意向を反映するべく，オプトアウト（本人の申し出によって情報や試料の利用を停止すること）や「忘れられる権利（right to be forgotten）」が検討される局面もある。一方，一度は研究のために流通したデータを，後になって削除したりアクセスを制約することには困難も多い上，異なる問題を起こすこともある[10]。こうした由来者と利用者の間に入って調整と管理を担う機能が一層重要になる。

3点目が，研究で生じる成果についての見返りを認めるべきか，あくまでこうした研究は他愛的な活動として位置づけられるべきか（Balancing receiving benefits and altruistic donations）という点である。献血や臓器提供の例にみられるように，多くの医療・健康に関する市民の協力は「無償」である。市民間の助け合いという側面が強調され，あるいは有償取引を交えることで，自主的な協力や貢献が形骸化してしまうこと，人体自体が投資や金銭的な価値の対象となることへの恐れが考えられる。もちろん，「無償」にすることが

万事の解決策とも言えない。提供・協力した人がただ「犠牲」，「危険の引き受け」としての役割を担うばかりであれば，研究参加は一種の搾取に他ならない。研究に善意で参加する行為と，研究に伴って生じる様々な恩恵とを両立させる議論は，こうした不正義を是正するための取り組みの出発点になりうる。一つの議論の例は，得られた利益について，由来する人や関係集団に還元する取り組みとしてのベネフィットシェアリング（利益の共有）である。もちろん，その射程には議論があり，「研究参加者」（ヘルシンキ宣言[11]）への還元を支持する視点もあれば，「コミュニティ」にとっての健康ニーズに主眼があるもの（HUGO[12]），「社会全体および国際社会において共有されるべき」（上記のユネスコの宣言）とするものまで幾つかの段階がある。

4点目は，個人を超えた集団，社会における価値観や認識の違いへの配慮（Balancing community and researcher oversight）である。この視点は，何が倫理的な振る舞いであるか，個々の文化，社会的な文脈に注目すべきというものである。南北間の状況の違いもあり得るし，年代や疾患・研究領域間での「倫理」の捉え方の違いにも及ぶだろう。研究のガバナンスの観点からも，倫理委員会をどの段階に位置づけるか，またその構成メンバーをどう設計するかという点が問われうる。市民患者の視点を組み込むべく，PPI（patient and public involvement）に取り組む方策もこうした違いを緩和し，あるいは不正義を是正する一つのアプローチになりうる。

5点目は，包容・多様性と排除・阻害の関係（Balancing inclusion and exclusion）である。ゲノム研究は，そのほとんどが白人集団を対象に行われてきた[13]。ゲノミクスがすべての人の生活にどのような影響を与えるかをより全体的に理解するためには，研究ははるかに包括的なものとなり，歴史的に排除されてきた人々や，研究対象としては不当に軽視されてきた人々に手を差し伸べなければならない。研究や臨床検査において多様な集団を考慮しないことは，データギャップを招き，その結果，ゲノム情報を誤って解釈し，害を

もたらす可能性がある。一方，ゲノム研究に参加した集団が汚名を着せられ，場合によってはそのコミュニティが迫害され，研究自体に不信感を抱くようになった例も存在する[14]。

6点目は，秘密の保持と情報提供の義務に関する視点（Balancing confidentiality and duty to inform）である。日常的ではないとはいえ，解析によって個人のDNAに含まれる深刻な問題，致命的な問題までもが明らかになる可能性はある。これらの病気が遺伝性である場合，この情報は遺伝子変異をもつ人の親族やパートナーにとって人生を左右する結果をもたらすかもしれない。多くの研究者や臨床医が個人への情報提供義務を強く感じている一方で，研究参加者や患者に個人の結果を返す可能性や望ましい方法は一様ではない。相談にのることができる医師や遺伝カウンセラーは存在するだろうか。検査の結果が判明しても，その症状に関する具体的な治療手段がなく，患者が治療を受けることができない場合に所見を提供してもよいだろうか。ある解析の結果が，他の家族のメンバーにも関係する情報を含むにもかかわらず，その患者が家族との情報共有に無関心・否定的である場合，家族に知らせないという守秘義務をどう乗り越えるべきだろうか（そもそも乗り越えてよいものだろうか），などである。

Ⅲ．日本の倫理指針における当座の方針

上記の論点のうち，研究参加者を超えたコミュニティや社会に及ぼす影響など，特に4点目や5点目に関する検討は，日本では未熟な段階にあると言わざるを得ない。ゲノム医療法に基づく施策が今後どのように展開していくか見守る必要がある。一方，患者や研究参加者・被験者に関わる点については，他稿で言及されるエキスパートパネルや，倫理指針に基づく倫理審査委員会など，合議によって多角的に検討される機会が持たれる。もちろん，研究者自身で気づいた点については配慮されたいが，こうした「配慮」のあり方自体が論点になることも多い。それゆえ，計画段階や具体的な行動を起こす際には，事前にこうした合議の場に諮る必要がある。

上述のように，現在はゲノムデータの取り扱いに特化した指針は存在せず，国の共通の倫理指針[15]（および同指針のガイダンス）のもと，「人由来の試料・情報を用いて，ヒトゲノム及び遺伝子の構造又は機能並びに遺伝子の変異又は発現に関する知識を得ること」は，人を対象とする他の研究と同様，上記の原則に沿った計画書の策定，倫理審査の取得，関連する同意取得や説明の実施は必要となる。指針の構成は図❶のとおりであるので，読む際の参考にしていただきたい。

一方，倫理指針には，当該研究やゲノムデータ等の取り扱いと深く関わる内容がある。解釈に議論があるものも含め，代表的なものを以下に挙げる。

（1）対象

指針が定義する「生命科学・医学系研究」とは，「国民の健康の保持増進又は患者の傷病からの回復若しくは生活の質の向上に資する知識を得る」活動と，上記のような「ヒトゲノム及び遺伝子の構造又は機能並びに遺伝子の変異又は発現に関する知識を得る」活動の二つの柱からなる。ゲノム・遺伝子解析研究については，その医療・医学との関係のみならず，後者の遺伝学的な手法をとるのみでこの倫理指針の対象に入ることになる。人類遺伝学等の自然人類学のほか，人文学分野において，ヒトゲノムおよび遺伝子の情報を用いた研究も含まれる（ガイダンス[*1]，4頁）。

なお，「ヒトゲノム及び遺伝子」には，人の個体を形成する細胞に共通して存在し，その子孫に受け継がれ得るヒトゲノムおよび遺伝子〔いわゆる生殖細胞系列変異または多型（germline mutation or polymorphism）〕のみならず，がん等の疾病において，病変部位にのみ後天的に出現し，次世代には受け継がれないゲノムまたは遺伝子〔いわゆる体細胞変異（somatic mutation）〕も含まれる（同上，4頁）。「遺伝子の構造又は機能並びに遺伝子の変異又は発現」の「構造又は機

[*1]「ガイダンス」は文献15の倫理指針のガイダンスを指す。併せて参照されたい。

■ 総　論

前文
第1章　総則
　第1 目的及び基本方針
　第2 用語の定義
　第3 適用範囲

〔総論〕

第2章　研究者等の責務等
　第4 研究者等の基本的責務
　第5 研究機関の長の責務等

〔責務〕

第3章　研究の適正な実施等
　第6 研究計画書に関する手続
　第7 研究計画書の記載事項

〔手続〕

第4章　インフォームド・コンセント等
　第8 インフォームド・コンセントを受ける手続等
　第9 代諾者等からインフォームド・コンセントを
　　　受ける場合の手続等

第5章　研究により得られた結果等の取扱い
　第10 研究により得られた結果等の説明

第6章　研究の信頼性確保
　第11 研究に係る適切な対応と報告
　第12 利益相反の管理
　第13 研究に係る試料及び情報等の保管
　第14 モニタリング及び監査

第7章　重篤な有害事象への対応
　第15 重篤な有害事象への対応

第8章　倫理審査委員会
　第16 倫理審査委員会の設置等
　第17 倫理審査委員会の役割・責務等

〔倫理審査〕

**第9章　個人情報等、試料及び
　　　　死者の試料・情報に係る
　　　　基本的責務**
　第18 個人情報の保護等

〔個人情報保護等〕

第1章　　　総論的な指針の概念や、用語の定義などを規定
第2章　　　研究を実施する上で遵守すべき<u>責務</u>や考え方を規定
第3〜7章　研究者等が研究を実施する上で行う<u>具体的手続</u>等を規定
第8章　　　倫理審査委員会に関する規定
第9章　　　個人情報の保護等に関する規定

図❶　倫理指針の構成
厚生労働省ウェブサイト「研究に関する指針について」[17]掲載資料より（2024年4月）

能」,「変異又は発現」には, いわゆるエピゲノムに関するものやゲノム情報を基礎として生体を構成している様々な分子等を網羅的に調べるオミックス解析も含まれる（同上, 4頁）。

(2) 地域・集団への配慮

研究者等は, 地域住民等一定の特徴を有する集団を対象に, 当該地域住民等の固有の特質を明らかにする可能性がある研究を実施する場合には, 研究対象者等および当該地域住民等を対象に, 研究の内容および意義について説明し, 研究に対する理解を得るよう努めなければならない。ここでの「固有の特質」には「遺伝的特質や環境的な要因, 社会的な要因などによる特質」が挙げられ,「地域コホート研究の他, 発掘された遺骨等を用いた人類遺伝学等の研究によって明らかになる特質」が例示されている（同上, 46頁）。

(3) 相談と対応

研究者には「研究対象者等及びその関係者が研究に係る相談を行うことができる体制及び相談窓口」を設定し, かつ対象者等に説明する必要がある。この場合の相談窓口には, 遺伝カウンセリングも含まれる（同上, 64頁）。

(4) 「得られそうな結果」に伴う配慮

研究責任者は, 実施しようとする研究および当該研究により得られる結果等の特性を踏まえ, こうした結果等の研究対象者への説明方針を定め, 研究計画書に記載しなければならない。ここで「研究により得られる結果等」の中には, 当該研究計画において明らかにしようとした主たる結果や所見のみならず, 当該研究実施に伴って二次的に得られた結果や所見（いわゆる偶発的所見）が含まれる。研究対象者等にそれらの結果等を説明する際の方針は, 研究計画を立案する段階で, 本項の

規定に沿って決定しておく必要があり，理解を得ておく必要がある。なお「偶発的所見」とは，研究の過程において偶然見つかった，生命に重大な影響を及ぼすおそれのある情報（例えば，がんや遺伝病への罹患等）をいう（同上，131 頁）。

(5) 説明を希望しない結果の取り扱い

研究者等は，上記のように研究により得られた結果等の説明に関する方針を説明し，研究対象者等の理解を得なければならない。研究対象者等が当該研究により得られた結果等の説明を希望しない場合には，その意思を尊重しなければならない。ただし研究者等は，研究対象者等が研究により得られた結果等の説明を希望していない場合であっても，その結果等が研究対象者，研究対象者の血縁者等の生命に重大な影響を与えることが判明し，かつ有効な対処方法があるときは，研究責任者に報告しなければならない。ここでの「研究対象者，研究対象者の血縁者等の生命に重大な影響を与えること」とは，例えば遺伝子解析研究を行った結果が，家族性に発症する可能性が確実であり，かつ生命に重大な影響を与える可能性のある疾患である場合や，その他，研究対象者がある特定の感染症等に罹患している事実が判明し，公衆衛生上の理由から感染症等の疾病伝播を予防する必要があると考えられる場合などが考えられる（同上，131 頁）。

(6) 未成年者への配慮

研究者等は，未成年者の遺伝情報に関する結果を説明することによって，研究対象者が自らを傷つけたり，研究対象者に対する差別，養育拒否，治療への悪影響が心配される場合には，研究責任者に報告しなければならない。研究責任者は，結果の説明の前に，必要に応じ倫理審査委員会の意見や未成年者とその代諾者との話し合いを求めた上，結果の説明の可否ならびにその内容および方法についての決定をすることとする。

■ おわりに：「近くて遠い」「浅くて深い」データ研究の倫理

大北は，臨床倫理との比較で，公衆衛生の問題関心は「近くて遠い」，そして「早くて遅い」と

いう[16]。同様の対比は，被験者保護を中心とした臨床研究倫理（従来の研究倫理）とデータ倫理とについても言えるように思う。一つ一つの人データは個人に関する情報そのものである。その意味でデータはわれわれにとって身近にあるもののはずだが，実際には，こうしたデータが解析される実態は市民の日常生活からはとても遠い（近くて遠い）。また「早くて遅い」の代わりに，解析データは人々にとって「浅くて深い」存在とも言える。一つ一つのデータが，それのみで本人の身体に及ぼす影響は大きくないかもしれない。しかしデータの解析によって得られた結果は，本人のみならず家族，場合によっては一定の集団・コミュニティの特徴を暴くような情報をもたらすかもしれない。被験者保護を想定した過去の倫理審査やインフォームドコンセントがそのままで通用するのか，何を保護し，そのためにどのような措置をとるのか，何が足りないか，個々のテーマや状況で検討すべき内容は異なる。読者諸氏には，本書の各論も検討しつつ，これから生じる解析結果の用い方のあり方について，周囲の人と語る機会を大事にしていただきたい。

･････････････ 参考文献 ･････････････

1) Annas GJ : JAMA 270, 2346-2350, 1993.
2) UNESCO : International Declaration on Human Genetic Data
https://www.unesco.org/en/ethics-science-technology/human-genetic-data
邦訳は文部科学省サイトで見ることができる（https://www.mext.go.jp/unesco/009/1386539.htm）
3) Inoue Y, Muto K : Hastings Cent Rep 41 (5), 2011.
4) 例えば毎日新聞 2024 年 4 月 18 日
https://mainichi.jp/articles/20240416/k00/00m/040/340000c
5) The World Economic Forum : Genomic Data Policy Framework and Ethical Tensions, 2020
https://www.weforum.org/publications/genomic-data-policy-framework-and-ethical-tensions/
6) FORCE11. The FAIR Data Principles, 2016
https://force11.org/info/the-fair-data-principles/
邦訳は NBDC 研究チームにより作成（「データ共有の基準としての FAIR 原則」，https://biosciencedbc.jp/about-us/report/fair-data-principle/）
7) Hansson SO, Björkman B : Camb Q Healthc Ethics 15, 285-293, 2006.
8) Capps BJ, van der Eijk Y : Am J Public Health 104, 1833-1839, 2014.
9) Mallapaty S : Nature 605, 405, 2022.

■ 総　論

10）Piel FB, Parkes BL, et al : J Public Health (Oxf) 40, e594-e600, 2018.

11）The World Medical Association. WMA Declaration of Helsinki: Ethial Principles For Medical Research Involving Human Subjects, 2013
https://www.wma.net/policies-post/wma-declaration-of-helsinki-ethical-principles-for-medical-research-involving-human-subjects/

12）Human Genome Organization (HUGO). Statement on Benefit Sharing, 2000
https://www.hugo-international.org/ethics/

13）Popejoy A, Fullerton S : Nature 538, 161-164, 2016.

14）Reardon S : Nature 550, 165-166, 2017.

15）文部科学省，厚生労働省，経済産業省：人を対象とする生命科学・医学系研究に関する倫理指針（2021 年，2023 年一部改正）

16）大北全俊：「公衆衛生の倫理」とは何か，人間と医療 11, 29-38, 2021.

17）厚生労働省：研究に関する指針について
https://www.mhlw.go.jp/stf/seisakunitsuite/bunya/hokabunya/kenkyujigyou/i-kenkyu/index.html

井上悠輔

2001 年	京都大学文学部卒業
2003 年	同大学院医学研究科博士前期課程修了（社会健康医学系）
2008 年	同博士後期課程単位取得退学（2010 年 博士号取得）東京大学医学部附属病院助教
2010 年	東京大学医科学研究所助教
2016 年	同准教授
2024 年	京都大学大学院医学研究科医療倫理学分野教授

総論

7 難病のゲノム医療（網羅的解析）

三宅紀子

ゲノム解析技術の向上により，ヒトの全ゲノム配列を解読することが可能になった。オバマ大統領が提唱したプレシジョンメディスンに代表されるように，諸外国では網羅的ゲノム解析（全エクソーム解析，全ゲノム解析）が積極的に医療実装されている。本邦でも将来的な医療実装を目指し，厚生労働省により「全ゲノム解析等実行計画」が策定され，「がん」と「難病」の二つの領域の疾患を対象に網羅的ゲノム解析が研究として大規模に行われている。本稿では，難病の網羅的ゲノム解析の現状について述べる。

Key Words

網羅的ゲノム解析，難病，全ゲノム解析，全エクソーム解析，患者還元，利活用

■ はじめに

難病は「難病の患者に対する医療等に関する法律（難病法）」により，「発病の機構が明らかでなく，かつ，治療方法が確立していない希少な疾病であって，当該疾病にかかることにより長期にわたり療養を必要とすることとなるものをいう」と定義されている[1]。難病の多くは，希少な疾病（希少疾患）であるために診断に難渋することがあり，診断がつくまでに長い時間を要することから diagnostic odyssey（診断がつくまでの長い道のり）と呼ばれる。適切な治療のためには正確な診断が不可欠であるが，正確な診断がつけられないため，患者に適切な治療やケアが必ずしも届けられていない場合もある。疾患によっては症状が出る前に定期検診を行うことで早期診断・早期医療介入が可能な場合もある。

本稿における「網羅的ゲノム解析」は，現時点で主流のショートリードシークエンサーを用いてゲノム全体を解読する「全ゲノム解析」と，タンパク質をコードするエクソン領域のみ（全ゲノムの～2%）を集中して解読する「全エクソーム解

析」の二つを指す。ヒトのゲノムはハプロイドゲノムあたり30億塩基対あり，一個人の全ゲノムを従来のサンガー法で解析するには多額の費用と膨大な時間がかかるため，非常に難しかった。しかし，近年のショートリードシークエンサーを用いた大量平行シークエンスに代表されるゲノム解析技術の向上と解析コストの低下により，個人の全ゲノム配列を解読することが可能となり，効率的な疾患の診断・治療・予防が可能となるゲノム医療への期待が世界中で高まっている。本邦では令和元（2019）年12月に全ゲノム解析等実行計画（第1版）が，令和4（2022）年には全ゲノム解析等実行計画2022が策定され，「がん」と「難病」の二つの領域に対しての全ゲノム解析が推進されている。本稿では，難病領域の全ゲノム解析について述べる。

1．ゲノム医療への動き

海外では，希少疾患や未診断疾患を対象に主に全ゲノム解析を用いた網羅的ゲノム解析が行われている。米国の Undiagnosed Diseases Project（UDP），All of US，英国の Deciphering

全ゲノム・エクソーム解析時代の遺伝医療，ゲノム医療における倫理・法・社会

Developmental Disorders（DDD），Genomics England，仏国の French initiative for genomic medicine（Plan France medicine genomique 2025）など，多くの国でゲノム医療が積極的に推進されている[2]。少なくとも英国と仏国においては，すでに全エクソーム解析もしくは全ゲノム解析が保険適応となっている疾患がある。日本においても早急に全ゲノム解析などを含めたゲノム医療が社会実装されつつあり，診断や治療法選択につながるゲノム解析の結果を患者に還元することと，創薬に向けたデータの利活用が強く求められている。

日本で最初に希少疾患を対象にした大規模網羅的ゲノム解析プロジェクトとして「未診断疾患イニシアチブ（Initiative on Rare and Undiagnosed Diseases：IRUD）」がある[3]。IRUD では，未診断症例を対象に全エクソーム解析を行う研究で 4 割強の症例が診断に至っており，大きな成果を上げている[4]。一方，全ゲノム解析に関しては，日本においても国家戦略として全ゲノム解析などを推進するため令和元年 12 月に「全ゲノム解析等実行計画（第 1 版）」が策定された[5]。難病の全ゲノム解析に関しては，令和 2（2020）年度より「難病に関するゲノム医療推進にあたっての統合研究」（代表研究者：水澤英洋）において政策面での検討が開始された。令和 2 年度から令和 4 年度までは先行解析として「難病のゲノム医療推進に向けた全ゲノム解析基盤に関する研究開発」（代表研究者：國土典宏）において，単一遺伝子疾患，多因子性難病，未診断疾患，オミックス解析の各難病の研究班に集積済みの既存検体の全ゲノム解析が行われ，ゲノム解析基盤の整備が進められてきた。令和 3（2021）年度から令和 4 年度にかけて，難病および未診断の患者を対象とし，研究・医療両面から，難病患者などのよりよい医療につながるゲノムデータ基盤の構築につなげていくため，その具体的な方法などについて実証を行うことを目的とし「難病の全ゲノム解析等実証事業」（実施主体：国立国際医療研究センター）が行われた[6]。さらに，令和 4 年度には全ゲノム解析等実行計画 2022 が策定され[7]，本格解析として AMED 難治性疾患実用化研究事業「難病のゲノム医療実現に向けた全ゲノム解析の実施基盤の構築と実践」（研究代表者：國土典宏）とデータ利活用のための厚生労働省「難病ゲノム等情報利活用検証事業」が開始され，現在進行中である（図❶）。

Ⅱ．全ゲノムによる網羅的ゲノム解析の実際

ヒトのゲノムをショートリードシークエンスで全ゲノム解析を行うと，参照配列（基準とな

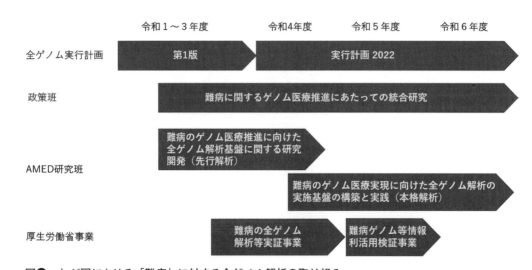

図❶　わが国における「難病」に対する全ゲノム解析の取り組み

るゲノム配列）と異なる配列（バリアント）は一人あたり 400 ～ 500 万個あるとされている。単一遺伝子疾患の場合，真の病的バリアントは通常一つか二つであり，それらを検出するためには，バリアントの場所（exonic, intronic, intergenic, 5'UTR, 3'UTR など），バリアントの種類（nonsense, missense, frameshift, in-frame change, splicing site の変化など），バリアントの一般集団中における頻度（minor allele frequency：MAF），疾患との関連の有無，遺伝形式などが考慮される。また，missense については SIFT, PolyPhen-2, MutationTaster, CADD など，イントロン領域のバリアントについては ESE Finder, Splice AI などの複数の病原性予測ソフトが参考

となる（表❶）。バリアントや遺伝子と表現型との関連についての情報として，メンデル遺伝子疾患の世界的カタログである Online Mendelian Inheritance In Man（OMIM），DECIPHER, ClinGen, ClinVar, GeneReviews などがある。最終的には，主治医を含むゲノムや希少疾患の専門家の間で，同定されたバリアントが患者の症状を説明できるかどうかが検討される。その際，病的バリアントかどうかを判定するための国際的なガイドラインで最も使用されているものとして The American College of Medical Genetics and Genomics/the Association for Molecular Pathology（ACMG/AMP）ガイドラインがあり[8)9)]，広く使用されている。

表❶　網羅的ゲノム解析の結果から病的バリアントを同定する際に用いる情報の一例

カテゴリー	サイト名（略称）	アドレス	メモ
バリアントの頻度	Genome Aggregation Datanase（gnomAD）	http://gnomad.broadinstitute.org/	
	Exome Variant Server（EVS）	http://evs.gs.washington.edu/EVS/	
	Human Genetic Variation Database（HGVD）	http://www.hgvd.genome.med.kyoto-u.ac.jp/	日本人集団
	Japanese Mutli-Omicd Reference Panel（jMorp）	https://ijgvd.megabank.tohoku.ac.jp/	日本人集団
ミスセンスの予測	PROVEAN	http://provean.jcvi.org/seq_submit.php	
	Polymorphism Phenotyping v2（PolyPhen-2）	http://genetics.bwh.harvard.edu/pph2/	
	MutationTaster	http://www.mutationtaster.org/	
	Combined Annotation Dependent Depletion（CADD）	https://cadd.gs.washington.edu/snv	
スプライスサイトの予測	NNSplice	http://www.fruitfly.org/seq_tools/splice.html	
	ESE Finder	https://esefinder.ahc.umn.edu/cgi-bin/tools/ESE3/esefinder.cgi	release 3.0
	NetGene2	http://www.cbs.dtu.dk/services/NetGene2	
	SpliceAI Lookup	https://spliceailookup.broadinstitute.org/	
既知のバリアント	ClinVar	https://www.ncbi.nlm.nih.gov/clinvar	
	Human Genome Mutation Database（HGMD）	https://www.hgmd.cf.ac.uk/ac/index.php	別途有償のものあり
	MitoMap	https://www.mitomap.org/MITOMAP	ミトコンドリアゲノム
表現型	Online Mendelian Inheritance in Man（OMIM）	https://www.omim.org/	
	GeneReviews	https://www.ncbi.nlm.nih.gov/books/NBK1116/	
	ClinGen	https://www.clinicalgenome.org/	
コピー数変化	DECIPHER	https://www.dechipergenomics.org/	

■総論

Ⅲ．網羅的ゲノム解析の利点

網羅的ゲノム解析の一番の利点は，一度に多くのゲノム領域を解析できることである。エクソーム解析は，タンパク質をコードするエクソン領域を効率的に解析でき，サイズや場所によってはコピー数変化も捉えることができる。一方，全ゲノム解析では，エクソン領域以外の領域やエクソーム解析では読みにくいとされる難読領域（高 GC 含有配列など）の解読，コピー数変化，構造異常，ミトコンドリアゲノムの変化などの検出も可能である（**表❷**）。両解析に共通するメリットとしては，同じデータを用いて再解析を行うことにより診断にたどり着くことがある。主な理由として，疾患ゲノムの解析研究により新しい疾患遺伝子が随時同定されていることと，解析精度が年々向上していることがある。解析対象の疾患にもよるが，再解析により診断率が 10 〜 15%上がるとの報告がある[10]。自験例であるが，自閉症を呈する症例のデータを用いたシミュレーションにおいても，毎年新しい遺伝子が同定されることによる診断率が 0 〜 2.5% / 年上昇することが示された[11]。

Ⅳ．網羅的ゲノム解析の課題

対象疾患にもよるが，全体として全ゲノム解析を行っても病的バリアントが同定できるのは〜 50%程度といわれている[4) 12]。要因の一つに，すべての病気の遺伝要因が同定されているわけでは

ないという現状がある。メンデル遺伝病のカタログである OMIM[13] では，新しいメンデル遺伝疾患や疾患遺伝子を随時更新している。2023 年 12 月 15 日時点の OMIM の登録では，10,013 のメンデル遺伝病もしくはメンデル遺伝病が疑われる疾患の登録があり，そのうち 6765 疾患（67.6%）で遺伝要因が同定されているが，残りの 3248 疾患（32.4%）では未同定である。メリットとして挙げた再解析により診断率が上がることの裏返しになるが，あくまで解析をした時点での手法と情報に基づく解釈であって，エビデンスのはっきりした病的バリアントが同定された場合には「原因確定（診断確定）」となるが，「病的バリアントを検出しなかった」＝「病気ではない」ということではない。

二つ目の要因は解析原理に基づく技術的な限界による。現在主に使用されているショートリードシークエンサーは，そのリード長（一度に読める長さ）が通常 150 塩基であることから，偽遺伝子や segmental duplication など配列が類似している領域や複雑な構造異常，リピート伸長，未知の配列の挿入などの検出が難しい。その解決策として，ロングリードシークエンス（以下，ロングリード）を用いた全ゲノム解析がある。ロングリードでは一度に数十 Kb 〜数 Mb といった長い配列を一度に解読することができるため，ショートリードが苦手な点を補完できる。また，「バリアント」といってもサイズ（一塩基置換から染色体レベル）や種類（塩基置換，リピート伸長，構

表❷　網羅的ゲノム解析の比較

	全エクソーム解析	全ゲノム解析
コーディング領域のバリアント*	○	○
コーディング以外のバリアント*	×	○
コピー数変化	△ （サイズが小さい場合，エクソンを含まない場合は難しい）	○
リピート伸長	×	○
構造異常	×	○
難読配列（GC rich）の解読	×	○
ミトコンドリア配列の解読	×	○
価格	○	△

*バリアント：ここは singlenucleotide variants（SNVs）と smal insertion/deletion を指す。

全ゲノム・エクソーム解析時代の遺伝医療，ゲノム医療における倫理・法・社会

造異常，片親性ダイソミーなど）は様々であり，それぞれに適した解析手法が必要となる。

次に網羅的ゲノム解析で議論になるのが，二次的所見である。もともと難病（一次的所見）の原因を同定するために行った網羅的ゲノム解析であったのに，たまたま家族性腫瘍や致死性不整脈の原因となる遺伝子にバリアント（二次的所見）が同定された場合などである。リスクを知り適切な定期検診やスクリーニングを行うことで発症予防，早期発見・早期治療が可能になる場合がある。米国では ACMG/AMP により，疾病の発症予防や死亡率を有意に減少させるための確立した医療介入が可能な疾病との関係性が明確な遺伝子の最小限のリスト（actionable genes）が提案されており，定期的に検討・更新されている[14]。なお，見つかっても治療法が確立していない疾患遺伝子のバリアントや病的意義が不明なバリアントは報告の対象外である。本邦でも AMED「医療現場でのゲノム情報の適切な開示のための体制整備に関する研究」研究班（研究代表者：小杉眞司）から「がん遺伝子パネル検査 二次的所見 患者開示 推奨度別リスト」が報告されている[15]。その一方で，疾患によってはその変化をもっているからといって必ずその疾患が発症するとも限らず，何も知らずに一生を終えていたかもしれないという考え方もあり，受検者には「知らないでいる権利」もある。よって，事前の遺伝カウンセリングにおいて，検査の範囲・限界，二次的所見が見つかる可能性，見つかった場合の選択肢，開示の範囲について十分な説明が必要である。

V．網羅的ゲノム解析の適応

本邦における網羅的ゲノム解析の方針については，日本人類遺伝学会・日本遺伝カウンセリング学会・日本遺伝子診療学会から「希少疾患分野における次世代シークエンサーを使用した網羅的ゲノム遺伝子解析のバリアント解釈に関わるガイダンス」（第 1.0 版 2023 年 10 月 5 日）が出されている[16]。ゲノムの変化としては，一塩基の違いから染色体レベルの変化まで様々であり，想定される疾患特性に合わせたゲノム検査を進めていく

ことは重要である。例えば，21 トリソミーが想定される場合には，染色体核型検査が最初に検討されるべきであるし，ある疾患がある遺伝子の特定の点変異により 99％起こることがわかっている疾患であれば，そのバリアントを最初に確認すべきであろう。しかし，専門家が検討しても既知の疾患に該当しない症例の場合には，網羅的ゲノム解析が妥当と考えられる。Genomics England における方針の決定には費用対効果が徹底的に検討されており，症候もしくは疾患（Clinical indication）ごとにゲノム解析の進め方が示されており，適宜更新されている[17]。想定される疾患，検査の方法，結果が出るまでの期間，費用を考慮しながら適応が定まっていくと思われる。多くの疾患については Genomics England など先行しているプロジェクトと同様の方針でよいと思われるが，やはり希少疾患においてもゲノムの地域特性があり〔潜性遺伝（劣性遺伝）性疾患や遅発性疾患における創始者アレルの存在〕，日本人に適した検討は必要であると思われる。

▌おわりに

今回，難病領域における網羅的ゲノム解析の現状について述べた。網羅的ゲノム解析のメリット，デメリット，技術的な限界や特性などを理解したうえで，その結果を最大限に利用し，患者の治療やケアの向上に貢献することが望まれる。そのためには，専門家だけではなく，医療者，患者，家族を含め国民全員が遺伝子やゲノム解析・検査について正しく理解し，納得したうえで最良の選択ができる環境・体制の整備が必要である。

･･･････････････ 参考文献 ･･･････････････

1) 平成 26 年法律第 50 号 難病の患者に対する医療等に関する法律
2) Stark Z, Dolman L, et al：Am J Hum Genet 104, 13-20, 2019.
3) Takahashi Y, Mizusawa H：JMA J 4, 112-118, 2021.
4) Takahashi Y, Dato H, et al：J Hum Genet 67, 505-513, 2022.
5) 全ゲノム解析等実行計画（第 1 版）
https://www.mhlw.go.jp/content/10901000/001069253.pdf
6) 三宅紀子：難病の全ゲノムに関する実証事業，医歯薬出版，2023.

■ 総　論

7）全ゲノム解析等実行計画 2022
https://www.amed.go.jp/content/000115650.pdf

8）Richards S, Aziz N, et al : Genet Med 17, 405-424, 2015.

9）Riggs ER, Andersen EF, et al : Genet Med 22, 245-257, 2020.

10）Lee H, Nelson SF : Curr Opin Genet Dev 65, 76-83, 2020.

11）Miyake N, Tsurusaki Y, et al : Eur J Hum Genet, 2023. doi: 10.1038/s41431-023-01335-7

12）Mainali A, Athey T, et al : Am J Med Genet A 191, 510-517, 2023.

13）OMIM
https://www.omim.org/

14）Miller DT, Lee K, et al : Genet Med 25, 100866, 2023.

15）AMED ゲノム創薬基盤推進研究事業 ゲノム情報患者還元課題「医療現場でのゲノム情報の適切な開示のための体制整備に関する研究」研究班（研究代表者 京都大学大学院医学研究科 小杉眞司）
https://sph.med.kyoto-u.ac.jp/gccrc/pdf/a10_teigen_hosoku_20200215.pdf

16）希少疾患分野における次世代シークエンサーを使用した網羅的遺伝子解析のバリアント解釈に係るガイダンス

17）NHS England - National genomic test directory
https://www.england.nhs.uk/publication/national-genomic-test-directories/

三宅紀子

1999 年	長崎大学医学部医学科卒業
2005 年	同大学院医歯薬総合研究科博士課程修了
2008 年	横浜市立大学医学部遺伝学助教
2010 年	同准教授
2021 年	国立国際医療研究センター研究所疾患ゲノム研究部部長（現職）

総論

8 遺伝医療の実践に必要な法律の知識

大磯義一郎

　2023 年に「良質かつ適切なゲノム医療を国民が安心して受けられるようにするための施策の総合的かつ計画的な推進に関する法律」が制定された。本法では，「医療分野における世界最高水準のゲノム医療を実現し，その恵沢を広く国民が享受できるようにすること」と同時に「研究開発及び提供の各段階において生命倫理への適切な配慮がなされるようにすること」，「ゲノム情報による不当な差別が行われることのないようにすること」が基本理念として挙げられた。本稿では，同法ならびに個人情報保護法等，関連法規について概説する。

Key Words

　ゲノム，遺伝医療，遺伝子検査，法律，医療法学，個人情報保護，出生前検査，ソフトロー規制

■ はじめに

　全ゲノム・エクソーム解析の推進にあたっては，2019 年にがんや難病領域の「全ゲノム解析等実行計画（第 1 版）」が厚生労働省より策定され，2022 年には全ゲノム解析等を着実に推進することを目的に「全ゲノム解析等実行計画 2022」（以下，実行計画 2022）が策定されたところである。実行計画 2022 では，倫理的・法的・社会的課題（ethical, legal and social issues：ELSI）に係る事項が明記されており，ELSI への適切な対応と，そのための体制整備が求められている。本稿では，こうした方針の前提となる遺伝医療に関連した代表的な法規について概説する。

I．遺伝医療と法

　遺伝医療に関しては，近年になって順次法整備が行われてきている。2017 年の個人情報保護法改正で遺伝情報・ゲノム情報は要配慮個人情報とされ，取り扱いに規制が設けられた。また同年の医療法改正では，ゲノム医療の実用化に向けた遺伝子関連検査の精度の確保等に関する規定が定め

られた。2019 年には，がんゲノム医療に関し遺伝子パネル検査が保険適用となり，一部で保険診療も開始された。そして，2023 年に「良質かつ適切なゲノム医療を国民が安心して受けられるようにするための施策の総合的かつ計画的な推進に関する法律」が制定された。

　遺伝医療を行う場合は，上記のほか，医師法等の資格法や，保険収載されている診療については健康保険法の委任に基づき定められた保険医療機関及び保険医療養担当規則，その他診療内容に応じて関連法規が適用されることになる（**表❶**）。

II．遺伝医療に関連する法規

1．良質かつ適切なゲノム医療を国民が安心して受けられるようにするための施策の総合的かつ計画的な推進に関する法律（2023 年公布，施行）

　遺伝医療に関する法規として，2023 年に「良質かつ適切なゲノム医療を国民が安心して受けられるようにするための施策の総合的かつ計画的な推進に関する法律」（以下，ゲノム医療推進法）が公布・施行されたところである。

全ゲノム・エクソーム解析時代の遺伝医療，ゲノム医療における倫理・法・社会

■ 総　論

表❶　医療に関連する法規の分類

名称	概要	例
資格法	医療専門職の資格や業務を定める	医師法 保健師助産師看護師法
組織法	医療法人の設立や運営といった組織について定める	医療法
医療提供制度に関する法	医療提供制度について定める	国民健康保険法
特別法	特定の分野に対して一般法に優先される	母体保護法

(1) 成立に至る背景

　近年の全ゲノム解析研究の推進や遺伝学的検査の進展に対し，これまでわが国では遺伝情報による不当な差別や社会的不利益の防止についての法整備は行われていなかった。こうした状況に対し，1995 年に日本人類遺伝学会が「遺伝カウンセリング，出生前診断に関するガイドライン」を作成して以降，様々な学会により遺伝学的検査，遺伝カウンセリング等に関するガイドラインが発表されてきた。そして，2022 年に日本医学会と日本医師会による「遺伝情報・ゲノム情報による不当な差別や社会的不利益の防止」についての共同声明」[1] が発表され，本法が制定されるに至った。

(2) 法律の概要

　本法の目的は，ゲノム医療の推進にあたって「個人の権利利益の擁護のみならず人の尊厳の保持に関する課題に対応する必要があることに鑑み，良質かつ適切なゲノム医療を国民が安心して受けられるようにするための施策に関し，基本理念を定め，及び国等の責務を明らかにするとともに，基本計画の策定その他ゲノム医療施策の基本となる事項を定めることにより，ゲノム医療施策を総合的かつ計画的に推進すること」と定められている。そして本法は，基本理念，国・地方公共団体・医師等及び研究者等の責務，財政上の措置等，基本計画の策定，基本的施策，地方公共団体の施策で構成されている。

　本法において，国の責務は「基本理念にのっとり，ゲノム医療施策を総合的かつ計画的に策定し，及び実施する」ことであり，医師等及び研究者等の責務は「国及び地方公共団体が実施するゲノム医療施策及びこれに関連する施策に協力するよう努めなければならない」とされている。基本理念と基本的施策については**表❷**[2] にまとめた。

　前述の日本医学会，日本医師会の共同声明においては，遺伝情報・ゲノム情報による不当な差別や社会的不利益の防止に関し，法律あるいは自主ルールのいずれの形でも定められていないことが問題点として指摘されていた。この点につき本法では，ゲノム医療施策に関する基本理念の一つにゲノム情報による不当な差別が行われることのないようにすることを掲げ（法 3 条），この理念に則る施策として，差別等への適切な対応を確保するため，必要な施策を講ずるものとした（法 16 条）。

(3) 差別等への具体的な対応

　遺伝情報による差別は様々な場面で起こり得るが，特に雇用と保険は問題となりやすい分野である。両分野における差別防止につき，わが国においては，法令の範囲内において各所管省庁より関連団体へ適切な対応を要請している。

　雇用については，採用選考にあたって労働者の募集を行う者等が応募者の個人情報を収集する際，職業安定法第 5 条の 5 及び同法の指針により，原則として業務の目的の達成に必要な範囲内で目的を明らかにして収集することとされており，遺伝情報を含めた社会的差別の原因となるおそれのある事項については，原則として収集してはならないとされている。こうした点は事業主に対して周知・啓発，ならびにハローワークにおいて指導・啓発が実施されており，違反行為をした場合には，職業安定法に基づく改善命令（職業安定法第 48 条の 3 第 1 項），改善命令に違反した場合は，

表❷ ゲノム医療推進法の基本理念と基本的施策（文献2より）

基本理念（法3条）
1. ゲノム医療の研究開発及び提供に係る施策を相互の有機的な連携を図りつつ推進することにより、幅広い医療分野における世界最高水準のゲノム医療を実現し、その恵沢を広く国民が享受できるようにすること。
2. ゲノム医療の研究開発及び提供には、子孫に受け継がれ得る遺伝子の操作を伴うものその他の人の尊厳の保持に重大な影響を与える可能性があるものが含まれることに鑑み、その研究開発及び提供の各段階において生命倫理への適切な配慮がなされるようにすること。
3. 生まれながらに固有で子孫に受け継がれ得る個人のゲノム情報には、それによって当該個人はもとよりその家族についても将来の健康状態を予測し得る等の特性があることに鑑み、ゲノム医療の研究開発及び提供において得られた当該ゲノム情報の保護が十分に図られるようにするとともに、当該ゲノム情報による不当な差別が行われることのないようにすること。

基本的施策	条文
①ゲノム医療の研究開発及び提供に係る体制の整備等	法9条-13条
②生命倫理への適切な配慮の確保	法14条
③ゲノム情報の適正な取扱い及び差別等への適切な対応の確保	法15-16条
④医療以外の目的による解析の質の確保等	法17条
⑤その他の施策	法18条-20条

罰則（6ヶ月以下の懲役又は30万円以下の罰金）が科されることとなる（同法第65条）。また労働契約締結後においても、配置転換・解雇等については、労働契約法において、「使用者は、労働契約に基づく権利の行使に当たっては、それを濫用することがあってはならない」こと（労働契約法第3条第5項）、「客観的に合理的な理由を欠き、社会通念上相当であると認められない」解雇は無効となる（法第16条）ことと規定されている。加えて、労働条件その他労働関係に関する事項について問題が生じた際には、個別労働関係紛争の解決の促進に関する法律に基づき、個別労働紛争解決制度が用意されている。なお、使用者による人事権行使の有効性は最終的に司法において事案ごとに判断される点や、個別労働紛争解決制度はあくまでも当事者間の話し合いを通じた紛争の自主的解決を促す点には注意が必要である[3]。

保険については、生命保険協会及び日本損害保険協会が、先の日本医学会等による共同声明[1]を踏まえた対応として、保険の引受・支払実務における現行の遺伝情報の取り扱いについてまとめた周知文書を各保険協会ホームページにて公表しており、遺伝学的検査結果の収集・利用を行っていないことや、遺伝学的検査結果および遺伝学的

検査結果と同等の情報について利用していないことを周知した[4]。また、今般のゲノム医療法成立を受け、金融庁から生命保険協会、日本損害保険協会に対し、ゲノム情報による不当な差別等を決して行わないことについて改めて徹底することが要請された[5]。ただし、遺伝学的検査結果は保険会社への告知対象でないものの、医師による問診・診察・検査・治療・投薬を受けている場合や、その場合の病名・手術名・診療機関・検査結果などは告知の対象となり、医療機関で医師による検査を受けている事実は告知対象となり得るとしている[6]。

2. 個人情報保護法（2003年施行、2024年一部改正）、医療・介護関係事業者における個人情報の適切な取り扱いのためのガイダンス（2017年施行、2023年一部改正、個人情報保護委員会、厚生労働省）

医療従事者が患者等の個人情報を取り扱う際は、「個人情報保護法」およびこれに基づき医療・介護領域における個人情報の適正な取り扱いを定めた「医療・介護関係事業者における個人情報の適切な取り扱いのためのガイダンス」を遵守することが求められる。同法では「特定の個人の身体の一部の特徴を電子計算機の用に供するために変

■ 総　論

換した文字，番号，記号その他の符号であって，当該特定の個人を識別することができるもの」等を「個人識別符号」と定義しており（個人情報保護法第2条第2項1号），これには「細胞から採取されたデオキシリボ核酸（別名DNA）を構成する塩基の配列」も該当する（個人情報の保護に関する法律施行令第1条1号イ）。個人識別符号はそれのみで個人情報として取り扱う必要がある。また，同ガイダンスでは遺伝情報の取り扱いについて，「遺伝子治療等臨床研究に関する指針」（2015年施行，2019年全部改正，2023年一部改正，厚生労働省）や「人を対象とする生命科学・医学系研究に関する倫理指針」（2021年施行，2023年一部改正，文部科学省，厚生労働省，経済産業省），「医療における遺伝学的検査・診断に関するガイドライン」（2011年作成，2022年改定，日本医学会），これらのほか「ヒト遺伝情報に関する国際宣言」（2003年制定，UNESCO）を参考とし，特に留意することを求めている。

3. その他の関連法規

その他，遺伝医療に関して定めのある法規等を示す。

- 「がん対策基本法」に基づく「がん対策推進基本計画」（2023年，閣議決定）では，「国は，がんゲノム医療をより一層推進する観点から，がんゲノム医療中核拠点病院等を中心とした医療提供体制の整備等を引き続き推進する」としている。
- 「難病の患者に対する医療等に関する法律」に基づく「難病の患者に対する医療等の総合的な推進を図るための基本的な方針」（2015年，厚生労働省）では，「国は，難病についてできる限り早期に正しい診断が可能となるよう研究を推進するとともに，遺伝子診断等の特殊な検査について，倫理的な観点も踏まえつつ幅広く実施できる体制づくりに努める」としている。また運用通知では，目指すべき方向性として「遺伝子関連検査においては，一定の質が担保された検査の実施体制の整備と，検査の意義や目的の説明と共に，検査結果が本人及び血縁者に与える影響等について十分に説明し，患者が理解

して自己決定できるためのカウンセリング体制の充実・強化が必要である」と示している[7]。
- 「医療法」では，遺伝子関連検査を含む検体検査の精度の確保について，検体検査業務を委託する者の精度管理の基準の明確化や，医療技術の進歩に合わせて検体検査の分類を柔軟に見直すため検査の分類を厚生労働省令で定めることについて規定している。

Ⅲ．NIPT等の出生前検査に係る現状の法整備

現在，NIPT等の出生前検査に関し，明文による法規制はないが，次に示す点には注意する。

- 「成育過程にある者及びその保護者並びに妊産婦に対し必要な成育医療等を切れ目なく提供するための施策の総合的な推進に関する法律」（成育基本法，2019年施行）に基づく「成育医療等の提供に関する施策の総合的な推進に関する基本的な方針」（2023年改定）では，成育医療等の提供に関し，「居住する地域にかかわらず，遺伝子診断等の実施を含め，できる限り早期に正しい診断が可能となる体制を整備するとともに，科学的知見に基づく適切な成育医療等を提供すること」，教育および普及啓発において「人間の身体的・精神的・遺伝学的多様性を尊重しつつ，妊娠，出産等についての希望を実現するため，妊娠・出産等に関する医学的・科学的に正しい知識の普及・啓発を学校教育段階から推進する」としている。出生前検査に関する情報提供・啓発は，妊娠・出産等に関する医学的・科学的に正しい知識の普及・啓発の一環として，プレコンセプションケアの段階や学校教育段階で行われるべきものである[8]。プレコンセプションケアを含め，男女問わず性や生殖に関する健康支援を総合的に推進し，ライフステージに応じた切れ目のない健康支援を実施することを目的に，2022年より「性と健康の相談センター事業」が開始され，出生前遺伝学的検査（NIPT）を受けた妊婦等への相談支援体制の整備が行われている。
- 出生前検査により胎児が先天性疾患等を抱え

ている可能性があると判明した場合，妊婦およびそのパートナーが人工妊娠中絶を選択する可能性がある。しかしながら，母体保護法上，胎児が疾患や障害を有していることのみを理由として人工妊娠中絶を行うことは認められていない。ただし，妊婦の身体的または経済的理由により母体の健康を著しく害する恐れがある場合には，人工妊娠中絶の実施が可能である。

- 母子保健法の下，市町村は，母子保健行政の実施主体として，母子健康手帳の交付，妊産婦に対する健康診査，乳幼児健康診査，妊産婦と乳幼児の訪問指導等を実施している。また都道府県は，市町村が行う母子保健に関する事業の実施に関し，市町村相互間の連絡調整を行い，保健所による技術的事項についての指導，助言，市町村に対する必要な技術的援助を行う役割を担っている。しかし，市町村・都道府県ともに，出生前検査に関する情報提供や相談支援，出生前からの障害福祉行政との連携等を実施する体制は現状においては十分とはいえない[8]。
- NIPT 実施機関の認証基準については，医療法や臨床検査技師等に関する法律に関連の規定がある[9]。
- 男女共同参画社会基本法（1999 年施行）に基づく「第 5 次男女共同参画基本計画」（2020 年閣議決定，2023 年 12 月一部変更閣議決定）では，厚生労働省の妊娠・出産に対する支援として「遺伝性疾患や薬が胎児へ与える影響などの最新情報に基づき，妊娠を希望している人や妊婦に対する相談体制を整備する」ことが記載されている。

Ⅳ．今後の課題

遺伝医療の普及・推進にあたっては医療にとどまらず，教育，産業，ビジネス等，多岐にわたって考慮すべき点がある。これまで，わが国の遺伝医療に関する規制についてはガイドライン・指針によるソフトロー規制が中心となっていたが，ソフトローによる規制では強制力がないため，例えば医療を介さず営利企業が遺伝学的検査を消費者に販売する DTC（direct-to-consumers）遺伝子検査ビジネスが氾濫するなどといった問題が生じている。こうした DTC 遺伝子検査ビジネスの中には，科学的根拠が極めて不十分であったり，倫理的問題をかかえていたりするものでも，規制のない状況で販売活動が続けられている現状がある[10]。ゲノム医療推進法第 17 条では，医療以外の目的で行われる核酸に関する解析の質の確保等について，国が必要な施策を講ずることを規定しているが，今後，国には同法に基づいた具体的な制度の策定が求められる。

■ おわりに

遺伝医療は，ゲノム医療推進法の成立を契機として，更なる普及・推進がなされることが期待されている。その一方で，ビジネス目的や科学的根拠のない医療等をはじめとした安全性や医療倫理上の課題に対しても適切なルール作りをしていかなければならない。

技術の発展に応じて遺伝医療を巡る法規，指針・ガイドライン等は今後も変化していくことが予想される。遺伝医療に携わる医療従事者は，こうした事項につき定期的にアップデートすることが求められる。

······· 参考文献 ·······

1) 日本医師会：「遺伝情報・ゲノム情報による不当な差別や社会的不利益の防止」についての共同声明，2022. https://www.med.or.jp/dl-med/teireikaiken/p20220406.pdf（2024 年 7 月 31 日参照）
2) 厚生労働省：良質かつ適切なゲノム医療を国民が安心して受けられるようにするための施策の総合的かつ計画的な推進に関する法律（概要），2023. https://www.mhlw.go.jp/content/10808000/001183502.pdf（2024 年 7 月 31 日参照）
3) ゲノム医療基本計画 WG：ゲノム医療の推進に係るこれまでの取組状況，2023. https://www.mhlw.go.jp/content/10808000/001183517.pdf（2024 年 7 月 31 日参照）
4) 生命保険協会：生命保険の引受・支払実務における遺伝情報の取扱につきまして，2022. https://www.seiho.or.jp/info/news/2022/pdf/0527.pdf（2024 年 7 月 31 日参照）
5) 金融庁：業界団体との意見交換会において金融庁が提起した主な論点（令和 5 年 7 月）. https://www.fsa.go.jp/common/ronten/index_7.html（2024 年 7 月 31 日参照）
6) 生命保険協会：生命保険とゲノム医療，2024. https://www.mhlw.go.jp/content/10808000/001222969.

■ 総　論

pdf（2024 年 7 月 31 日参照）
7) 厚生労働省：都道府県における地域の実情に応じた難病の医療提供体制の構築について, 2017.
https://www.mhlw.go.jp/file/05-Shingikai-10601000-Daijinkanboukouseikagakuka-Kouseikagakuka/0000170350.pdf（2024 年 7 月 31 日参照）
8) 厚生科学審議会科学技術部会 , NIPT 等の出生前検査に関する専門委員会：NIPT 等の出生前検査に関する専門委員会報告書, 2021.
https://www.mhlw.go.jp/content/000783387.pdf（2024 年 7 月 31 日参照）

9) 日本医学会, 出生前検査認証制度等運営委員会：NIPT 等の出生前検査に関する情報提供及び施設（医療機関・検査分析機関）認証の指針, 2022.
https://www.mhlw.go.jp/content/11908000/000901425.pdf（2024 年 7 月 31 日参照）
10) 日本医学会, 日本医師会：「良質かつ適切なゲノム医療を国民が安心して受けられるようにするための施策の総合的かつ計画的な推進に関する法律」に関する提言について, 2024.
https://www.mhlw.go.jp/content/10808000/001249568.pdf（2024 年 7 月 31 日参照）

大磯義一郎	
1999 年	日本医科大学医学部卒業
	日本医科大学付属病院第三内科
2004 年	早稲田大学大学院法務研究科
2007 年	最高裁判所司法修習所司法修習生（～ 2008 年）
2009 年	国立がんセンター知的財産管理官, 研修専門官（～ 2010 年）
	弁護士登録（第一東京弁護士会）
2011 年	帝京大学医療情報システム研究センター客員准教授
2012 年	国立大学法人浜松医科大学医療法学教授（現職）
	帝京大学医療情報システム研究センター客員教授
2015 年	日本医科大学医療管理学客員教授
2024 年	独協医科大学医学部特任教授

総論

9 ゲノム医療推進法

横野　恵

2023 年に成立したゲノム医療推進法は，ゲノム情報の保護や差別への対応，生命倫理への配慮等の社会的課題への対応を含め，良質かつ適切なゲノム医療を国民が安心して受けられるようにするための施策を総合的かつ計画的に推進することを目的とした法律である。強制力をもつものではないが，ゲノム情報による差別の防止の必要性が明記された点で大きな意義がある。法に基づいて実施される施策については今後作成される基本計画で示されることとなる。

Key Words

ゲノム医療法，ゲノム医療推進法，遺伝情報差別，遺伝子差別，DTC 遺伝子検査

■ はじめに

2023 年 6 月に「良質かつ適切なゲノム医療を国民が安心して受けられるようにするための施策の総合的かつ計画的な推進に関する法律」（以下，ゲノム医療推進法）が成立し，施行された。罰則などによる強制力や新たな制度の創設を伴う法律ではないが，今後のゲノム医療およびゲノム研究のあり方に一定の影響を及ぼすと考えられる。

なお，この法律は，超党派の「適切な遺伝医療を進めるための社会的環境の整備を目指す議連」による議論を踏まえた議員立法であり，成立に至る過程では 250 を超える産患学の団体が賛同する形で早期成立に向けた要望書が作成され，計 8 回にわたり国会議員に提出された[1]。

以下では，その概要と意義を解説する。

I. ゲノム医療推進法の概要

1. 制定の背景

解析技術の発達により，全ゲノム解析などゲノム全体を一度に解析するような網羅的な解析が可能となり，医療・研究の現場に普及しつつある。ゲノム情報を活用することによって健康についての理解や疾患の診断・治療が大幅に改善される可能性が期待されている。

国内では 10 年ほど前からゲノム医療を推進するための政策的な取り組みが本格化した[*1]。2019 年にはがん遺伝子パネル検査への公的医療保険の適用が開始されたほか，同年末に策定された「全ゲノム解析等実行計画（第 1 版）」[2]に基づく全ゲノム解析等事業など，ゲノム研究とその成果の実装が進んでいる。

一方で，ヒトのゲノム解析や解析によって得られたゲノム情報の取り扱いに関しては様々な法的・倫理的・社会的課題（ethical, legal and social

---

[*1] 平成 26（2014）年に成立した健康・医療戦略推進法に基づいて定められた「健康・医療戦略」（平成 26 年 7 月 22 日閣議決定）において「ゲノム医療の実現に向けた取組を推進する」こととされ，その後，平成 27（2015）年にはゲノム医療を実現するための取組を関係府省・関係機関が連携して推進するため内閣府に「ゲノム医療実現推進協議会」（現「ゲノム医療協議会」）が設置されるなど様々な取り組みが行われてきた。

全ゲノム・エクソーム解析時代の遺伝医療，ゲノム医療における倫理・法・社会

■ 総　論

issues/implications：ELSI）が存在すること，さらにはゲノム医療を推進する上で，それら ELSI に対応するための社会環境の整備が必要であることが指摘されてきた[*2]。

ゲノム医療推進法は，このようなゲノム解析技術およびゲノム研究・ゲノム医療の発展とそれに伴う社会的課題の存在を背景として制定された。

2. ゲノム医療推進法の目的（1条）

ゲノム医療推進法は，「良質かつ適切なゲノム医療を国民が安心して受けられるようにするための施策」（以下，ゲノム医療施策）を「総合的かつ計画的に推進すること」を目的とし，そのための基本理念や国等の責務，基本計画の策定等の基本的事項について定めている[*3]。ゲノム医療を「個人の身体的な特性及び病状に応じた最適な医療の提供を可能とすることにより国民の健康の保持に大きく寄与するもの」と位置づけ，ゲノム医療の普及にあたっては医療としての提供や研究開発だけでなく，「個人の権利利益の擁護」や「人の尊厳の保持に関する課題」への対応といった社会環境の整備が必要であるという観点から，これらを含む総合的なゲノム医療施策の推進を目的としている。

3. ゲノム医療・ゲノム情報の定義（2条）

ゲノム医療推進法では，「ゲノム医療」を「個人の細胞の核酸を構成する塩基の配列の特性又は当該核酸の機能の発揮の特性に応じて当該個人に対して行う医療」，「ゲノム情報」を「人の細胞の核酸を構成する塩基の配列若しくはその特性又は当該核酸の機能の発揮の特性に関する情報」と定義している。したがって，家族歴等から推測される疾患の発症リスクなど，遺伝に関わる情報であってもゲノム解析を伴わないものは，この法律でい

う「ゲノム情報」には含まれないと解される[*4]。

4. 基本理念（3条）

ゲノム医療推進法では，ゲノム医療施策を行う際の基本理念として，①世界最高水準のゲノム医療の実現，②ゲノム医療の提供・研究開発における生命倫理への適切な配慮，③ゲノム医療の提供・研究開発におけるゲノム情報の十分な保護と不当な差別の防止，の三つの項目を定めている。各項目の詳細については**表❶**を参照されたい。

5. 基本計画の策定（8条）

ゲノム医療推進法に基づいて推進するゲノム医療施策については，政府が基本計画を策定し，基本的な方針，実施すべき施策，その他必要な事項について定めることとされている。基本計画の策定作業は，2023 年 12 月に厚生労働省に設置された「ゲノム医療推進法に基づく基本計画の検討に係るワーキンググループ」[3] で進められており，2024 年秋から冬を目途とした基本計画の取りまとめが予定されている。2024 年 6 月の時点では基本計画の具体的内容は明らかになっていないが，12 項目の基本的施策（次項参照）それぞれについて具体的な内容や方針が示されるものと考えられる。

基本計画策定後は，計画に基づき，ゲノム医療施策の総合的な推進が図られることとなるが，それにより，例えば遺伝学的検査に関する施策は従来，医療行為を目的とした検査については厚生労働省で，それ以外の（主として消費者向けの）検査については経済産業省で，それぞれ独自に行われてきたが，良質かつ適切なゲノム医療という観点からより一貫性をもった形で推進されるようになることが期待される。

なお，基本計画には原則として具体的な目標・

[*2] 一例として，ゲノム情報を用いた医療等の実用化推進タスクフォース「ゲノム医療等の実現・発展のための具体的方策について（意見とりまとめ）」（平成 28 年 10 月 19 日）

[*3] なお，医師，医療機関その他の医療関係者，研究者および研究機関に関しては，国および地方公共団体が実施するゲノム医療施策およびこれに関連する施策に協力するよう努める責務が規定されている（6条）。

[*4] これに対して例えば，米国の 2008 年遺伝情報差別禁止法（The Genetic Information Nondiscrimination Act of 2008, 42 U.S.C. § 2000ff）では，「遺伝情報（genetic information）」を，①本人の遺伝学的検査の結果，②家族の遺伝学的検査の結果，③家族の病歴，④本人または家族が遺伝学的サービスを要請または受診した事実，ならびに遺伝学的サービスを含む臨床研究に参加した事実，⑤本人または家族が妊娠中である場合には胎児の遺伝情報，生殖補助医療の目的で胚を作成している場合には胚の遺伝情報，を含むものとして定義している（山本龍彦，一家綱邦：アメリカ遺伝情報差別禁止法，年報医事法学 24 号，241-247 頁）。

達成時期を設定し，政府は適時に目標の達成状況を調査し，その結果を公表することとされている。

6. 基本的施策（9条〜21条）

ゲノム医療推進法第3章では，国が講ずるべき12項目の基本的施策を定めている（**表❷**）。主として，ゲノム医療・ゲノム研究の推進と体制の整備，生命倫理への適切な配慮や差別の防止などの社会環境の整備に関する項目が盛り込まれている。また，教育・啓発の推進や人材の確保，関係者の連携協力のための協議の場の設置など，ソフト面の施策も含まれる。17条では，いわゆるDTC遺伝子検査等の医療以外の目的で行われるゲノム解析に関して規定しており，解析の質の確保および相談支援の適切な実施（1項）のほか，ゲノム医療の研究開発および提供の場合と同様に，生命倫理への適切な配慮，ゲノム情報の適正な取扱いおよび差別等への適切な対応を確保するため必要な施策を講ずることが求められている（2項）。

7. ゲノム情報による差別への対応

ゲノム情報に起因する差別（「遺伝情報差別」，「遺伝子差別」等の表現が用いられることも多い）の問題は古典的なELSIの一つであり，20世紀前半の欧米での優生政策やホロコーストへの反省を背景として，1990年のヒトゲノム計画開始当初から米国のELSI研究プログラムでは主要課題とされてきた[4]。

1997年採択のUNESCO（国連教育科学文化機

表❶ ゲノム医療施策の基本理念（3条）

① 世界最高水準のゲノム医療の実現	ゲノム医療の研究開発及び提供に係る施策を相互の有機的な連携を図りつつ推進することにより，幅広い医療分野における世界最高水準のゲノム医療を実現し，その恵沢を広く国民が享受できるようにする
② 生命倫理への適切な配慮	ゲノム医療の研究開発及び提供には，子孫に受け継がれ得る遺伝子の操作を伴うものその他の人の尊厳の保持に重大な影響を与える可能性があるものが含まれることに鑑み，その研究開発及び提供の各段階において生命倫理への適切な配慮がなされるようにする
③ ゲノム情報の十分な保護と不当な差別の防止	生まれながらに固有で子孫に受け継がれ得る個人のゲノム情報には，それによって当該個人はもとよりその家族についても将来の健康状態を予測し得る等の特性があることに鑑み，ゲノム医療の研究開発及び提供において得られた当該ゲノム情報の保護が十分に図られるようにするとともに，当該ゲノム情報による不当な差別が行われることのないようにする

表❷ ゲノム医療推進法の定める基本的施策

① ゲノム医療の研究開発の推進（9条）	研究の体制整備・助成等
② ゲノム医療の提供の推進（10条）	拠点・連携医療機関の整備
③ 情報の蓄積，管理及び活用に係る基盤の整備（11条）	ゲノム情報・臨床情報を集積・活用するためのデータ基盤の整備
④ 検査の実施体制の整備等（12条）	検査の質の確保
⑤ 相談支援に係る体制の整備（13条）	患者・研究参加者を対象とする相談支援体制の整備
⑥ 生命倫理への適切な配慮の確保（14条）	生命倫理への適切な配慮を確保するための指針の策定等
⑦ ゲノム情報の適正な取扱いの確保（15条）	ゲノム情報の適切な取扱いを確保するための指針の策定等
⑧ 差別等への適切な対応の確保（16条）	ゲノム情報による不当な差別等への適切な対応の確保
⑨ 医療以外の目的で行われる核酸に関する解析の質の確保等（17条）	科学的知見に基づく実施，相談支援の適切な実施，生命倫理への適切な配慮，ゲノム情報の適正な取扱い，差別等への適切な対応
⑩ 教育及び啓発の推進等（18条）	ゲノム医療と関連する基礎的事項についての理解・関心の向上
⑪ 人材の確保等（19条）	専門的な知識及び技術を有する人材の確保，養成及び資質の向上
⑫ 関係者の連携協力に関する措置（20条）	関係者の協議の場の設置等

全ゲノム・エクソーム解析時代の遺伝医療，ゲノム医療における倫理・法・社会

■ 総　論

関）の「ヒトゲノムと人権に関する世界宣言」では，「何人も，その遺伝的特徴の如何を問わず，その尊厳と人権を尊重される権利を有する」〔2条(a)〕とし，「何人も，遺伝的特徴に基づいて，人権，基本的自由及び人間の尊厳を侵害する意図又は効果をもつ差別を受けることがあってはならない」(6条)と明示されている。

国内でも「ヒトゲノム研究に関する基本原則」(2000年)に同様の規定が置かれ，その後もゲノム情報を研究や医療のために取得・活用するにあたり，差別防止が重要であることは繰り返し確認されてきたものの[*5]，制度的な対応は進んでこなかった[*6]。諸外国では，2000年代から法律等による対応が進んでおり，国内でも2022年に日本医師会・日本医学会によって共同声明が発表されるなど，近年，制度的な対応が強く要請されるようになっていた[5]。

このような背景の下，ゲノム医療推進法は，基本理念(3条)および基本的施策(16条)においてゲノム情報による不当な差別への対応の確保に関する規定を置いている。差別を直接的かつ強制力をもって禁止したり，差別事案が発生した場合の調査や被害の救済等の制度を定めるものではないが[*7]，差別防止の必要性が法文上はじめて明記されたことは大きな意義がある。

今後は，さらなる法整備の必要性について検討するとともに，ゲノム医療推進法の定める基本的施策の推進を通じて，差別への対応の実質化を図る必要がある。具体的には，相談支援体制の整備(13条)，教育・啓発の推進(18条)を通じた対応が考えられるほか，ゲノム情報の適正な取扱いの確保(15条)に関して「医師及び研究者等が遵守すべき事項に関する指針の策定」等を通じてゲノム情報が不適正に取り扱われないようにすることも重要である。

ゲノム情報に基づくどのような取り扱いが不当な差別となりうるかについては議論があるが，2021年末にACMG（米国臨床遺伝・ゲノム学会）が公表した「遺伝情報による不当な差別や不適正な取り扱いを避けるための留意事項」[6]で，「ヘルスケアや関連サービスへのアクセスに有害な影響を与えたり，自律性，プライバシー，秘密保持を侵害したりする場合」が特に問題であるとしていることが参考になろう。

■ おわりに

技術の発展により，ゲノム解析を通じて診療や健康管理に役立つ様々な情報が得られる機会が増えている。こうした情報が，診療や健康管理のために適正に取得・利用されていくためには，それ以外の目的で情報が利用され，社会的な不利益や差別につながらないようにすることが重要である。特に生命保険などでの不利益は，多くの人々にとって懸念事項であり，遺伝学的検査をためらわせる要因となっていると指摘されている。

こうした懸念の背景には，わが国で過去に旧優生保護法の下で優生政策が実施され，遺伝に関わる理由によって個人や集団への差別が行われていた事実や，それによって遺伝に関わる差別や偏見が生み出されてきたことがある。ゲノム医療が普及しつつある中，ゲノム研究・ゲノム医療が社会における差別や偏見・分断を助長したり，新たに生み出すことにつながることはあってはならない。

ゲノム医療推進法は，強制力のある規制を伴う法律ではないが，これらの社会的課題への対応を含めゲノム医療に関する施策を総合的に推進することを目的としている。今後は，基本計画の下でゲノム医療・研究の推進と社会環境の整備が着実に進められることが期待される。また，法の成立

[*5] 「全ゲノム解析等実行計画（第1版）」前掲・注3においても確認されている。

[*6] 個人情報保護法制定後の2004年には文科省・経産省・厚労省3省合同でヒトゲノム・遺伝子解析研究に関する個別法の要否について検討が行われたが，法制化の必要性はうすく，中長期的な課題として検討するものとされた〔「医学研究等における個人情報の取扱いの在り方等について」(2004年)〕。

[*7] 法律案の審議過程では，罰則の整備など法制上の措置を1年以内に講じることなど，差別の禁止・防止のための法整備に関する規定を強化した修正案が提案されたが，否決されている（2023年6月8日参議院厚生労働委員会 / 天畠大輔議員）。

全ゲノム・エクソーム解析時代の遺伝医療，ゲノム医療における倫理・法・社会

を契機に，様々な立場の人が議論に参加して，ゲノム情報を適切に取り扱い，差別や社会的不利益を防止するための社会環境を構築するとともに，将来にわたり適切にアップデートしていく必要がある。

···················· 参考文献 ····················

1) 武藤香織：保団連 1425 号, 30-37, 2024.
2) 厚生労働省：全ゲノム解析等実行計画（第 1 版）（令和元年 12 月 20 日）
3) https://www.mhlw.go.jp/stf/shingi/other-isei_210261_00008.html
4) Dolan DD, Lee SS, et al : Cell Genom 2 (7), 100150, 2022.
5) 日本医師会，日本医学会：「遺伝情報・ゲノム情報による不当な差別や社会的不利益の防止」についての共同声明（2022 年 4 月 6 日）
6) Seaver LH, Khushf G, et al : Genet Med 24, 512-520, 2022.

横野　恵
1997 年　早稲田大学法学部卒業
2000 年　同大学院法学研究科修士課程修了
2001 年　早稲田大学法学部助手
2005 年　日本学術振興会特別研究員（PD）
2006 年　早稲田大学社会科学部専任講師
2011 年　同准教授（現在に至る）
2012 年　University of Oxford, Department of Public Health （～ 2013 年）

専門分野：医事法・英米法・生命倫理

好評発売中

着床前遺伝学的検査（PGT）の最前線と遺伝カウンセリング

編集：倉橋浩樹（藤田医科大学医科学研究センター分子遺伝学研究部門教授）
定価：6,380円（本体5,800円+税10%）、A4変型判、228頁

生殖医療の分野でも着床前遺伝学的検査（preimplantation genetics testing：PGT）の進歩によりヒトゲノムと生殖医療との接点は日増しに拡大してきており、ゲノム医療法が成立した2023年はまさに「生殖ゲノム医療」といえる分野の幕開けです。本誌はそのような潮流の中、PGT-A（PGT for aneuploidy）/PGT-SR（PGT for structural rearrangement）、そしてPGT-M（PGT for monogenic disease）の最新情報をお届けしようという趣旨で編集されております。本誌が読者の方々にわが国と諸外国におけるPGTの現状と課題に関して理解を深めていただくのに少しでもお役立てば幸いです。また今の時代が、「生殖ゲノム医療」の黎明期となることを信じ、読者のみなさまの日々の診療と研究、そしてゲノム医療法でも謳われている人材育成のための教書にもこの本が役立ってくれることを願っております。
－編集者の「はじめに」と「おわりに」から－

● はじめに：生殖ゲノム医療としてのPGT

● 第1章　PGTの変遷
　1. わが国におけるPGTの流れ
　2. 日本産科婦人科学会の見解改定の概説
　3. 生検の技術的変遷と胚の培養
　4. 全ゲノム増幅と網羅的ゲノム解析の進歩
　5. PGTの倫理的・社会的側面

● 第2章　PGT-A
　1. PGT-A特別臨床研究の成果
　2. 染色体分配エラーとPGT-A
　3. PGT-Aの診断精度（診断解像度，感度，特異度および陰性・陽性的中率）
　4. PGT-AとSNP解析（倍数体，UPD）
　5. PGT-Aとモザイク胚移植
　6. PGT-Aと性染色体異数性
　7. PGT-Aと出生前遺伝学的検査
　8. PGT-Aの遺伝カウンセリング

● 第3章　PGT-SR
　1. 均衡型相互転座染色体の分配と，リスクの考え方
　2. 不育症とPGT-SR
　3. ロバートソン型転座と不育症，UPD
　4. PGT-SRの遺伝カウンセリング

● 第4章　PGT-M
　1. PGT-M対象疾患の変遷
　2. 単一遺伝子疾患に対する着床前遺伝学的検査（PGT-M）の実際
　3. 成人発症の神経変性疾患に対するPGT-M
　4. ミトコンドリア病に対するPGT-M
　5. 遺伝性腫瘍とPGT-M
　6. 造血細胞移植とPGT-HLA
　7. 拡大保因者検査とPGT-M
　8. PGT-Mの遺伝カウンセリング

● 第5章　PGTの近未来
　1. 多因子遺伝性疾患に対するPGT（PGT-P）
　2. ロングリードシーケンサーの着床前診断への応用と展望
　3. 染色体解析の歴史的背景から培養液を用いたniPGTの現状
　4. PGT後の児の成長発達
　5. PGTとわが国の保険医療
　6. 生殖補助医療技術者制度と新時代のART

● おわりに：不妊・不育症のゲノム医療を目指して

発行／直接のご注文は

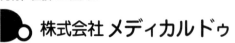
株式会社 メディカルドゥ

〒550-0004
大阪市西区靱本町1-6-6　大阪華東ビル5F
TEL.06-6441-2231　FAX.06-6441-3227
E-mail　home@medicaldo.co.jp
URL　https://www.medicaldo.co.jp

各論

各論

1 多遺伝子スコアの倫理：成人，未成年者，胎児，胚の観点

石井哲也

　多遺伝子スコア（PS）は遺伝や環境の要因が影響する複雑な疾患の予測による早期の診断および効果的な予防の実現が期待されている。一方すでに，消費者にPS検査を直接提供する事業やPSに基づき胚を選ぶ着床前遺伝学的検査が始まっている。しかし，PS算出は既知の遺伝子多様体群や既存のゲノムワイド関連解析に依存するため信頼性が低い場合がある。PS過信は負担やリスクを人々に長期に強いる懸念に加え，社会的形質の予想や，未成年者，胎児，胚へと無秩序に対象を拡大すれば問題が生じるだろう。環境要因も考慮した，適切な利用について議論が急務である。

Key Words

多遺伝子スコア, polygenic score, 遺伝要因, 環境要因, 形質予測, 遺伝子多様体, ゲノムワイド関連解析, 消費者直販, 着床前遺伝学的検査

はじめに

　ポストゲノム時代に入り20年以上経った。かつて一人あたりのゲノム解析コストは100億円を要したが，現在10万円程度に低下しており，本格的な個別化ゲノム医療が始まっている。同時に，臨床遺伝学のフォーカスは単一遺伝子疾患の責任遺伝子の同定から，複数の遺伝子が影響する疾患へ移行した。ゲノムワイド関連解析（genome wide association study：GWAS）は集団で頻繁にみられる複雑な疾患に関連する遺伝子多様体を数多く発見してきた[1]。そして，GWASにより得られた成果を活用して新たな遺伝学ツール，polygenic risk scoreあるいはpolygenic score（多遺伝子スコア）が登場した[2]。多遺伝子スコアは個人レベルのがん，糖尿病，循環器疾患，統合失調症など複雑な疾患のリスクを予測可能にして，より早期の診断，より効果的な予防，また医療政策の立案にも有用と期待が高まっている[3]。

一方，多遺伝子スコアは極めて多くの患者が存在する疾患群を対象としており，また疾患にとどまらない社会的な形質の予想にも転用可能であるため，社会に悪影響をもたらす懸念も増している[4]。本稿はまず，多遺伝子スコアを概説したうえで，成人・未成年者・胎児および胚の観点からスコア算出原理に基づく限界を考察し，そして今を生きる人々や将来の子たちに対する潜在的な問題について議論する。

Ⅰ．多遺伝子スコアの概念

1．遺伝要因と環境要因が影響する疾患

　ヒトの疾患の発症や進行を大きくみると，遺伝あるいは環境の要因，または両者の影響を受ける。疾患の成因に基づいた位置づけを図❶に示した。ヒトゲノムが解読され，そして2万1千あるとされる遺伝子の全容がおよそ判明した。同一家系内で発症した患者は対立遺伝子を共有する原理に基づく連鎖解析を通じて，単一遺伝子疾

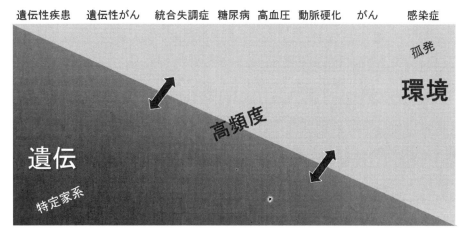

図❶ 遺伝要因と環境要因が影響する疾患群と遺伝学による解析

患を引き起こす遺伝子変異が次々と同定されていった。単一遺伝子疾患の原因究明と並行して，集団において高頻度にみられる疾患に関連するgenetic variant（遺伝子多様体），とりわけsingle nucleotide polymorphism（SNP，一塩基多型）を，ゲノム全域で網羅的に解析するGWASが展開された。これによって，がん，統合失調症，糖尿病，高血圧，動脈硬化などに関連するSNP群が次々と判明した。一方，これら複雑な疾患の発症は偏った食事，運動不足，有害物質曝露，過多ストレスなど環境の影響も受ける。そして疾患に限らず，ほとんどのヒト形質は数多くの遺伝と環境の影響を受けて現れる。

2. 多遺伝子スコアの登場

図❷AはGWASで同定されたある形質に関連する三つの遺伝子多様体（Vで表す）と形質への影響の強さの差異（矢印の色の濃さで表現）を図示した。この模式図で示した7人の男女は遺伝子多様体のいずれか，あるいは二つ，あるいは三つ有している。7人の内，形質が現れる可能性が最も高い人は関連遺伝子多様体を三つすべて有する上から4番目の男性となる。一つだけもつ人の中では1番の女性（色が濃い矢印）が，二つもつ人の中では7番の女性（色が濃い矢印と中程度の色の矢印）で現れる可能性が高くなる。

多遺伝子スコアは，ある個人が有する父母由来の対立遺伝子にある特定形質に関連する遺伝子多様体の個々の影響程度を加重合算した指標であり，スコアが大きいほど，その人で当該形質が現れる傾向が強いことを示す[2]。集団でみると多遺伝子スコアは正規分布となる（図❷B）。コントロール群の曲線に比して，症例群の曲線は標準化スコアのプラス側で常に上に位置する。症例群の曲線下面積は多遺伝子スコアの予想能力を示す。留意すべきは，症例群の設定次第で多遺伝子スコアの形質予想能力が変動しうる点である。例えば1型糖尿病で早期発症者（環境よりも遺伝要因の影響を受けて発症）にフォーカスすると予想能力が向上する[5]。これは多遺伝子スコアが遺伝的観点に立った予想であり，形質に影響する遺伝子多様体環境要因を反映しがたい側面も示す。

3. 臨床応用の展望

今後，遺伝と環境の要因が影響して発症・進行する疾患の医療は，発症前にリスク評価を行い，予防または重症化する前に介入することが重要とされる。そのような複雑疾患のGWASデータを用いて多遺伝子スコアの正規分布をひとたび描いておけば，そのGWASに参加していなくて

■ 各 論

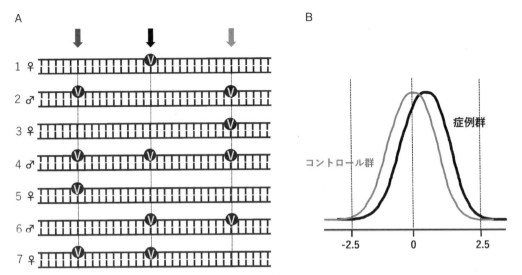

図❷ ゲノムワイド関連解析（GWAS）による疾患への影響度合いが異なる遺伝子多様体の同定（A）と多遺伝子スコアのサンプル分布の症例群とコントロール群の違い（B）

も，ある人のゲノムデータの外挿により，その人の多遺伝子スコアを算出できる．その人の多遺伝子スコアから疾患リスクがある程度わかり，もし高リスクグループに属すると判断される場合は，より早期の症状の気づき，生活習慣や環境などの改善指導や，適切な投薬などによる介入，症状進行予測に基づく医療方針の見直しが可能となる[3]．将来，多遺伝子スコアを有効に使うことで個々人の生涯にわたる健康管理の充実，社会的には医療の質向上が期待でき，医療費削減も達成できるかもしれない．一方，上述のとおり，多遺伝子スコアは遺伝要因に依存するとともに，利用するGWASの集団の特性の影響を受けるため慎重な解釈が必要である[4]．また多遺伝子スコアは非疾患形質にも応用可能であり，広範な社会実装に先立ち，利用ルールの策定を要するだろう．

II．多遺伝子スコア事業と科学的限界

1．多遺伝子スコア提供事業

多遺伝子スコアを社会的に本格活用している国はまだないとみられるが，すでに国内外のいくつかの検査会社が多遺伝子スコア提供業を始めている．例えば，英国GENinCode Plc社は欧米中心に患者や医師に循環器系疾患の多遺伝子スコアを提供している（CARDIO inCode-Score）[6]．エストニアの企業Antegenes社は国際的に個人や医師にがん多遺伝子スコア提供事業を展開している（Genetic risk test for breast cancer AnteBCなど）[7]．国内ではGenequest社が先導的に個人に多遺伝子スコアパッケージを販売しており，ジーンクエストALL社は128の健康リスク，233の体質の多遺伝子スコアを提供する[8]．これらの検査は一個人からの注文を受けると，提供された細胞のDNA解析，多遺伝子スコア算出，結果フィードバックを数万円程度で請け負っている．

一方，米国では複数の胚検査会社が生殖医療クリニックにかかっている夫婦に対してpreimplantation genetic testing（PGT，着床前遺伝学的検査）を通じて'胚の健康'を知るための多遺伝子スコア算出サービスを行っている．例えば，LifeView社は胚の生検から得られる細胞のゲノム解析で出生後の健康リスクを予想できるとEmbryo Health Score Testを販売している[9]．この胚の多遺伝子スコアは，体外受精で得られる複数の胚から妻の子宮に移植する胚の選択に利用されている．しかし，これら企業がすでに商業化している多遺伝子スコアには科学的な限界があり，形質予想の信頼性にも懸念がある．以下，対象

ごとにこれらの課題を検討する。

2. 多遺伝子スコアの限界

(1) 成人

　多遺伝子スコアは環境要因を考慮しない遺伝的観点に立った形質予想である。特定疾患のリスクが高い場合は生活習慣などを改善しなければならないが，そのためにはカウンセリングやフォローアップが必要である。特定の遺伝子多様体群が複数の形質に関連することがある（pleiotropy，多相遺伝）[10]。この場合，ある疾患の多遺伝子スコアは低リスクを示しても，別の疾患では高リスクとなり，インフォームドコンセントやカウンセリングは複雑となる。

　そもそも，多数の多遺伝子多様体（SNP）が関連する形質において，既存のGWASが強い影響を及ぼすSNPをまだ補足できていなければ，多遺伝子スコアの信頼性は低い。環境の影響が非常に大きい疾患については多遺伝子スコアの価値は低くなる。例えば，乳がんは遺伝要因が7割程度を占めるといわれるが，その他のがんは1割から3割程度とあまり高くない[11]。また，既存GWASの参加者の遺伝的背景に偏りがある場合，外挿困難かもしれない。品質が高いとされる既報GWASは欧米人参加のものが78％を占めており[12]，アジア人のある形質の多遺伝子スコアを欧米人主体のGWASを利用して算出した場合，信頼性は低いかもしれない。多遺伝子スコア算出に用いる質の高いGWASが全く利用できないなら，新たにその疾患に関するGWASの実施が必要となる。

(2) 未成年者

　上述の限界に加えて，未成年者由来多遺伝子スコアには別の課題点がある。まず従来のGWASは中高年層の参加者が多く，未成年者由来のゲノムデータを外挿しても環境から受けた影響が大きく異なり，多遺伝子スコアの信頼性が低くなりうる[12]。また，従来のGWASで観察された形質の発現に影響した環境要因が，将来，大きく変化して多遺伝子スコアの価値が低下することも考えられる。例えば，日本で習慣的に喫煙する男性は直近20年で半減している[13]。遺伝要因が喫煙の影響を強く受ける疾患について，男性やその家族が喫煙せず，また今後の社会で副流煙の影響を受けそうもないなら，有用性は低下するかもしれない。

(3) 胎児と胚

　成人，未成年者から細胞（DNA）をサンプリングする場合，スワブ（綿棒）を用いて上皮組織から十分な数の細胞を容易に得ることができるが，妊娠中の胎児細胞のサンプリングを従来型の出生前検査が使う羊水や絨毛の採取で行えば，胎児への侵襲による流産のリスクがある。しかし，非侵襲性出生前遺伝学的検査（いわゆる新型出生前検査）と同様，母体血（胎盤を経由した胎児由来DNAを含む）採取なら胎児への侵襲はない。一方，胎児由来多遺伝子スコア算出に利用するGWASについて，胎盤サンプルを用いたGWAS既報がいくつかある。しかし，妊娠中の胎児と出生時は発達段階が大きく異なり，胎盤GWASに外挿して胎児の多遺伝子スコアを算出する妥当性は検討の余地がありそうである。

　胚からのサンプリングについて，着床前遺伝学的検査では栄養外胚葉から胚細胞を得る生検方法が主流である。しかし，わずか数個の細胞しか得られず，またヒト初期胚は高頻度に遺伝的にモザイクであり[14]，ヒト胚のゲノム解析，ひいては算出した多遺伝子スコアの信頼性は比較的低くなりそうである。一方，胚の多遺伝子スコアの算出に利用するGWASや，多遺伝子スコアに基づく胚選別自体に疑義がある[15]。既存のGWASに参加した人たちの中で着床前遺伝学的検査を経て誕生した人の割合はごく少なく，胚細胞のゲノムデータを外挿すること自体，科学的に限界がある。胚の多遺伝子スコアを得る目的は，ある夫婦由来の体外受精胚から誕生後，特定の形質が現れる可能性が高い胚の選抜であるが，そもそも一度の体外受精で得られる胚の数は多くて10程度であり，一組の夫婦に由来する胚のスコアが大差なければ，意義ある選別とならない。

Ⅲ．多遺伝子スコアの倫理的問題

1. 成人

上述の多遺伝子スコアが内包する限界は，臨床そして社会で倫理的問題につながるおそれがある[4]。人々が誤って疾患の高リスクグループに組み入れられた場合，苦痛やリスクを被るおそれがある。無用な通院が長期に及べば，時間・費用・労力など負担は大きい。薬剤には通常，副作用があり，健康被害を及ぼす可能性がある。誤りであるにもかかわらず，乳がんリスクが高いという予想をもとに乳房切除を受ければ QOL を損なう。同様に，特定の環境の回避や生活習慣の変更も QOL に影響するだろう。その逆の懸念もあり，誤って低リスクグループに組み入れられた場合，生活習慣などに不注意となり，発症の気づきや受診の遅れにつながることもありえる。こうしたケースは医療者や検査企業への訴訟に発展するかもしれない

これら問題を回避するには，少なくとも，複雑な疾患の多遺伝子スコアの提供は遺伝要因が一定以上の影響を与える重篤な疾患に限局しつつ，検査希望者がスコアの限界や影響を十分理解できる事前説明の実施，事前や事後の遺伝カウンセリングを通じた環境要因に関する指導などが重要となる。特に，多遺伝子スコアで一定以上の疾患リスクがある人々に対しては，医療措置のほか，生活習慣の助言や指導も不可欠となる。このため，上で紹介した多遺伝子スコア提供会社の中には単にスコアの算出と提供のみならず，スコアがもつ医学的意味合いの説明や，医師などによる遺伝カウンセリングも斡旋しているところもある。しかしオンライン説明の場合，検査利用者が説明を十分理解できたのか確認に限界があり，また斡旋されるカウンセリング自体の質など疑問が残る。そうしたインフォームドコンセントのノウハウの蓄積やカウンセリング体制の充実が目下，課題となっている[16]。

過去，日本を含めて多くの国で展開された優生学運動を回顧すると，多遺伝子スコアを利用して若年層を含む多くの人々のグループ分けを社会的に実施すれば，特定の形質をもつ人々への偏見の助長や差別につながることが危惧される。

2. 未成年者

16 歳未満の未成年者本人からのインフォームドコンセントは不要で，親のインフォームドコンセントのみで検査を受けることができるが，逆に言えば受検の後押しとなり，予想以上に早く，多くの若年層が多遺伝子スコアを抱えて成長していく社会になりそうである。精神的に未成熟な人々に疾患リスクを広く提供していけば，多感な思春期に学校などにおけるいじめの深刻化や進路の不当な制約など心理的・社会的苦痛を感じさせる事態も生じかねない。したがって，取得が望ましいとされるインフォームドアセントの重要性が増すと考えられるが，複雑な疾患や検査結果の説明に関して各論で検討を要するだろう。また，多遺伝子スコアで誤った予想がなされて不要な負担やリスクを強いる問題は，未成年者ではより長期の強制となり，さらに深刻となるかもしれない。

より年齢が低い小児の場合，新生児スクリーニングが見逃した多遺伝子疾患の高リスクグループを同定する社会的意義があるものの，検査を受ける本人の立場に立つと上述の強制の問題はさらに長期に及び，より深刻な事態もありうる。

3. 胎児

妊娠中の女性が出生前検査を利用する目的は，主に将来の子の健康リスクを知り，出生後に備えるか，妊娠の継続をやめる（中絶）のいずれかである。前者の目的において，多遺伝子スコアにより将来の子の疾患リスクが高いとわかった夫婦は必要となる医療や健康リスクに応じた生育や教育環境など情報収集を始めることになる。一方，発症リスクは低いと誤った予想であった場合，親は子の発症への備えができなかった，また誤った誕生の損害賠償を求めて医療者を訴える親も出てくるかもしれない（Wrongful birth suit）[17]。

後者の，疾患リスクが高いという予想を受けて中絶する利用なら，新型出生前検査をめぐって起きた「命の選別」の論争を再び引き起こしそうである[18]。非侵襲性の新型出生前検査の登場は 21 トリソミー，18 トリソミー，13 トリソミーの染

色体症候群の検査を安易に受け，陽性の場合，羊水検査などで診断の確定が必要にもかかわらず，中絶を選択した妊婦がいた。多遺伝子疾患群に対する出生前検査が広く提供された場合，より多くの妊婦が検査を受けるとみられる。新型出生前検査はスクリーニング検査であるが，多遺伝子スコアはある程度の疾患リスク予想にとどまり，発症は出生後の環境要因の影響を受ける。また，ある程度だが，多遺伝子スコアは非疾患形質，例えば学歴などの知能を予想可能とみられる[19]。新型出生前検査の対象となっている染色体症候群の中には知的障害を示す人たちも含まれており，その延長上に知能の多遺伝子スコアに基づき中絶が選ばれる時代が到来したら，新型出生前検査より深刻な懸念の声が上がるだろう。

4. 胚

　上で胎児の多遺伝子スコアに基づいた中絶の問題に言及したが，胚の場合は状況が異なる。出生前の胚や胎児の道徳的な地位については様々な見方があるが，同等ではなく，発達につれて出生まで尊厳が増す漸進主義が主流と言われている[20]。したがって，多遺伝子スコアに基づき胚を選び誕生させる行為が主な論点となる。しかし，上述のとおり胚の多遺伝子スコアは信頼性が乏しい。

　最近の社会調査によれば，米国市民の過半数が知能の多遺伝子スコアに基づき胚選別を行うことを肯定的あるいは問題視しないという[21]。しかし，知能に関連する遺伝子多様体はパーキンソン病にも関係するという多相遺伝の知見もある[22]。親の望みと異なる知能をもった子が誕生した場合，上述の Wrongful birth suit が起きるかもしれない。一方，多遺伝子スコアによる生殖で望みどおりの知能を示しそうな子が得られた親の一部は，環境要因に注意を払わないだろう。そのような親が実在しそうなことは，DNA 二重らせん構造の発見でノーベル賞を受賞した James Watson が「遺伝的差異のため黒人と白人の平均 IQ には差がある」と述べた[23]ことからもわかる。学歴の GWAS を利用して胚の多遺伝子スコアを算出し，選んだ胚を移植し，IQ スコアが高い子が生まれたとしても，その後の知的発育や学業の継続に

関わる環境を親がある程度，考慮してあげなければ子は学業を挫折してしまうこともある。

Ⅳ. ゲノム DNA，ゲノム情報，多遺伝子スコアの扱い

　多遺伝子スコアは複雑疾患の遺伝要因のみで算出できるため，環境要因の影響を受ける前の早い段階で疾患の診断や発症や重症化の予防ができると期待されている。しかし上述のとおり，検査対象を成人から，未成年者，小児，胚と加齢や成長の早い段階に広げていけば，逆に問題も多くなりそうである。それら問題発生の少なくとも一部は親である成人の同意で子の多遺伝子スコアが算出され，親の意向で利用されることに根差している。

　多遺伝子スコア算出のため，ひとたびゲノムDNA が採取され，ゲノムが解読されると，個人情報でもある DNA サンプルやゲノム情報の扱いが成人や親の意向で再利用や転用されうる（図❸）。実際，米国で着床前遺伝学的検査を利用した親が胚のゲノム情報を検査会社から取得して自分たちでデコードした事例もある[24]。人工知能の普及により，企業や医療機関に依存せず，自分一人で自らの，また子や将来の子の多遺伝子スコアを算出しようとする人たちが現れるだろう。しかし，その限界，信頼性，また環境要因に関して十分な知識がなければ，誤った判断に基づく行動をとってしまう。

┃ おわりに

　2023 年，「良質かつ適切なゲノム医療を国民が安心して受けられるようにするための施策の総合的かつ計画的な推進に関する法律」（いわゆるゲノム医療法）が成立したが，その内容はゲノム医療施策の責任の所在と今後の取り組み概要にとどまる。すでに国内外で多遺伝子スコア事業が始まっており，その利用や管理のルールについて社会的な議論が必要となっている。

　多遺伝子スコアは人の生涯に現れる様々な性質・能力を環境要因が影響する前，あるいは出生前から，遺伝情報のみで判断し，処遇を決めてし

■各論

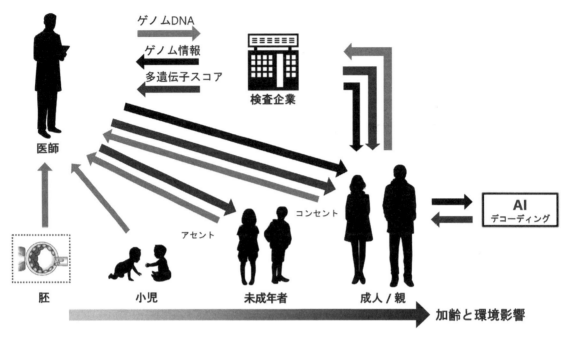

図❸ 成人，未成年者および胚のゲノム DNA，ゲノム情報および多遺伝子スコアの扱いと管理

まう潜在的な力をもつ．その誤用は社会で環境要因や生き方を十分考えない姿勢を助長しかねない．換言すれば，多遺伝子スコアは複雑な形質を遺伝的要因のみを踏まえて，ある確からしさで予想できることを十分に理解すること，環境要因も併せて個々人をフィードバックすることが重要といえる．関連して，多遺伝子スコアやゲノム情報などの取り扱い，管理の在り方も検討が必要だろう．

現段階では，多遺伝子スコアの利用は，医療目的で遺伝要因が一定の影響を及ぼす重篤な疾患の予測への利用，利用者は同意能力がある成人に限り，また適切なインフォームドコンセントとカウンセリングを必ず実施することを要件とすべきだろう．大規模な疾患研究を通じて多遺伝子スコアの臨床応用のベストプラクティスを社会に示していくことが建設的な議論を育むと祈念して結びの言葉としたい．

参考文献

1) Manolio TA, Collins FS, et al : Nature 461, 747-753, 2009.
2) Chatterjee N, Shi J, et al : Nat Rev Genet 17, 392-406, 2016.
3) Torkamani A, Wineinger NE, et al : Nat Rev Genet 19, 581-590, 2018.
4) Polygenic Risk_Score Task Force of the_International Common Disease Alliance : Nat Med 27, 1876-1884, 2021.
5) Sharp SA, Rich SS, et al : Diabetes Care 42, 200-207, 2019.
6) CARDIO inCode-Score
https://genincode.com/
7) Genetic risk test for breast cancer AnteBC
https://antegenes.com/
8) ジーンクエスト ALL
https://genequest.jp/dnatest/all/
9) LifeView Embryo Health Score Test
https://www.lifeview.com/
10) Watanabe K, Stringer S, et al : Nat Genet 51, 1339-1348, 2019.
11) Agus DB : The End of Illness, Simon & Schuster, 2012.
12) Mills MC, Rahal C : Commun Biol 2, 9, 2019.
13) 厚生労働省ウェブサイト：令和元年国民健康・栄養調査報 2020 年
https://www.mhlw.go.jp/stf/seisakunitsuite/bunya/kenkou_iryou/kenkou/eiyou/r1-houkoku_00002.html
14) Takahashi S, Johnston J, et al : Genet Med 21, 1038-

1040, 2019.

15) Turley P, Meyer MN, et al : N Engl J Med 385, 78-86, 2021.

16) Szalai C : Am J Transl Res 15, 6255-6263, 2023.

17) 石井哲也, 大津珠子 : 科学技術コミュニケーション 15 号, 59-71, 2014.

18) Frati P, Fineschi V, et al : Hum Reprod Update 23, 338-357, 2017.

19) Okbay A, Wu Y, et al : Nat Genet 54, 437-449, 2022.

20) Tsai DF : J Med Ethics 31, 635-640, 2005.

21) Meyer MN, Tan T, et al : Science 379, 541-543, 2023.

22) Shi J, Tian J, et al : Front Genet 13, 963163, 2022.

23) Nugent H : Race row Nobel scientist James Watson scraps tour after being suspended. The Times Octber 19, 2007.
https://www.thetimes.co.uk/article/race-row-nobel-scientist-james-watson-scraps-tour-after-being-suspended-zs7vp93q5z9

24) Goldberg C : The Pandora's Box of Embryo Testing Is Officially Open. Bloomberg. May 26, 2022.
https://www.bloomberg.com/news/features/2022-05-26/dna-testing-for-embryos-promises-to-predict-genetic-diseases?embedded-checkout=true

石井哲也

1993 年	名古屋大学農学部卒業
1995 年	同大学院農学研究科, 修士 雪印乳業株式会社入社
2000 年	オーフス大学分子構造部門留学
2002 年	科学技術振興事業団入社
2003 年	北海道大学, 博士（農学）
2008 年	京都大学 iPS 細胞研究所特任准教授
2013 年	北海道大学安全衛生本部特任准教授
2015 年	同教授

各論

2 地域における遺伝医療の課題

徳富智明・植木有紗・吉田明子

日本の遺伝医療は全国に拡大し，COVID-19 はオンライン診療の重要性を高めた。オンライン遺伝カウンセリングは普及しているが，コミュニケーションの質やプライバシー保護に課題がある。ゲノム医療の診療報酬整備と医療情報の標準化が進行中であるが，遺伝情報の扱いには技術的・倫理的な課題が残る。これらの進展は医療の均一化と患者のアクセス向上に寄与するが，技術的な課題と法的枠組みの整備が今後の成功の鍵である。さらに，全国各地での医療の均一化や患者のアクセス向上のための努力が求められている。

Key Words

全国遺伝子医療部門連絡会議，日本遺伝カウンセリング学会，オンライン診療，
オンライン遺伝カウンセリング，ゲノム医療，診療報酬，がんゲノム拠点病院加算，
がん遺伝子パネル検査，遺伝カウンセリング加算，医療 DX，HL7 FHIR，ゲノム医療法

▌はじめに

わが国の遺伝医療における地域の現状として，2023 年 12 月現在，遺伝科は標榜診療科になっていないものの，全国に遺伝子医療部門が開設されている。そのことは，2003 年から始まった全国遺伝子医療部門連絡会議の施設会員が当初の 50 施設から，2023 年 11 月現在 145 施設と大幅に増加し，都道府県すべてを網羅していることからも伺える。同会議が提供している登録機関遺伝子医療体制検索・提供システムでは，各医療機関での遺伝子医療体制の状況が提供されている。

アカデミアとしても，日本遺伝カウンセリング学会が 2022 年に地域活性化委員会を立ち上げ，北海道，東北，関東，北越，東海，近畿，中国・四国，九州・沖縄の 8 地域に分かれ，地域の遺伝医療の活性化のため独自に活動を始めている。

Ⅰ．遺伝医療におけるオンライン診療の役割と挑戦

オンライン診療は，特に新型コロナウイルス感染症（COVID-19）の流行によって大きな変化がみられた。2020 年 4 月 10 日には，厚生労働省事務連絡として新型コロナウイルス感染症の拡大を受けて，電話や情報通信機器を用いた診療に関する時限的かつ特例的な取り扱いに関する通知が出された。これにより，オンライン診療がより一層活用されるようになった。コロナ禍の前は，オンライン診療は主に再診の患者に限定されていたが，緊急事態宣言下では初診からオンライン診療が可能となるなど，法制度にも一定の変更がみられた。これらの措置は，あくまで感染リスクの軽減と医療アクセスの維持を目的としている。

遺伝医療におけるオンライン診療とは，地理的な制約を超えて専門的な遺伝医療を提供する手段である。そして，その役割には，アクセスの向上，患者の利便性，情報共有と協力がある。全国に遺

全ゲノム・エクソーム解析時代の遺伝医療，ゲノム医療における倫理・法・社会

伝子医療部門が開設されているとはいえ，地域によっては遺伝医療の専門家が不足している。また，遺伝医療は継続的なフォローアップが必要な場合が多く，オンライン診療は患者またはクライエントが自宅や近くの医療施設から専門的なケアを受けることを可能にする。そして，オンライン診療システムを通じて，異なる医療機関や専門家間での患者情報の共有が容易になり，より質の高い診療提供が可能になる。遺伝医療は高度な専門知識を要するため，十分な数の専門家（臨床遺伝専門医，認定遺伝カウンセラー®，遺伝看護専門看護師など）の確保と育成が必要となる。また，遺伝情報は非常に個人的なデータであるため，プライバシーの保護はオンライン診療において最重要の課題である。加えて，オンライン診療に必要な高品質な通信インフラの確保や，異なるシステム間の互換性などの技術的な問題が存在する。そして，オンライン診療に関する法的規制や倫理的ガイドラインの策定と遵守が求められる。さらに対面診療に比べて，オンライン診療では患者とのコミュニケーションの質を維持することが求められる。

オンライン診療は日本の地域医療における遺伝医療の拡大と質の向上に大きく貢献する可能性をもつが，これらの挑戦に効果的に対処するための継続的な取り組みが必要である。技術的な進展，法的枠組みの整備，専門家の育成，そして患者のプライバシー保護が，成功への鍵を握っている。

Ⅱ．オンライン遺伝カウンセリングの進展と課題

オンライン診療技術の進化と普及に伴い，オンライン遺伝カウンセリングのアクセスが向上した。これにより，地理的な障壁を越えて，より多くの患者が専門的なカウンセリングを受けることが可能になった。そして COVID-19 の流行は，遠隔医療の重要性を浮き彫りにし，オンラインでの遺伝カウンセリングの需要と受容度を高めた。さらにオンラインカウンセリングは，特に移動が困難な患者や遠隔地に住む患者にとって時間とコストの削減につながっている。

課題としては，オンラインでのコミュニケーションは，対面での細やかな感情のやり取りを欠く可能性があり，患者との間で深い信頼関係を構築することが難しくなることがある。また，すべての患者が適切な技術的設備やインターネットアクセスをもっているわけではなく，特に高齢者や低所得者層でのアクセスの格差が問題となる。さらに，遺伝情報は非常にデリケートな個人情報であるため，オンライン通信のセキュリティとプライバシーの保護は重要な課題である。しかし，オンライン診療同様にオンラインでの遺伝カウンセリングにおける法的な規制や倫理的な指針がまだ十分に確立されていないため，これらのガイドライン等の策定が望まれる。

提供例として，近畿大学病院では，家族に遺伝性疾患があることがわかった血縁者を対象に，遺伝に関わる悩みや不安，疑問に対するオンライン遺伝カウンセリングを提供している。京都大学医学部附属病院遺伝子診療部やがん研有明病院臨床遺伝医療部では，遺伝性腫瘍に関する遺伝カウンセリングを中心にパソコンやスマホのアプリを利用したオンライン遺伝カウンセリング，オンライン相談を提供している。このサービスでは，がんの遺伝についての一般的な情報提供，リスクアセスメント，遺伝カウンセリングや遺伝学的検査に関する情報を提供しており，特に乳がんや卵巣がん，大腸がん，子宮体がん，胃がんなどの遺伝性が疑われるがんについてのカウンセリングが含まれている。札幌医科大学附属病院遺伝子診療科では，事前に「遺伝カウンセリングにかかる連携に関する覚書」を締結した連携先医療機関へ来談したクライエントに対して遠隔連携遺伝カウンセリングを提供している。いずれの施設でも全額自己負担の自由診療にて提供されている。

遺伝医療には家系図作成が欠かせない。全米遺伝カウンセラー協会の標準家系図用語体系が2022 年に更新され[1]，翻訳されているが[2]，その主な内容は，ジェンダー多様性やトランスジェンダーの人々を安全かつ包摂的（インクルーシブ）に取り扱うため，家系図の記号は出生時に割り当てられたセックスではなくジェンダーを示すとい

■各 論

うものである。この根底にあるものは患者と医療提供者間の同盟・信頼関係の強化であり、医療情報の共有に基づくものである。近畿大学や岩手医科大学[3]などで開発されたツールを用いれば、オンラインで患者またはクライエントに供覧しながら作成できる。

オンライン遺伝カウンセリングは、患者と専門家の相互のアクセスを容易にする一方で、コミュニケーションの質や機微な感情のキャッチが難しい面があり、オンラインツールの使いやすさや患者のデジタルリテラシーも重要な要素となる。

Ⅲ．ゲノム医療における診療報酬と課題

わが国のゲノム医療における診療報酬には、2023年12月時点で、がんゲノム拠点病院加算、がん遺伝子パネル検査（がんゲノムプロファイリング検査）、遺伝カウンセリング加算がある。

ゲノム（遺伝情報）解析技術の進歩により、個々のがん患者に対して最適な治療法を選択することが可能になり、治療成績の向上、患者負担の軽減、医療費の軽減につながる。このために、がん遺伝子パネル検査の医学的解釈を自施設で完結できる体制を整備した、がんゲノム医療中核拠点病院やがんゲノム医療拠点病院があり、がんゲノム拠点病院加算（250点）が設定されている。また2019年6月から、がん遺伝子パネル検査の保険適用が開始された。この検査では、がんに関わる数十から数百の遺伝子を一度に調べ、患者一人ひとりのがんがどのような遺伝子異常から起こっているのかを突き止め、それに応じて最適な治療を探す。保険適用になったがん遺伝子パネル検査の医療費は、保険点数56,000点（56万円）と定められている。そして遺伝カウンセリング加算は、遺伝カウンセリングを提供する専門家や医師が患者に対して遺伝的な情報やアドバイスを提供する際の品質と提供者に適切な報酬を提供することを目的とした加算制度で、その加算は1回につき1,000点となり、実際の患者負担はその3割の3000円となる。その他に、がん遺伝子パネル検査を実施し、その結果について患者またはその家族などに対し遺伝カウンセリングを行った場合には、

患者1人につき月1回に限り、1,000点を所定点数に加算する遺伝性腫瘍カウンセリング加算が算定される。情報通信機器を用いて、他の保険医療機関と連携して行う遺伝カウンセリングについては、難病に限り遠隔連携遺伝カウンセリングが認められ、遺伝カウンセリング加算が算定される。

遠隔連携遺伝カウンセリングや遺伝カウンセリング加算は、その適用条件や施設基準が厳格であるため、多くの医療機関がこの制度を利用できていないという課題がある。次に適応が難しいものの、例外的に対応が望まれるケースを紹介する。

1. 遺伝カウンセリング加算算定施設であっても自施設で対応できないケース

【ケース1】

30歳代の甲状腺髄様がん患者が、*RET*遺伝学的検査を受検し、*RET*遺伝子の病的バリアント保持が判明し、多発性内分泌腫瘍症2型（MEN2）と診断された。甲状腺髄様がん診断当時は乳幼児であった子どもが成長し、子どもたちへの甲状腺精査などについて遺伝カウンセリングで相談したいと考えている。かかりつけ主治医は成人の甲状腺髄様がんについてのフォローは行ってくれるが、小児期のMEN2症例への対応経験がなく、遺伝カウンセリングは専門家のいる他県の病院に受診するように指示されている。この場合、遠隔連携遺伝カウンセリングが可能であれば、かかりつけ医と同席のもとに、今後の具体的な子どもへの対応を一緒に聞いて対策を相談できるが、指定難病ではないため遠隔連携遺伝カウンセリングは認められない。

【ケース2】

40歳代のびまん性胃がん患者が、がん遺伝子パネル検査を実施したところ、生殖細胞系列の*CDH1*遺伝子に病的バリアント保持が疑われる結果であった。実施した医療機関は、がんゲノム連携病院であるが、遺伝性びまん性胃がんに対する遺伝カウンセリングの実施経験がない。遺伝性びまん性胃がんに関する専門的な遺伝カウンセリングのために、遠方のがんゲノム中核拠点病院を受診するように提案された。この場合、遺伝性腫瘍カウンセリング加算は適応されるものの、遠方の

病院への移動にかかる費用や時間は自己負担となる。こちらも指定難病ではないため遠隔連携遺伝カウンセリングは認められない。

2. 遺伝カウンセリング加算非算定施設だが他施設と協働であれば対応可能なケース

【ケース3】

離島在住の30歳代女性が乳がんと診断され，地元の医療機関で手術を行った。当該医療機関では遺伝カウンセリング実施体制はないが，「HER2陰性で再発高リスクの乳がんにおける術後薬物療法」のコンパニオン診断での薬剤適応判断を目的にBRCA1/2遺伝子検査（乳がん）を受検した。その結果，*BRCA1*遺伝子の病的バリアント保持が判明し，自施設の医師から遺伝カウンセリングを推奨された。しかし幼い子どももおり，現在の治療と並行して遺伝カウンセリングのために遠方まで受診することは困難である。同世代の姉妹も地元におり，病勢進行の可能性もあるため早めの受診をしたいと考えている。この場合，遠隔連携遺伝カウンセリングが可能であれば，地元の医療機関で姉妹と同席のもとに遺伝カウンセリングを受けることが可能であるが，指定難病ではないため遠隔連携遺伝カウンセリングは認められない。

【ケース4】

地方在住の60歳代の大腸がん患者が，首都圏のがんゲノム中核拠点病院でがん遺伝子パネル検査を実施した。その結果，生殖細胞系列に*MSH2*遺伝子の病的バリアント保持が疑われ，リンチ症候群に関する遺伝カウンセリングが推奨された。実施したがんゲノム中核拠点病院では，がんゲノム検査結果まで聞いたが治療に直結するものはなく，生殖細胞系列に関する遺伝カウンセリングを別日に追加で提案された。しかし遠方であり，遺伝カウンセリングのためだけに来談することは，身体的負担や費用も考えると躊躇してしまう。この場合も遠隔連携遺伝カウンセリングが可能であれば，治療を行っている地元の医療機関で治療と並行して遺伝カウンセリングを受けることが可能であるが，指定難病ではないため遠隔連携遺伝カウンセリングは認められない。

3. 患者要因での移動が困難なケース

【ケース5】

60歳代の膵がん患者が「治療切除不能な膵がんにおける白金系抗悪性腫瘍剤を含む化学療法後の維持療法」のコンパニオン診断としてBRCA1/2遺伝子検査を受検した。結果を待つ数週間の間に病勢は進行し，現在は在宅療養の状態となった。在宅療養自体は訪問医からの診療が可能であるが，遺伝学的検査を受けた医療機関から結果が判明したため来談するように促された。患者本人は結果を聞きたい気持ちは強いが，介助者1人では移動困難な状態である。遠隔連携遺伝カウンセリングが可能であれば，訪問医同席のもとで自宅での遺伝カウンセリングを受けることが可能であるが，指定難病ではないため遠隔連携遺伝カウンセリングは認められない。

Ⅳ. 医療DXとゲノム医療法

DXとは，「digital transformation」の略称で，デジタル技術によって，ビジネスや社会，生活の形・スタイルを変える（transformする）ことである。「医療DX令和ビジョン2030」によると，医療DXは，保健・医療・介護の各段階（疾病の発症予防，受診，診察・治療・薬剤処方，診断書等の作成，診療報酬の請求，医療介護の連携によるケア，地域医療連携，研究開発など）において発生する情報やデータを，全体最適された基盤を通して，保健・医療や介護関係者の業務やシステム，データ保存の外部化・共通化・標準化を図り，国民自身の予防を促進し，より良質な医療やケアを受けられるように，社会や生活の形を変えることと定義されている。

その中で，デジタルヘルス分野における電子カルテの利用とアクセスが進展しており，患者が自宅から自身の医療情報にアクセスできるような取り組みが進められている。EUではEHDS（European Health Data Space）規則案[4]を提案し，MyHealth@EUという医療情報のデジタルインフラを整備している。これにより，患者情報や電子処方箋が各国間で共有可能にしている。フランスではマイ健康情報スペースというサービス

■ 各 論

を開始し，全国の医師・患者間で電子カルテ等の健康医療情報を共有している。英国では GP オンライン（general practitioner：GP，かかりつけ医）という一般診療用の電子カルテ共有サービスを提供し，イスラエルでも国民健康情報交換プラットフォームの OFEK があり，これを補完する EITAN というデータベースの運用が始まっている。米国では 2020 年に ONC（Office of the National Coordinator for Health IT）が電子健康情報のアクセス，交換，利用を促進する連邦規則を最終決定した。これにより，患者や介護者が選択したスマートフォンヘルスアプリを通じて，電子健康記録にアクセスし，管理することが可能になった。日本政府は，マイナンバーカードを用いて患者が加入する医療保険の確認をオンラインで行うオンライン資格確認を医療 DX の基盤と位置づけ，2023 年度から原則としてすべての保険医療機関・薬局にオンライン資格確認システムの導入を義務づけた（経済財政運営と改革の基本方針 2022，2022 年 6 月 7 日閣議決定）。並行して，全国の医療機関・薬局をつなぐオンライン資格確認システムのネットワークを活用し，医療機関・薬局・自治体の間での情報共有を可能にする全国医療情報プラットフォームの創設および電子カルテ情報の標準化を進める計画を「医療 DX 令和ビジョン 2030」にて発表している。これと呼応し，内閣総理大臣からは全国の医療機関や薬局で電子カルテ情報を共有できる仕組みの運用を 2024 年度中に始めるよう指示があった。HL7 FHIR（Fast Healthcare Interoperability Resources）は，医療情報システム間の相互運用性を高めるために開発された規格で，電子カルテ等の情報の記述・交換を行うシステムの標準規格として多くの国で導入されているが，日本もこの規格を用いた医療情報の標準化と連携を推進している。

2023 年に，わが国で「良質かつ適切なゲノム医療を国民が安心して受けられるようにするための施策の総合的かつ計画的な推進に関する法律（ゲノム医療法）」が成立した。この法律は，ゲノム医療の質を担保し，その普及を目指している。この動きは，医療 DX の進展と HL7 FHIR の導入と並行して，具体的な実施方針，患者の権利保護，医療従事者の教育，患者啓発の重要性を強調している。特に，バリアントの病的意義に関する研究の進展とデータベースの日々の更新は，臨床検査会社による修正報告書の発行をもたらすことがある。2021 年の日本遺伝性乳癌卵巣癌総合診療制度機構認定施設へ行った調査では[5]，これらの報告に対する施設間の対応にばらつきが認められており，再度の連絡（リコンタクト）体制の整備が必要であることが明らかになった。これらの情報は，発端者だけでなく血縁者にとっても重要であり，地域間の格差を埋めるためには患者のゲノムリテラシーの向上と医療従事者の教育が不可欠である。そして，これらを定量的に評価するためのゲノム知識尺度については，2023 年に日本語版が開発された[6]。

■ おわりに

遺伝医療の進展は医療技術の進化と政策の発展が相互に作用することで促進されている。特に 2023 年に成立したゲノム医療法は，この進展の枠組みを明確にし，医療の質の担保と普及を目指している。これまで述べたように，日本の遺伝医療の進展は，オンライン診療の拡大，オンライン遺伝カウンセリングの普及，ゲノム医療の診療報酬の整備，医療 DX の進行など多岐にわたり，その進展は国民が良質なゲノム医療を安心して受けられる環境を整えるうえで大きな一歩である。しかしながら，進歩とともに技術的な課題，プライバシー保護，法的枠組みの整備，医療従事者や患者の教育と啓発など，解決すべき課題も多く残されている。

未来を見据えた場合，遺伝医療のさらなる進展は，これらの課題への対応とともに，全国各地における医療の均一化，患者のアクセスの向上，そして医療提供者と患者の間の信頼関係の強化に依存する。患者一人ひとりのニーズに応じた個別化医療の実現，ゲノム医療の普及と質の向上，そしてすべての患者が平等に遺伝医療の恩恵を受けられる環境の構築が，今後のゲノム医療の目指すべき方向である。

このような状況下で，医療従事者，研究者，政策立案者は一層の協力と努力を重ねていく必要がある。そして，患者やその家族，一般市民の遺伝医療への理解と支持が不可欠である。すべての人々が遺伝医療の進展に関わり，その成果を享受できる社会を目指して，今後も邁進していきたいと考える。

・・・・・・・・・・・・・・・ 参考文献 ・・・・・・・・・・・・・・・

1) Bennett RL, French KS, et al : J Genet Couns 31, 1238-1248, 2022.
2) 日本遺伝カウンセリング学会用語委員会翻訳：日遺伝カウンセリング会誌 44, 83-95, 2023.
3) Tokutomi T, Fukushima A, et al : BMC Med Genet 18, 71, 2017.
4) Raab R, Küderle A, et al : Lancet Digit Health 5, e840-e847, 2023.
5) Sakaguchi T, Tokutomi T, et al : J Hum Genet 68, 551-557, 2023.
6) Yoshida A, Tokutomi T, et al : Genes（Basel）14, 814, 2023.

徳富智明

1998 年	防衛医科大学校医学教育部医学科卒業
2010 年	同医学教育部医学研究科修了
2013 年	天使病院周産期母子センター
2015 年	岩手医科大学医学部臨床遺伝学科講師
2018 年	Duke 大学応用ゲノミクス・高精度医療センター留学（～ 2019 年）
2024 年	川崎医科大学小児科学特任教授 川崎医科大学附属病院小児科・遺伝診療センター部長

植木有紗

2004 年	慶應義塾大学医学部卒業 静岡赤十字病院初期臨床研修医
2006 年	慶應義塾大学医学部産婦人科後期研修医
2013 年	同大学院医学研究科博士課程修了 川崎市立井田病院婦人科副医長
2016 年	独立行政法人国立病院機構東京医療センター医員
2018 年	慶應義塾大学病院予防医療センター助教
2019 年	同臨床遺伝学センター・腫瘍センター助教
2021 年	がん研有明病院臨床遺伝医療部部長（現職）

吉田明子

1996 年	国際基督教大学教養学部理学科卒業
1999 年	奈良先端科学技術大学院大学バイオサイエンス研究科博士前期課程修了 民間企業にて創薬研究，医学研究支援に従事
2018 年	岩手医科大学いわて東北メディカル・メガバンク機構
2020 年	岩手医科大学医学研究科遺伝カウンセリング学修了
2022 年	同医学研究科助教（現職）
2024 年	同医学研究科博士課程修了

各論

3 遺伝性疾患と福祉制度

神原容子

社会福祉は，個々人が人生の諸段階を通じ直面する生活上の困難を把握し，解決策を講じて幸せな生活を送ることができるようにする社会的施策として，われわれの生活を根底で支える。近年は，社会的孤立や公的制度の対象外となる生活課題，出生率の低下や子どもの数の減少傾向も深刻である。このような中，日本では「地域共生社会の実現」をキーワードとした取り組みが進んでいる。支援が必要な人に対して，その状況に至った経緯やどのような家庭環境や社会的状況に置かれているかを理解したうえで必要なサービスが提供されなければならない。

Key Words

社会福祉，社会保障制度，地域共生社会の実現，こども基本法，児童福祉法，障害者総合支援法，障害者手帳，障害福祉サービス

■ はじめに

社会福祉は，個々人が人生の諸段階を通じ直面する生活上の困難を把握し，解決策を講じて幸せな生活を送ることができるようにする社会的施策として，私たちの生活を根底で支える役割を担う[1)2)]。日本国憲法 25 条 1 項においては「すべての国民は，健康で文化的な最低限度の生活を営む権利を有する」として国民の生存権を保障し，2 項で「国は，すべての生活部面について，社会福祉，社会保障及び公衆衛生の向上及び増進に努めなければならない」とされ，社会福祉は国民の生存権を保障する制度である[1)]。かつ社会福祉は，公的年金，医療，介護保険，子育て支援，生活保護，公衆衛生などとともに社会保障制度の一つに位置づけられている[2)]。社会福祉の範囲は，狭義には法制度で確立した社会福祉事業があり，広義の制度としてボランティア活動，NPO 団体，当事者団体など福祉を目的とする諸活動が含まれ，さらに専門職を介した支援という実践過程がある。供給主体ごとに分類すれば，自助（当事者自らの努力），公助（公的な制度やサービス），互助（近隣相互の助け合い），共助（ボランティア，NPO 団体などの活動）が当てはまる[2)]。

I．日本の社会福祉の動向

1．社会福祉と現代社会について

日本においては，高齢者，障害者，子どものような対象者ごとに公的支援制度が整備され，充実が図られてきた[1)]。近年では複合化・複雑化してきた課題をもつ世帯などで，縦割り整備された公的制度では対応が困難なケースが生じている[1)]。さらに，現代社会は少子高齢化の進行による人口構造の変化が進み，高度情報化による科学技術の進歩は社会のあり方を変化させ，さらにはグローバリゼーションによる国際社会のボーダレス化が進むなど，情勢の変化が著しい。国内外を問わず不平等と格差，不安定と不信が広がる社会で，生きる価値の認識が混迷し，信頼を育むことが難しい時代を迎えている[2)]。こうした社会の変化に対して，法制度にはどうしても隙間がある[2)]。しかし，常に現代社会の動向を注視し，新たな時代を

3. 遺伝性疾患と福祉制度

支える社会福祉への転換をしていくことが求められる[2]。

2. 近年の社会福祉政策での課題

近年，日本では専門人材の確保が困難になるなど，支援提供の安定的運営が困難となる状況が生じている[1]。さらには，地域と家族とのつながりの弱さによる社会的孤立や公的制度の対象外となる生活課題，問題を抱える者が制度の狭間にいるなどの問題も生じている[1]。このような中で日本では「地域共生社会の実現」をキーワードとした取り組みが進んでいる[3]。この取り組みでは，支援する側と支援される側の分断が課題とされる。分断の解消は，共生社会づくりの要件であり，社会福祉の方向性に対する根本的課題である[2]。

3. 近年の福祉政策について

社会福祉は，子ども家庭福祉，障害者福祉，高齢者福祉に大きく分けられるが，特に遺伝性疾患と関連する児童福祉，障害者福祉に焦点をおき，近年の福祉の動向を踏まえて述べる。

(1) 子ども家庭福祉について

①子ども・子育て支援対策について

日本では，出生率の低下と子どもの数が減少傾向にある。危機感をもった政府は，仕事と子育ての両立等を旗印に対策の検討を重ねている[3]。

2022年6月，こども家庭庁設置法等の可決成立により，2023年4月にこども家庭庁が発足し，2022年6月には，こども基本法が成立・公布された[1]。同法は，憲法および子どもの権利条約に則り，子ども施策を総合的に推進することを目的とした法律である。各省庁にまたがっていた子どもに関する政策が一元化され，これまで以上に総合的かつ一体的に子ども施策が推進されることになった[3]。

児童福祉法は，どのような家庭に生まれようとも，その境遇に左右されることなく適切な養育を受け，その権利を保障され，愛され，保護される権利をすべての子どもがもち，安全・安心な環境で成長・発達・自立していくことを保障している[4]。近年，児童虐待の相談件数の増加などの背景があり，子育てに困難を抱える世代に対する包括的支援体制の強化を目的とした「児童福祉法等の一部を改正する法律（改正児童福祉法）」が2022年6月に公布された[3,5]。同法では，子どもを扶養し，保護・監護する役割は保護者が負うこととされている。行政は保護者がその役割を全うできるよう子育て家庭をバックアップする責務を負う[4]。子ども家庭福祉に関する施策の相談機関を図❶に示す[4,6,7]。

図❶　こども家庭福祉分野の相談機関（文献4，6，7より改変）
相談機関の体制や拠点は，市区町村により異なる。

全ゲノム・エクソーム解析時代の遺伝医療，ゲノム医療における倫理・法・社会

②障害のある子ども（障害児）への支援制度について

障害児への支援制度は，「児童福祉法」，「障害者総合支援法」，「子ども・子育て支援法」，「医療的ケア児支援法」などが関連し，相互補完している[4]。同年代の子どもと一緒に保育や教育を受け，障害の有無にかかわらず地域で成長できるように障害福祉サービスが後方支援をしている[4]。サービスの利用には（児が18歳未満の場合），申請者は保護者となる。

また，障害児の医療に関する支援もある。「乳幼児等医療費助成制度」は，医療機関を受診した際の一部負担金を各自治体によって子どもの医療費支出の負担軽減を図る制度である。各自治体によって対象年齢，所得制限などが設定されている[4]。「小児慢性特定疾病医療費助成制度」では，小児慢性特定疾病の788疾患（2021年11月時点）で治療する子どもの医療費負担を軽減する[8)9)]。自己負担は2割負担となり，月額の自己負担上限を超えると自己負担は不要となる[4)9)]。利用できるのは原則18歳までとなり，継続が必要な場合は20歳までの利用が可能となる。以後の再延長はできず，「指定難病医療費助成制度」に切り替えることになる[9]。指定難病は2015年の難病法の施行によって対象疾患が大幅に拡充した。このことによって，助成継続例が増加し，治療が継続できるようになってきた。

(2) 障害者福祉について

①障害者福祉制度について

2006年12月に，国連総会において「障害者の権利に関する条約」が採択され，2008年5月に発効した。同条約では，障害者の人権や基本的自由の共有を確保し，尊厳の尊重を促進するため，障害者の権利の実現のための措置等を規定し，合理的配慮の否定を含めた障害に基づくあらゆる差別の禁止についての適切な措置を求めており，批准に向けて様々な国内法の整備が求められることになった[3]。現在，その土台となる「障害者基本法」に理念，国や行政の責務が規定され，その上に個別法がある。障害者の日常生活を支える福祉サービスや医療は「障害者総合支援法」により，障害種別の枠を超えて一元的に定められている[4]（図②）。

②障害者への支援制度について

「障害者総合支援法」の対象者は，身体障害者，知的障害者，精神障害者（発達障害を含む），特定の難病のある患者，障害児である。市町村にサービスを新規申請する際には，障害者手帳などの書類の提示が求められる[4]（図③）。障害福祉サービスは，障害者本人または障害児の保護者が市区町村に申請し，市区町村による調査後に，障害支援区分が決定され，相談支援専門員によるサービス等利用計画が作成される。その利用計画に基づきサービスが提供される（表①）[10)-14)]。

障害者手帳は，心身に障害を有していることを示す証明書であり，「身体障害者手帳」，「療育手帳」，「精神障害者保健福祉手帳」の3種類がある（表②）[10)11)14)]。障害者手帳の取得によって税金の軽減や手帳の提示で割引を受けられるサービスなどがあるが，手帳の申請はあくまで個人の自由意思で行うものである。

③障害者の高齢化にともなう支援制度について

近年では遺伝性疾患のある人の生命予後が改善し，高齢となるケースもある。65歳になると，

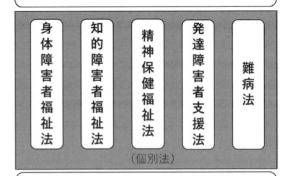

図② 障害者施策の法体系（文献4より改変）
障害分野の法体系を示す。土台となる基本法の上に個別法がある。

3. 遺伝性疾患と福祉制度

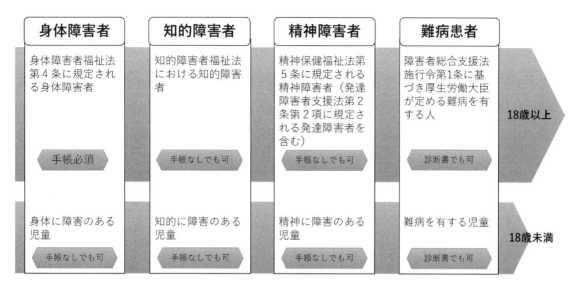

図❸ 障害者総合支援法の対象（文献4より改変）
障害者総合支援法の対象は，身体障害者，知的障害者，精神障害者（発達障害を含む），特定の難病患者，障害児である．サービスを利用する際には障害者手帳など障害を有することを証する書類を窓口に提示することが求められる．

表❶ 障害者総合支援法のサービス概要（文献10〜14より改変）

給付・支援等		利用できる者		内容
		障害児	障害者	
介護給付	居宅介護（ホームヘルプ）	○	○	居宅で入浴，排泄，食事の介護等を行う
	重度訪問介護		○	重度の肢体不自由者または重度の知的障害もしくは精神障害により，行動上著しい困難を有する者であって常に介護を必要とする人に，居宅で入浴，排泄，食事等の介護や外出時の移動支援，入院時の支援等を総合的に行う
	同行援護	○	○	視覚障害により，移動に著しい困難を有する人が外出するとき，移動に必要な情報の提供や介護を行う
	行動援護	○	○	自己判断能力が制限されている人が行動するときに，危険を回避するために必要な支援，外出支援を行う
	重度障害者等包括支援	○	○	介護の必要度が極めて高い人に，居宅介護，生活介護，短期入所等複数のサービスを包括的に行う
	短期入所（ショートステイ）	○	○	居宅で介護する人の疾病，介護疲れ，旅行，あるいは本人の希望により，短期間，夜間も含め障害者支援施設で，入浴，排泄，食事の介護等を行う
	療養介護		○	医療と常時介護を必要とする人に，主に昼間に病院等の施設において，機能訓練，療養上の管理，看護，医学的管理の下における介護および日常生活上必要な支援を行う
	生活介護		○	常時介護を必要とする人に，主に昼間に，障害者支援施設等において，入浴，排泄，食事などの介護等を行うとともに，創作的活動・生産活動等の機会を提供する
	障害者支援施設での夜間ケア等（施設入所支援）		○	入所している施設で，主に夜間に，入浴，排泄，食事の介護等を行う

（次頁へ続く）

■各 論

（表1の続き）

給付・支援等	利用できる者		内容
	障害児	障害者	
訓練等給付 自立訓練 （機能・生活訓練）		○	自立した日常生活または社会生活を営めるよう，一定期間，身体機能または生活能力の向上のために必要な訓練を行う。機能訓練と生活訓練がある
就労移行支援		○	一般企業等に就労を希望する人に一定期間，就労に必要な知識および能力向上のために必要な訓練を行う
就労継続支援 A 型 （雇用型）		○	一般企業等への就労が困難な人に，雇用契約に基づいて就労の機会を提供し，生産活動その他の活動の機会を通じて，就労に必要な知識や能力の向上のために必要な訓練を行う
就労継続支援 B 型 （非雇用型）		○	一般企業等への就労が困難な人に，雇用契約を結ばずに就労の機会を提供し，生産活動その他の活動の機会を通じて，就労に必要な知識や能力の向上のために必要な訓練を行う
就労定着支援		○	一般就労に移行した人の就労の継続を図るため就労にともなう生活面の課題に対応するための支援を行う
自立生活援助		○	施設入所支援や共同生活援助等を受けていた人が，居宅での自立した生活に必要な理解力・生活力等を補うため，定期的な居宅訪問や随時の対応により，日常生活における課題を把握し，必要な支援を行う
共同生活援助 （グループホーム）		○	共同生活を行う住居において，相談，入浴，排泄，食事の介護等を行う。介護サービス包括型と外部サービス利用型と日中サービス支援型がある
相談支援 計画相談支援		○	• サービス利用支援：障害福祉サービス等の申請に係る支給決定前に，サービス等利用計画案を作成し，支給決定後にサービス事業者等との連絡調整等を行うとともにサービス等利用計画の作成を行う • 継続サービス利用支援：支給決定されたサービス等の利用状況の検証を行い，サービス事業者等との連絡調整等を行う
相談支援 障害児相談支援 （児童福祉法）	○		• 障害児支援利用援助：障害児通所支援の申請に係る支給決定前に，障害児支援利用計画案を作成し，支給決定後にサービス事業者等との連絡調整等を行うとともに，障害児支援利用計画の作成を行う • 継続障害児支援利用援助：支給決定されたサービス等の利用状況の検証を行い，サービス事業者等との連絡調整等を行う
地域相談支援		○	• 地域移行支援：障害者支援施設，精神科病院，保護施設，矯正施設等を退所する人，児童福祉施設を利用する 18 歳以上の人に対して，地域移行支援計画の作成，相談による不安解消，外出への同行支援，住居確保，関係機関との調整等を行う • 地域定着支援：居宅で単身等で生活する人を対象に，常時の連絡体制を確保し，緊急時に緊急訪問等の必要な支援を行う
地域生活支援事業 移動支援			円滑に外出することができるよう，移動を支援する
地域活動支援センター			創作的活動または生産活動の機会の提供，社会との交流の促進を行う施設
福祉ホーム			住居を求めている人に，低額な料金で居室等を提供し，日常生活に必要な支援を行う

3. 遺伝性疾患と福祉制度

表❷　障害者手帳の概要 (文献 10, 11, 14 より)

	身体障害者手帳	療育手帳	精神障害者保健福祉手帳
障害分類	・視覚障害 ・聴覚・平衡機能障害 ・音声・言語・そしゃく障害 ・肢体不自由（上肢不自由，下肢不自由，体幹機能障害，脳原性運動機能障害） ・心臓機能障害 ・じん臓機能障害 ・呼吸器機能障害 ・ぼうこう・直腸機能障害 ・小腸機能障害 ・ヒト免疫不全ウイルスによる免疫機能障害 ・肝臓機能障害	・知的障害	・統合失調症 ・気分（感情）障害 ・非定型精神病 ・てんかん ・中毒精神病 ・器質性精神障害（高次脳機能障害を含む） ・発達障害 ・その他の精神疾患
等級	1-6 級 （等級表は 7 級まであるが手帳交付対象は 6 級まで）	自治体によって異なる	1-3 級
根拠法	身体障害者福祉法 （昭和 24 年法律第 283 号）	療育手帳制度について （昭和 48 年厚生事務次官通知）	精神保健及び精神障害者福祉に関する法律 （昭和 25 年法律第 123 号）
交付主体	都道府県知事，指定都市の市長，中核市の市長	都道府県知事，指定都市の市長	都道府県知事，指定都市の市長
その他	・診断書の作成は指定医に限られる ・障害が重複する場合はそれぞれの診断書を提出する ・基本的に有効期限はない	・知的障害者更生相談所の判定が必要となる ・18 歳未満は児童相談所で判定する ・自治体ごとに再判定を行う年齢が定められている	・初診から 6 ヵ月以上が経過している ・手帳の等級は障害年金に準じている ・2 年ごとに更新が必要となる

障害福祉サービスの利用者も介護保険制度の第 1 号被保険者となるため，障害福祉サービスから介護保険サービスへの移行が促される。法律上，原則的に介護保険による給付が優先されるためである。そのことによって，これまで利用者負担のなかった人にも自己負担金の支払いが発生することになるため，それまでに移行の準備を進める必要がある[4]。

おわりに

社会福祉の支援が必要な人に対し，その身体的・精神的状況に応じるだけではなく，その状況に至った経緯やどのような家庭環境や社会的状況に置かれているかを理解し，必要なサービスが提供されなければならない[1]。

遺伝性疾患のある人は，いまもしくは将来的に，社会福祉の支援を必要とするかもしれない。日本において社会福祉制度を利用するには，自動

的に手続きが進んでいくような制度設計ではなく，本人もしくは家族が市区町村の窓口へ申し出ることによって手続きが進む。その人が必要とする助成を適切に受けるために，支援者も制度について知っておき，情報提供ができることが望ましい。支援に関する情報が提供されず，受けられるはずの支援を受けていないということにならないよう気をつけたい。最後に，ゲノム医療がどんなに進んでも，人は社会の中で生きる存在である。遺伝性疾患や障害の有無によらず生きやすい社会環境の整備が望まれる。

参考文献

1) 厚生労働統計協会編集：厚生の指標 増刊 国民の福祉と介護の動向，61-183, 2023.
2) 大久保秀子：新・社会福祉とは何か 第 4 版, 1-156, 中央法規出版，2022.
3) 社会福祉の動向編集委員会編集：社会福祉の動向 2024, 112-254, 中央法規出版，2023.
4) 「ケアマネジャー」編集部：ケアマネ・相談援助職必

全ゲノム・エクソーム解析時代の遺伝医療，ゲノム医療における倫理・法・社会

■各 論

携 現場で役立つ！社会保障制度活用ガイド 2023 年度
版, 92-281, 中央法規出版, 2023.
5) 厚生労働省：令和 4 年 6 月に成立した改正児童福祉法
について
https://www.mhlw.go.jp/stf/seisakunitsuite/bunya/
kodomo/kodomo_kosodate/jidouhukushihou_kaisei.
html（2023 年 12 月 7 日参照）
6) e-GOV 法令検索：児童福祉法
https://elaws.e-gov.go.jp/document?lawid=
322AC0000000164（2024 年 1 月 10 日参照）
7) こども家庭庁：令和 4 年 6 月に成立した改正児童福祉
法について
https://www.cfa.go.jp/policies/jidougyakutai/Revised-
Child-Welfare-Act/（2024 年 1 月 10 日参照）
8) 小児慢性特定疾病情報センター：令和 3 年 11 月 1 日
以降の小児慢性特定疾病の対象疾病リスト
https://www.shouman.jp/disease/R031101add（2024 年
1 月 3 日参照）

9) 二本柳覚編著：図解でわかる障害児・難病児サービス,
164-165, 中央法規出版, 2023.
10) 日本医療ソーシャルワーク研究会：2023 年度版 医療
福祉総合ガイドブック, 181-228, 医学書院, 2023.
11) 厚生労働省：福祉・介護
https://www.mhlw.go.jp/stf/seisakunitsuite/bunya/
hukushi_kaigo/index.html（2024 年 1 月 7 日参照）
12) 全国社会福祉協議会：障害福祉サービスの利用説明パ
ンフレット（2021 年 4 月版）
https://www.shakyo.or.jp/download/shougai_pamph/
index.html（2024 年 1 月 7 日参照）
13) e-GOV 法令検索：障害者の日常生活及び社会生活を
総合的に支援するための法律
https://elaws.e-gov.go.jp/document?lawid=417AC0000
000123_20230401_504AC0000000104（2024 年 1 月 7
日参照）
14) 神原容子, 三宅秀彦：周産期医 52, 681-686, 2022.

神原容子
2014 年　お茶の水女子大学大学院人間文化創成科学
　　　　研究科ライフサイエンス専攻遺伝カウンセ
　　　　リングコース博士前期課程修了
2020 年　同博士後期課程単位修得満期退学
　　　　お茶の水女子大学ヒューマンライフサイエ
　　　　ンス研究所特任助教

各論

4 当事者の思いと当事者団体の役割

太宰牧子

遺伝医療，ゲノム医療の発展や普及に伴い，ゲノム情報が多様な疾患の診療や研究に活用されるようになった。当事者も医療・教育・日々の生活の中でゲノム医療に関わる情報を得られる機会も増え，幅広い領域で患者や血縁者の診療・健康管理に役立てられることは実感しつつある。今後より質の高い適切なゲノム医療を国民が安心して受けられる体制を整備するためには，ゲノム情報の適正な取り扱いはもちろんのこと，生命倫理，社会的不利益や差別防止への配慮や理解・対策へ導くための継続した議論と当事者等との情報共有は欠かせない。当事者の立場からみる社会的課題と，遺伝性疾患当事者支援における役割について考えたい。

Key Words

遺伝性疾患当事者支援，遺伝，ゲノム医療，倫理的・法的・社会的課題（ELSI），患者市民参画（PPI）

はじめに

ゲノム医療における当事者団体（会）の役割について私の考えをお伝えする前に，「当事者会」について改めて考えてみたい。医療において当事者というと訴訟法上で相対立する関係の印象が強く，患者や市民からも当事者会と患者会の違いを問われることが多くあった。なぜだか，何か大きな問題を抱えていたり，公に法的・社会的に訴えかけたりといったイメージが強い団体にみられることも往々にしてある。社会に訴えかける活動は間違えではないし大切な役割である。方向性によっては当事者が近づけない本末転倒な事態になりかねないので，会の中でも活動内容に沿った役割があることを誤解されないように伝えている。

患者支援を目的とした「患者会」は患者本人で構成され，一般的に当事者会よりも〜の患者会と呼ぶことが大半であろう。患者に限定していない場合や深い関わりをもつ当事者であれば，親の会，家族の会，遺族の会で構成されている場合もある。医療者や施設が主体となって運営されている会も多く存在する。また昨今では，疾患の異なる患者会の横のつながりや連携を保ち，共通する課題解決・情報共有を主とし多様性を重視した取り組みを実施している組織も難病に限らず増えたことは，今後のゲノム医療対策や社会的課題解決には大きな力となるだろう。

2014年に遺伝性乳がん卵巣がん当事者会「クラヴィスアルクス」を発足させた。「患者会」ではなく「当事者会」として立ち上げたのには大きな理由がある。2011年に乳がんと診断された私は，直ぐに遺伝学的検査を受けた。生殖細胞系列の遺伝子，*BRCA1*遺伝子に病的変異があると診断された。遺伝性がんと診断されるまでの間に数回にわたって遺伝カウンセリングを受診し，同じ体質をもつ血縁者がいる可能性を知ることができた。同時にそれは遺伝性乳がん卵巣がんに限らず，他の疾患でも遺伝子変異を有しても発症していない，またはすることがない「未発症の保持者」や疾患によっては「保因者」が多く存在することを知ることができた。何らかの疾患を発症していれば「患者」となり治療を受けることが可能だ。

■各 論

しかし，発症していない未発症保持者は患者と認めたくない一方で，心理的にも経済的にも未発症だからこそその不安や苦悩があり，「発症していないのだから良いだろう」と一言で解決できるようなことではない。誰もが病を発症する恐怖や不安の中で生きていたいとは思わないだろう。それでも健康管理は欠かさないことが理想的だ。体質やリスクを知った当事者が，遺伝医療を最大限に活用するためには，情報収集や医療対策は発症前から必要であり，たとえ遺伝子変異を有することがなくても人々は遺伝医療・ゲノム医療を平等に知り考える権利があるのだと強く感じ，患者に限定していないことを強調し「当事者会」と決めた。客観的には患者会も当事者会だと思われるかもしれないが，そこに込める思いや願いは深いことを知っていただけたらと思う。

　がん・難病の患者本人，そして血縁者。私たちは，当事者会や患者会を通じて医療者や研究者から多くの情報と学びを得ることにより，結果を受け入れ，前進し続けている。医療を受ける側，研究対象者側だけではなく，提供する側も意識し，ゲノム医療に必要な膨大かつ複雑な情報を柔軟に伝えなければならない。遺伝医療，ゲノム医療では誰もが「当事者」であることを意識し，課題解決に挑むことが重要だと考える。

　この後の項では，患者，患者家族，市民としての当事者視点で遺伝医療・ゲノム医療を推進していくうえで必要不可欠な課題と遺伝性腫瘍当事者会として役割についてお伝えする。

Ⅰ．目の前にあるがんゲノム医療が気づかせてくれる生命倫理

　がん対策推進基本計画の現状では，がんゲノム医療中核拠点病院の整備が進められ，すべての都道府県にがんゲノム医療中核拠点病院を中心に拠点病院，連携病院が整備されている。しかしながら，当事者にとってどれだけの人がその存在と役割を認識しているのだろうか。私たちにとってがんゲノム医療は，自分や血縁者ががんによって体力を奪われ，未来を描くことに希望を見出せなくなりそうなほどの症状や苦しみから救われるかも

しれない僅かな希望がそこにあり，それが手の届く範囲の費用と場所で診察や検査，治療が迅速に受けることができるかということではないだろうか。さらに標準治療終了後の状態では，多くの患者が全身状態の悪化や臓器機能が悪化した状態でパネル検査の対象になることすら叶わず，検査ができたとしても治験や臨床試験の参加条件を満たせずに断念せざるを得ない患者や，挙げ句の果ては結果を待たずして命を落としてしまう患者もいることは，がんゲノム医療に携わる医療者，研究者であれば誰もがご存知のことであろう。当事者視点では，保険未収載の頃に比べて主だった変化は患者側が負担する医療費で，保険適用に該当する医療であったとて，受けることのできる対象者や時期，すなわち根本的な医療提供体制について変わりがないことに多くの疑問をもつ。過去から現在にかけて，患者や患者家族同様にその提供体制に疑問をもち共に訴えかけている専門家や医療者の声が届かないことも大きな疑問だ。日々がん診療で目の前の患者と向き合い治療計画を立てている医療現場の声が届かずに定められる医療に，その人の命を守りたいと願う気持ちや倫理観はあるのかと声を大にして問いたい。生命の危機を目の前に示される前にしかできない医療がゲノム医療ではないと理解していた心は，がんゲノム医療の提供体制の現状を考えるたびに打ち砕かれる。

　この後も繰り返しお伝えすることになるが，治療の時期，高額医療費，地域格差等々，誰もが手の届かない医療のままでは，国民が安心して受けることの医療にはならないと考える。エキスパートパネルの人材確保も大きな課題だが，がんを発症した時点でがんゲノム医療や多種多様なパネル検査を活用し，個々に必要なタイミングで実施することは，すでに発症し，現時点でがんと向き合っている患者を含め，誰一人取り残さずにがん対策が推進でき，国が目指す良質で適切なゲノム医療を提供できる体制と言えるのではないだろうか。全ゲノム解析に大きな希望を抱きつつも，まずは目の前にあるがんゲノム医療を一次治療に結びつけることや，難病においても同様に当事者が理解し選択のできる医療提供体制が望まれてい

104　　全ゲノム・エクソーム解析時代の遺伝医療，ゲノム医療における倫理・法・社会

る。当事者会としては，目の前の患者や血縁者の支援，斡旋や紹介所ではないが求めている人らが後悔なく，納得のいく治療を受けることができるよう医療者と協働した啓発の取り組みや情報提供により橋渡しができる体制を強化したい。

Ⅱ．着床前遺伝学的診断と倫理的課題

　遺伝性乳がん卵巣がん（HBOC）の当事者会を立ち上げてから現在に至るまで，様々な場面で着床前遺伝学的検査（PGT-M）について問われる機会が増えた。がんを発症し当事者となった当初は，着床前診断についてはもちろんのこと，出産経験のない私にとっては出生前検査についても羊水穿刺の検査があるという程度の知識しかなかった。遺伝カウンセリングが私たち遺伝性腫瘍の当事者だけのものだと思っていた時代すらあったのだ。遺伝医療や様々な遺伝性疾患の当事者団体との交流を深め，それぞれの疾患や体質がもつ課題に直面し，妊娠後に胎児の状態を検査する出生前検査について浸潤性のある羊水穿刺だけではなく，浸潤性のない NIPT や胎児超音波検査，母体血清マーカーの存在，それらを結びつけ必要な情報を提供し支援する医療，遺伝カウンセリングの必要性も知ることになった。同時に，胎児の先天性疾患がわかった場合に検討すべきこと，それらに伴う当事者の考え方の違い，倫理観，医療やサポートをする側の必要な知識や情報，差別や偏見に対する適切な対応が必要であることを知ることができた。学会や遺伝医療に携わる医療者を通じて PGT-M についての学びは知識の向上や大きな支えとなった。

　最初に PGT-M について深く考えるきっかけは，とある医療者の囁きだった。「同じがんを発症するかもしれない子どもを産みたいですか？病気になる可能性の子どもなんて産みたくはないですよね。病気にならない子どもを妊娠する選択ができる時代になったのだから患者会として話を聞きに来ませんか？」そんな問いかけだった。その瞬間に，何を言っているのか理解しがたかった。出生前診断も着床前診断も不妊治療も生殖補助医療の一つと考えていたのだが，想像できると

思うが，別の何かを強要されているような気がした。そんな穏やかではない気持ちのままのスタートではあったが，当初から妊娠前に PGT-M を実施することは，移植する胚を選定することで人工妊娠中絶を避けられることや，女性の身体や心理的な負担が軽くなるのであれば，必要な人には提供されてもよい医療だと思う考えは今でも変わらない。良し悪しの判断や実施基準を第三者が決めるものではないことだと思った。

　遺伝性腫瘍や難病，何らかの障害をもつ当事者との出会いを通じ，それぞれの考え方や思いや声に耳を傾けると，それぞれの経験，家庭環境，経済状況，家族，ボランティア，患者会や自治体からの支援をどのように受けてきたか，受けることができるか，自分自身の生き方や，生まれてくる子どもへの影響，多様な考え方・生き方が存在していることからその思いはさらに強くなった。

　当事者の多様な考えが存在する中で，PGT-M は国内で小児期に発症するような重篤な遺伝性疾患を対象とし承認・実施されてきたが，RB（網膜芽細胞腫）の当事者会の訴えを機に 2019 年より公益財団法人日本産科婦人科学会が「着床前診断に関する倫理審議会」を立ち上げた。当時，私も委員として務めさせていただいたが，国内のPGT-M に対する理解や整備が十分ではないことを再確認することができた。当事者や当事者会，患者会，有識者等と議論を重ね，2022 年には日本産科婦人科学会が「重篤な遺伝性疾患を対象とした着床前遺伝学的検査に関する見解」を改訂し，これまで適応外とされていた遺伝性腫瘍へも適応拡大の可能性を示した。この議論をきっかけに多くの当事者や市民が PGT-M を知り，考えを共有する機会を得ることができた。

　HBOC の当事者会の中でも多くの議論や声を聴くようになったので一部を紹介する。

【否定的な考え】
- 命の選別ではないのか。
- 着床前検査も出生前検査も必要な技術なのだろうか。どんな子でも我が子はかわいい。
- 医療技術としては安心か？
- 学会や国の考える基準が曖昧なことは危険では

■各　論

ないのだろうか。

- 着床しているのであればそれはもう命ではないのか。
- 倫理的にはどうなの？
- 自分自身が否定されているような気持ちになる。

【肯定的な考え】

- 生まれてくる子どもに健康であってほしい。
- がんになるリスクはできる限り抑えたほうが良い。
- 自分のような辛い経験はさせたくない。
- 自分が子どもに遺伝させてしまったら一生後悔すると思うから。
- 患者が減れば医療費も削減できるのだから，原因がわかって対策ができることは素晴らしいことではないのか？
- 病気の可能性を減らせる技術が進んだことは素晴らしいと思う。
- いまがんで苦しんでいる人や障害をもつ人たちの存在を否定しているわけではない。
- 健康な子どもを産まなくてはいけないプレッシャーが大きいので，できることはしたい。

このように，当事者会の中でも多様な意見が交わされるようになった。また，現在の医療提供体制や安全性，社会的批判を受けることはないかなどの質問も多く受けるようになり，経験者の声も求められるようになった。今後も同様の課題で経験や考え方を共有する継続した取り組みは当事者会として大きな役割である。がんに限らず多様な遺伝性疾患の当事者との交流を妊娠・出産を考えている女性にも多くもって欲しいと願う。

遺伝医療当事者に関わる妊娠・出産問題は生命倫理の中で議論され続けているが，実際には私たち当事者が抱えてきた苦悩や過ごしてきた環境や背景を理解することなく否定も肯定もできないだろうと思うことが多くなった。検討する上では当事者の声をありとあらゆる角度で傾聴する必要があるだろう。当事者として考える課題は，PGT-M が安心安全に，生命倫理に配慮し技術が伴う医療を国内で提供できること，そして当事者

に知ることや考える権利を平等に与えることではないだろうか。生殖補助医療にありがちだが，“この患者には必要ないだろう”という思い込みが存在してはならない。

当事者会の方向性としては，どちらの選択をしても本人や生まれてくる子どもたちが守られる社会であるべきだとの結論に至っている。すでに生を受けてこの世に存在している私たちが，どちらかを推奨・否定することではなく，個々の考えを尊重する。誰もが生きるうえでの教育や労働，結婚等々の生活環境が確保できる体制整備と，偏見や差別から守られるような社会を構築するために，当事者会として中立的な立場を保ち最新の情報を共有できることを目指している。

Ⅲ．ゲノム医療施策に欠かせない適切な配慮・対応の確保

遺伝性疾患の当事者会として長きにわたって，ゲノム情報の適切な取り扱いや，差別や偏見に対する適切な法整備を求めてきた。この願いは多くの当事者団体（患者会），連合会，協議会，学会や関連研究事業，企業等の関係各所が一つになり届けられた。取りまとめご尽力くださった皆さまには心より感謝したい。結果，議員立法として2023 年 6 月に公布・施行され歴史的な大きな一歩を踏み出すことができた。2024 年現在は「良質かつ適切なゲノム医療を国民が安心して受けられるようにするための施策の総合的かつ計画的な推進に関する法律」として基本計画の策定をはじめとして基本的施策が議論され進められている。国民が安心のできる法的制度が整うことにより，全ゲノム解析やゲノム医療が当事者である私たちのみならず国民や患者に還元されることへの期待は大きい。

基本的施策には倫理的・法的・社会的課題（ELSI）について適切な配慮の確保や対応が示されている。すでに実装されているゲノム医療の問題点を中心に関係各所と当事者・国民の声が積極的に取り入れられ，ゲノム情報が適切に取り扱われ，差別等への具体的な対策の検討が望まれる。

私たち当事者にとって，個人情報保護に関する

意識が医療，医学研究，二次利用どれを取っても徹底した管理下で適切に取り扱われていることが大前提である。個人的には，ゲノム情報だから厳格な管理ということではなく，根本的に医療情報や個人情報の取り扱いについては十分な配慮のうえ，安全な管理がされているものだと願いたい。その上で，より安心安全な状態で個別化医療に不可欠な情報を，予防・診断・治療と一連の流れの中，多診療科と共有することで本人や血縁者の診療に活用されることを周知する必要がある。これらの理解や情報共有が十分ではないことが，ゲノム情報を基に適切な医療を受けられないだけではなく，ゲノム情報が私保険や就労，血縁者間の人間関係に影響を及ぼすのではないかと当事者の抱える大きな不安要因につながる。今後も継続して研究事業における患者市民参画（PPI）や，当事者支援の場を活かし，問題点を浮き彫りにし，専門家と共に改善へと導くことも当事者会の大きな役割だと考える。

IV．遺伝情報を解析する責務

遺伝医療が日常診療に取り入れられるようになり，体質やがんの特性によって治療が可能な時代となり，遺伝医療への社会的な理解も急速な勢いで深まったと感じている。さらに多くのゲノム情報が解明され，希少がんや難治性がん，難病の早期診断，治療法の開発・確立がされることも遠い未来の話ではないだろう。実際に遺伝性乳がん卵巣がんの診療では，がん発症者に限定してはいるものの遺伝子検査，リスク低減手術やサーベイランスが保険収載化され，予防や再発の早期発見，体質に合った治療が手の届きやすいところまで近づいてきた。法整備も進み，あと私たちに残された願いとなすべき課題は何かと考える。

細かな課題もあるが，大きななすべき課題と目標を示すのであれば，それは *BRCA1/2* 遺伝子の病的バリアント保持者の未発症者への対策だろう。血縁者間で情報を共有することが大切とされながらも，対策が十分でないために適切な医療を受けていない，受けられない当事者は少なくはない。発症リスクだけを示され，不安を抱えたまま

がんを発症し，保険適用で治療を受けられればそれで良いのであろうか？

HBOC 診療の中で，血縁者の検査を実施することは，予防，早期発見，健康管理にも役立つと言われ続けてもう何年もの時が過ぎている。その間，遺伝学的検査を受けて HBOC と診断されても，発症していない当事者は自費診療で検査を受け続けているのだ。もはやがんを発症した場合の医療費に近づいているか，超えている場合も考えられる。「健康なのだから無駄に，国の医療費を使わないのは当然」と非難されたこともあるが，そのような意識で全ゲノム解析やゲノム医療の発展は進むのだろうか。治療薬開発のためだけにゲノム医療が存在するわけではないし，病を発症してからも辛いが，発症前の心理的負担は想像以上に大きい。「がん先制医療」の先駆けとして HBOC 診療に関わるすべての対策が解決しなければ，他の遺伝性腫瘍の対策も進まなくなるのではないだろうか。遺伝医療の今後に期待されることは多い，血縁者の検査や病院に通い続けてがんを待つことではなく，日々の生活で心穏やかに笑顔で過ごす時間を増やすためではないだろうか。

血縁者の遺伝学的検査や検診費用の一部の医療費助成を，とある自治体が開始した。このような対策が拡がることは，保険収載化に向けても良いきっかけにつながるであろう。また遺伝医療や体質について意識も高まるだろう。各自治体や企業の支援に今後も期待したい。そのために各自治体への働きかけや，声の届きにくい地域での活動にも力を入れ，地域格差，医療格差のない社会を目指したい。

V．当事者団体の役割

一般的な社会人として生きていくうえでの倫理観と，遺伝性腫瘍当事者となり過ごす日々の倫理観は変わったかもしれないが，生きるうえでの根本的な考えに変化はない。大きく変化したことと言えば，遺伝医療やゲノム医療に携わるようになり，生命倫理は生命科学技術に関わる問題に加えて，命のはじまりや終末期の考え方にばかり存在し，重要視されることが中心だと理解していた

■各 論

が，これからを生きるための医療のファーストステップでも重要視されるべき考えだと思うようになった。

遺伝医療やゲノム医療がもたらす影響は，患者本人だけの問題ではないからこそ，国民の誰もが当事者になり得る可能性がある。患者や周囲を取り巻く人々が日々の健康管理からはじまり，検査，治療の選択肢を倫理・法・社会的な課題解決とともに当事者の置かれている背景や環境を考え，有意義に進めていかなければ，インフォームドコンセントやシェアドディシジョンメイキングといった生命倫理にも直結する医療提供体制の必要性が崩れてしまうのではないかと危惧していた時もあったが，これまでの時間，遺伝医療やゲノム医療の課題を医療者，研究者，専門家，そして当事者らと課題解決のために共に歩んで来られた

ことに感謝したい。

発症したがんや疾患ごとの当事者支援も必要だが，遺伝医療の本質を考慮すると遺伝子の種類に特化した当事者会や，類似した症状や疾患をもつ遺伝子変異保持者へ相互支援を行えるような組織として体制を整えていきたい。今後も当事者や市民に遺伝医療を正しく知ってもらうための支援，教育のサポート，総合的なピアサポートには地域医療との連携，医療従事者等との意見交換，情報共有を基に課題解決に努めていきたい。また，調査等研究事業への取組み，患者市民参画（PPI），政策提言，遺伝性疾患当事者が抱える社会的課題の解決とともに，適切なゲノム医療の実現と普及に寄与していくことを継続した目標としていきたい。

太宰牧子
ゲノム医療当事者団体連合会代表理事
特定非営利活動法人クラヴィスアルクス理事長

各論

5 患者・市民参画（PPI）

江花有亮

　新しい治療法および診断法の開発には医学系研究を通して得られる根拠が不可欠である。患者・市民がこのプロセスに関与するという取り組み，患者・市民参画という概念が広がっている。ゲノム研究の立案から発表までのあらゆる段階で，患者を含む様々な人々の協力を得て研究を進める患者・市民参画という考え方が広がっている。ゲノム医療においても同様であり，全ゲノム・エクソーム解析を含むゲノム研究を通してエビデンスを構築するにあたり，多くの患者・市民の協力が不可欠である。ゲノム研究を含む医学系研究において，患者・市民参画は欠かせない概念となっている。

Key Words

ゲノム研究，患者・市民参画，PPI

■ はじめに

　医学系研究は，新しい治療法および診断法の開発やすでに確立した手法の検証のために実施される。医学系研究において立案から発表までのあらゆる段階で，患者を含む様々な人々の協力を得て研究を進めることが望ましいという考え方が広がっている。ゲノム医療においても同様であり，全ゲノム・エクソーム解析を含むゲノム研究を通してエビデンスを構築するにあたり，多くの患者・市民の協力が重要である。医学系研究に関しては，対象者たりうる患者・市民が研究に参加する際に過度な負担や不利益を被ることがないように，研究の目的や内容に合わせて法令・指針が定められている。原則として，人を対象とする生命科学・医学系研究を実施する際には研究計画書を作成し，事前に研究倫理審査委員会で審査を受ける必要がある。その研究倫理審査委員会において，研究計画が開始する前に科学的な意義があるものなのか，研究参加者に過度な負担や不利益を与えないかという観点から審査する。研究対象者には，研究計画の詳しい説明を受ける権利や参加

するかどうかを自由意思に基づいて決める権利が保証されている。

　医学系研究の研究計画について審査する研究倫理審査委員会には，自然科学の専門家や人文・社会科学の専門家のほかに「一般の立場の委員」を任命することが課されており，研究対象者の立場からその研究計画の妥当性について審査をすることが求められている。近年，欧米では研究計画の立案の段階から，患者・市民の知見を参考にする試みが始まっている。研究計画の目指す方向性が受益者となりうる患者・市民にとって有益性が見込まれないような場合，その研究の意義については疑問が残る。そのため，英国などでは研究助成申請の際に，研究立案から論文の査読に至る様々な段階で患者・市民の知見を参考にすることを求めている。このように患者・市民の声を聴こうとする動きは研究にとどまらず，診療ガイドラインの策定や自治体の策定する地域医療構想などでも，患者・市民の意見を反映することが多い。本稿ではゲノム研究への患者・市民参画（PPI）についてまとめる。

全ゲノム・エクソーム解析時代の遺伝医療，ゲノム医療における倫理・法・社会

Ⅰ．患者・市民参画の定義

　研究において，一般の人々との関わり方を説明する際に使用する言葉として，参加（participation），エンゲージメント（engagement），参画（involvement）が挙げられる[1]。患者・市民が研究に関わる際，いくつかの段階が想定される。研究への関与として最も受け入れやすいのは研究への対象者としての参加であろう。次に市民公開講座などを通して実施する研究の進捗・成果の説明会などが挙げられる。これらはどちらかというと，研究者側から患者・市民に対して行うものであり，患者・市民は受動的な立場である。研究の説明会で，一般の人々の質疑応答を活発にするような形式をとることは可能であるが，研究内容やその成果を説明して理解を求める活動とは明確に異なる。患者・市民参画という場合，患者・市民側のより能動的な行動を指し，研究の内容を決める段階から最終評価に至るまで，必要と考えられる機会に研究者に対して意見を述べ，深く関わることを意味している。患者・市民との会議や対話の中では，医療やゲノム研究になじみのない一般の人々にとって理解しやすく説明し，一方的ではなく，双方向的に取り組むことが推奨されている。これらの活動はしばしば相互関連していることが多く，相互に補完しあうことができる。

Ⅱ．患者・市民参画の意義

　いくつかの観点から患者・市民参画の意義が指摘されている。第一に，研究者が医学系研究の計画立案から終了に至るまでの様々な段階で，研究対象者の立場を想像できる人々の意見を聴くことは，研究倫理の観点から望ましいと考えられている。患者や家族は研究者が想定していなかった点に強く問題意識をもっているケースもあり，このような研究者と異なる視点によって研究の方法論や説明内容の質の向上を期待することができる。好例として，米国の協働的パートナーシップは途上国での臨床試験・知見において，研究対象者に関連するコミュニティとの継続的な関与が挙げられる。そのコミュニティが大切にする価値や文化を尊重したうえでパートナーとして責任を分担すべきであるとの見解であり，この考え方は国際的な研究倫理ガイドラインにおいても反映されている[2]。研究参加者やその人が所属するコミュニティには，研究開発の最初から最後まで関わってもらうことが重要であり，研究者だけでなく研究助成機関や政府機関にも，研究参加者や関連するコミュニティの早い段階からの参画が実現するように求めている。

　第二に，患者・市民参画には専門家ではない立場の経験知を活かすという意義がある。研究者がもつ専門知では解決できない課題や見出せない視点に対して，患者・市民がもつ経験知が研究の改善や進展に寄与する可能性がある。ある研究成果が，研究者から見て重要な知見とは見えなくても，実際に病気とともに暮らす患者や家族の視点からは大きな発見や喜びにつながる可能性はある。人々の行動変容を促すという意味でも患者・市民の知恵を活かすことが重要である。世界保健機関（WHO）が採択した市民参加型ヘルスケアシステムにおける戦略の中に，「人々を巻き込み，力を与える」と明文化され，健康に関する事柄を自分たちで意思決定する力や資源を獲得し，積極的に施策に関与することを求めている。研究者が科学的確証の根拠となる知見を得たとしても，人々の行動変容へつなげることは容易ではないが，当事者である患者・市民が行動することで社会を変える可能性がある。

　第三に，患者・市民参画は研究について民主主義的な志向をもった活動であるともいえる。欧州の科学技術政策に，責任ある研究とイノベーションの実践という理念があり，社会と調和した科学技術の進展やイノベーションの実現にとって，市民が民主主義的なプロセスへ活発に参加することや，そのプロセスを支援することを通して，科学リテラシーの高い社会づくりに貢献可能であると考えられる。こうした関与が研究計画やその結果に多様な考え方や創造性をもたらすことが期待されている。専門家だけが議論して決めるよりも，患者・市民が参加することで研究に新たな価値を生み，人々にとっては研究が身近なものとなる。

日本の科学技術基本計画にも同様の理念が盛り込まれ，「医療分野研究開発推進計画」でも，研究立案の段階から被験者や患者の参画の促進と，臨床研究や治験の意義について啓発活動の積極的推進の重要性が示されている。2000年代に入ってから，欧米の医薬品・医療機器の審査・承認を担う規制当局は，患者・市民と直接意思疎通を図るようになり，現在では具体的な施策として進展している。日本においても，その重要性が少しずつ認識されてきている。

Ⅲ．ゲノム研究の特殊性

　ゲノム情報は実地臨床においてますますその重要性が高まっていくと考えられる。ゲノム研究には他の医学系研究とは異なる様々な特徴がある。ゲノム研究の手法として，家系内の発症者と非発症者のゲノム情報を比較するものと一般人口を対象とするコホート研究において，多数の効果の小さな遺伝子座位を特定するものがある。いずれの場合でも，ゲノム構造から捉える手法が日々開発・改良が加えられており，ゲノム情報は長期にわたって継続的に利活用されると想定される。ゲノム研究によって得られたデータをもとに科学的堅牢性を確立することや臨床へ適用することには様々な困難がある。例えば，医薬品の有効性・安全性の評価を目的とする研究の解析手法はほぼ確立したと言えるが，ゲノム情報については配列決定法で確定的に得られた結果であっても，その解釈法は現時点で急速に進歩・変化している領域であり，過去の解釈が覆ることもしばしばである。

　ゲノム情報そのものの特殊性として，生涯において変わることのないという不変性，疾患発症前にリスクがわかってしまうという予測性，家系内でその情報をもつ共有性がある。必ずしも患者のみがゲノム研究の利害関係者であるとは限らず，その血縁者，あるいは血縁関係のないバリアント保持者にも影響が及びうる。加えてゲノム情報は個人情報にもなりうる。個人情報の保護に関する法律において，全ゲノムシークエンスデータなどは個人識別符号に該当する。バイオバンクなどの場合は生涯にわたって個人情報が取得されること

も念頭に，その情報が多くの人々の健康に寄与する反面，自身の情報の漏洩のリスクや自身のゲノム情報を知ることで生じうる不利益を認識する必要がある。

　ゲノム情報が単独で個人情報でありうること，ゲノム情報の特殊性によって不適切に取り扱うことで対象者が不利益を被りうること，ゲノム情報が直ちに臨床実地へ応用することが難しいことなど，患者・市民参画を実施する際にはゲノム研究に関する現状を理解してもらう必要がある。全ゲノム・エクソーム解析を行うコホート研究などでは，ゲノム情報と長期間にわたる個人データを用いることが多い。個人データの使用について透明性を確保することで信頼性を高めることとなる。さらにシークエンスデータはその後長期間にわたって新しい知識を生み出す礎になることもある。そのために，さらにデータの品質の向上が求められる。得られた成果を，プレスリリースなどを通して利害関係者へ還元することで当事者の利益とつながり，さらに診療や次の研究へとつながる。

Ⅳ．ゲノム研究における患者・市民参画

　ゲノム研究における患者・市民参画の候補となりうる利害関係者は患者およびその家族だけにとどまらず，一見全く関わりのない人たちも当事者となりうる。現時点で発症していない病的バリアント保持者や，自身は発症しないものの病的バリアントを次世代へ継承しうる保因者，加えてまだ家系において遺伝性疾患を想定できず，かつ自身の遺伝子解析を受けていない人も，可能性は低いものの突然変異の可能性を考えると含まれうる。例えば地域コホート研究の場合，人口統計的な広さや特定の地理的な背景をもつこともある。その住民を対象に実施する研究では健常人を含めた市民も対象者として参加する。研究をきっかけに遺伝子解析を受けて偶発的に知った場合，ゲノム情報の不変性や予測性から期せずして当事者となる可能性がある。地域住民たちの多様性を認識したうえで，専門家だけでなく想定可能なあらゆる利害関係者との集団的な協働作業を進める計画が必

全ゲノム・エクソーム解析時代の遺伝医療，ゲノム医療における倫理・法・社会

■各　論

要である。ゲノム研究における患者・市民参画では研究の目的に合わせて，より多様性を意識したチーム構成にする必要がある[3]。

　次に，公平性の観点から研究者と非研究者の間の適切なバランスを保つ必要がある。このような人々に求められる資質として，研究に関心をもち，その研究における患者・市民参画の意義や役割を十分理解できている人である。研究のあらましや研究者が解決したいと考える事柄を理解する努力をし，躊躇なく疑問を払拭できる能力が挙げられ，そのうえで自分の経験の中から研究の助けになる部分を推測できる人が望ましい。

　研究の立案から成果報告までのあらゆる場面で，関わっている研究の及ぼす影響について，医療だけでなく社会全体の中の位置づけを検討することになるだろう。患者・市民はゲノム研究のもつ影響や価値を当事者として，それぞれの立場から客観的に特定する。医療・研究領域のみの文脈ではなく，社会の要請に合わせるようにチーム全体として意識する必要がある。そして想定される結果によっては，チーム内に対立や緊張が生じる可能性がある。ゲノムの配列決定で得られた成果は特定の集団にとって一定の価値をもつと期待されるものの，別の集団にとっては必ずしも歓迎できるものとは限らない。このような対立・緊張をリスクと捉えるのではなく，対話や熟慮，理解の機会と考える。その対立や緊張状態を回避せず取り組むことで，社会に起きうる対立・緊張の対処法が得られる。

　研究実施にあたり研究者は自らの利益相反状態について公表・管理を求められている。患者・市民参画においても同様であり，このような協働に関わる一般の人々も経済的取引や社会的役割の状況の申告が必要である。また研究計画には研究上の秘匿性が求められることがあり，守秘義務を課す必要がある。

V．患者・市民参画の具体的な方法

　患者・市民参画の第一歩は，研究者が患者や市民と直接接触する機会をもつことである。遺伝に関する学会では，患者・市民と研究者の交流の場

を設けていたり，患者・家族会が展示ブースを出しているケースが散見される。患者・家族会がない疾患の場合は通院している患者に診察室で話を聞くことが考えられるが，患者・市民参画における研究者と患者・市民の関係は，主治医と患者の関係とは異なるため，診療ではない旨をはっきり伝える必要がある。いずれのケースでも重要な点は，患者・市民参画の目的を明確にすべきである。

　ゲノム研究の段階としては，研究領域・テーマ設定から始まり，研究計画の立案，研究資金の申請，データ収集，データ分析，研究結果の公表，研究結果の実用化，研究の総括で終わる。ゲノム研究の実施にあたり，患者・市民参画が最も効果の得られやすい段階はデータの収集方法を検討する段階と研究結果の公表と発信の方法を考える段階である。患者が参加しやすい研究形態にするために条件を検討することや，結果を公表するウェブページの作成や記述内容を相談することなどが考えられる。一方，データ分析や研究結果の実用化の段階などは難しいかもしれない。理想的な患者・市民参画としては，研究の初期の段階における会議の中でテーマの設定や立案に関わり，研究資金の申請，研究計画の完遂まで協働を続けるということである。目的の設定の段階から患者・市民，研究者がともに考えることが患者・市民参画の効果を高めるといわれている。

　このような患者・市民参画をゲノム研究の中でいざ実践するには，その参画する患者・市民にも研究の責任を分かち合う必要がある。参画の段階で患者・市民参画の意味や具体的な活動の目的を正しく理解していることが不可欠である。一般的な募集で取られている方法としては，申込用紙に志望動機を書いてもらうことや課題文を提示して作文を書いてもらうなどの方法がある。当然のことながら，患者・市民は研究者に比べて研究に関する知識が不足しているので，患者・市民参画の活動目的に応じて，事前に参考資料や意見を聴きたいポイントをまとめておくことが望ましい。実際の会議の場では，研究者自身が進行するよりも，患者・市民参画の趣旨を理解した中立的な立場の人が司会進行すると多様な意見を収集することが

5. 患者・市民参画（PPI）

できる。最終的に患者・市民参画を行ったあとの利点や変化について，検討の結果としてどの意見が研究に反映され，どの意見が見合わされたのか，その理由とともに研究者から参加した患者・市民へ報告する。

▌おわりに

医学系研究から得られるエビデンスによってゲノム医療は形成される。本稿では，患者・市民参画の定義や意義をゲノム研究の特殊性に合わせて記述した。これまで主に医師・研究者によって積み上げられてきたゲノム研究に，患者・市民が参画することは，研究倫理という観点，経験知とい

う観点，民主主義としての観点から重要である。ゲノム研究のもつ特徴を踏まえつつ，患者・市民が研究の立案から成果報告までチームの一員として参画することは，社会的に重要性の高い研究を実施するうえで不可欠の概念となっている。

・・・・・・・・・・・・・・・・・・ 参考文献 ・・・・・・・・・・・・・・・・・・

1) 患者・市民参画（PPI）ガイドブック
https://www.amed.go.jp/content/000055213.pdf（2024年1月参照）
2) 臨床研究等における患者・市民参画に関する動向調査報告書
https://www.amed.go.jp/content/000049456.pdf（2024年1月参照）
3) Murtagh MJ, et al : Wellcome Open Res 6, 311, 2021.

江花有亮	
1999 年	東京医科歯科大学医学部医学科卒業
2002 年	同医学部循環器内科入局
2004 年	理化学研究所遺伝子解析センターへ留学
2008 年	東京医科歯科大学大学院医歯学総合研究科循環制御内科学修了，博士（医学）
2015 年	同大学病院遺伝子診療科・生命倫理研究センター（現在に至る）

各論

6 遺伝子検査ビジネス

福田　令

　遺伝医学の知見の蓄積と遺伝子解析技術の進歩によって，個人の遺伝情報は一般医療として不可欠な情報となった。また，インターネットなどを通じて直接一般消費者に提供される遺伝子検査ビジネスは，一般市民にも広く知られるようになっている。遺伝子検査ビジネスについては，一般市民への啓発活動や医療者の知識向上も重要であるが，検査精度や科学的根拠の担保，倫理的社会的な課題があり，その在り方について検討していく必要がある。

Key Words

遺伝子検査ビジネス，DTC 遺伝子検査

はじめに

　遺伝医学の知見の蓄積と遺伝子解析技術の進歩によって，個人の遺伝情報は一般医療として不可欠な情報となった。近年，インターネットなどを通じて直接一般消費者に提供される遺伝子検査ビジネスは，一般市民にも広く知られるところとなっている。遺伝子検査ビジネスはどのようなものか，その現状と留意点，規制対応について述べる。

Ⅰ. 消費者向け（DTC）遺伝子検査ビジネスの実際

　一般消費者に直接提供販売される，いわゆるDTC（direct-to-consumer）遺伝子検査は，医療機関を介さずに，インターネットなどを通じて購入できる。検査を受ける人（消費者）が遺伝子検査キットの商品を購入し，自宅で採取した唾液等を事業者に送付することで，後日ウェブ上や郵送で検査結果を直接受け取る仕組みである。検査項目には，肥満などの特定の体質に関わるものから，100 以上の疾患罹患性や体質を一気に調べる検査キットもあり，数千〜数万円程度で販売され

ている。また結果に基づいたダイエット食の販売，エクササイズ等のサポートサービスを提供していることもある。他にも自身の遺伝的ルーツを探す祖先検査や子どもを対象とした才能・能力，親子鑑定などの血縁関係，カップルを対象にした相性を判定する検査もある。

　販売経路は多様化しており，前述したようにウェブ上で消費者と事業者が直接やり取りを行い，消費者に結果を返却する DTC 検査のほか，企業が消費者に直販するのではなく，提携医療機関を通じて検査受託をし，結果を返すという経路がある。非医療機関の美容院やフィットネス等の店舗で検査を受けて，その後サポートサービスを受ける経路も存在する。また，事業所の福利厚生代行サービスの一部として提供されていたり，医師が関与し自由診療や人間ドックなどの健診機関で購入する経路なども増加し，販売することに関心を寄せる医師もいる[1]。

Ⅱ. DTC 遺伝子検査でわかること

　DTC で提供されている糖尿病や肥満に関しては，複数の遺伝子や環境要因が疾患の発症に大きく関わる多因子疾患である。単一遺伝子疾患は

全ゲノム・エクソーム解析時代の遺伝医療，ゲノム医療における倫理・法・社会

疾患発症につながる原因遺伝子が存在しているが，DTCで提供される多因子疾患の解析対象の遺伝子は，原因遺伝子ではなく，感受性遺伝子と呼ばれるものである[2]。疾患感受性遺伝子は主にゲノムワイド関連解析（genome wide association study：GWAS）によって同定され，統計学的に罹患リスクに影響を与えるものであり，個々の遺伝子が発症に及ぼす影響は小さい。例えば，ある遺伝子に一塩基バリアントがあると，高血圧や糖尿病などのリスクが若干上昇するといったものである[2]。また，同じ遺伝子型をもつ群の発症リスク分布とそうでない群の発症リスク分布と比べた際のリスクの平均値を示しているのにすぎず，自身がどの程度疾患を発症するかを示すものではない。企業によっては，その上でポリジェニックリスクスコアという複数の遺伝子バリアントの影響を総合的に評価する手法をとっていることもある。

糖尿病や肥満については，いくつかの感受性遺伝子が報告されているが，DTC検査を販売する各社は多くの遺伝子多型から限られたものを選択して解析しているのが現状であり，その解析のアルゴリズムもほとんど公開されていない[2]。多因子疾患の遺伝要因の解明は，現在急速に研究が進められており，発症予防などの臨床応用が期待されているが，その臨床的有用性が証明されているものは少ない。検査結果を基に提案されている健康管理法などは，その根拠がさらに希薄である。

DTC遺伝子検査から得られる結果は診断に結びつくわけではなく，あくまで確率の情報を結果として返却している。遺伝子検査ビジネスを提供している企業は統計データと検査結果を比較しているのにすぎず，あくまで情報提供サービスであると主張しており，「医療」ではないとしている[3]。しかし，実際には医療行為に該当するような紛らわしいものも存在している。

Ⅲ．遺伝子検査ビジネスに関する留意点

自身の健康への関心から検査を受け，自身の行動変容を促し，最終的によい結果につながるという点がある。その一方で，結果が高リスクと判定された際に，消費者が誤った誤解のもとに医学的根拠のないような健康行動に向かう可能性がある。逆にリスクが低いという結果が出た場合に，本来存在するリスクを見逃してしまう可能性や，それまで行っていた健康行動をやめてしまう可能性があることが懸念されている[4]。遺伝専門職の介入や遺伝カウンセリングの体制がない場合が多いため，検査結果を消費者が正確に理解できるかが疑問である。

また消費者となる一般市民にとって，医療としての遺伝学的検査とDTC検査の意味するところの違いがなかなかわかりにくいことがある。検査の項目に「乳がん」が含まれていても，これが遺伝性乳がん卵巣がんの *BRCA1/2* 遺伝学的検査とどのように違うのかを説明できる一般市民はどのくらいだろうか。一般市民にとって，遺伝情報は影響力の大きい情報という認識を抱いている傾向があり，そのことによる誤解が生じる危険は存在している[5]。2014年に武藤が「遺伝子検査サービスを購入しようか迷っている人のためのチェックリスト10か条」を公表し，一般市民向けに啓発を行っている[6]。

企業側には検査の精度，科学的根拠，消費者への提供体制，個人の遺伝情報の取り扱いなどの課題がある。同じ検査項目であっても，検査の分析的妥当性（精度の高さ），解析対象であるバリアント，評価に用いるアルゴリズム，引用文献などが異なるため，検査結果の臨床的妥当性（意味づけや解釈）は検査会社によって異なる[7]。実際，結果のリスク判定に大きなばらつきがあることが日本の研究グループを含めて諸外国で報告されている[8]。科学的根拠とする研究論文などを情報として提供している企業もあるが，欧米系集団での結果が日本人にそのまま当てはまるわけではないことにも注意が必要である[2]。

また企業側から適切な情報の提供がない場合，消費者が混乱したり，誤った判断をする懸念もある。特に体質や生活習慣病の遺伝子検査ビジネスの広告を行う際には，消費者がリスクを診断できると誤解する恐れや，医療行為との誤認，類推される恐れがある[3]。Covoloらの報告によると，

■各論

企業が自身のホームページに記載している内容には偏りがあり，特に検査の手法，限界点，起こり得る不利益は記載されない傾向があった[8]。さらに，検査説明同意書には遺伝情報の取り扱いが明確に記載されていなかったり，十分なインフォームドコンセントなしに商業活動のためにデータを二次利用される可能性なども懸念されている。DTC遺伝子検査については，国際的にも種々のガイドラインや声明などが公表されており，日本でも日本人類遺伝学会や日本医学会が声明を公表している[4) 9]。

Ⅳ．未成年を対象にした遺伝子検査ビジネス

日本医学会ガイドラインでは，医療において，すでに発症している疾患を診断する場合や予防・早期治療が可能となる場合を除き，未成年のうちに遺伝学的検査を実施しないことの健康管理上のデメリットがない場合は，本人が成人し，自律的に判断できるようになるまで実施を延期すべきと定めている[10]。このように未成年の遺伝学的検査は慎重に提供されているのに対し，DTCとしては運動や学習能力，情動，絵画・音楽などの潜在能力を調べる検査が提供されている状況がある。子育てに役立つという目的で，親をターゲットにした遺伝子検査ビジネスである。さらには，海外DTC企業と提携し，ある保育施設が，子どもの潜在能力などの検査や多因子疾患を含む遺伝子検査を受けさせるよう呼びかけ，なかには応じた保護者もいることが報道された[11]。運動能力などを調べるDTC遺伝子検査は科学的根拠が不十分なだけでなく，さらには子どもの権利を奪い，将来に影響を与えかねない倫理的問題は大きい。

Ⅴ．遺伝子検査ビジネスの規制対応について

DTC遺伝子検査に関する規制対応については，特に欧米諸国では長年議論されていたが，国によって規制対応は様々である。例えば，フランス，ドイツなどは法規制により，健康に関する遺伝子関連検査の実施は医療行為に該当するとして，医学的指導・監督の下でのみ実施可能とされている[12) 13]。そのため，DTCでの宣伝販売を禁止している。また米国のように国の保健・医療行政機関などが中心となり，DTC検査に対する質保証の精度を構築したり，一般市民向けや医療者に対して勧告を行っている国も存在する。特に欧州地域では，インターネット等を通じてグローバルに広がっているため国際的な協調体制についても議論されている[4) 9]。

日本では医療機関が実施する遺伝学的検査は厚生労働省が所管しているのに対し，DTC遺伝子検査はビジネスとして経済産業省が指針等で対応しているが，法的拘束力はない。経済産業省の協力の下にDTC事業者団体が策定した認証制度[3]はあるものの，その普及は留まっており，日本ではこうした企業やサービス内容を統一して監督する制度はないのが現状である。2000年以降，日本人類遺伝学会等の専門家団体が国レベルでの対応を求めている。特に最近では，検査項目が多くの多因子疾患に広がり，医療との境界線がますます不明瞭になっている。最近では，日本医学会等が「良質かつ適切なゲノム医療を国民が安心して受けられるようにするための施策の総合的かつ計画的な推進に関する法律（ゲノム医療法，2023年6月成立）」に関する提言[14]を公表した。提言の中で，遺伝学的検査のダブルスタンダード化を防ぐためにも，DTC遺伝子検査ビジネスについて医療と同等の質の確保や倫理的適正が求められるべきとして，国民の健康と安全を守る観点からも厚生労働省が関与し，規制の在り方を検討するよう求めた。ゲノム医療法の具体的な施策は，基本計画を策定することとしており，2023年現在，ワーキンググループで議論がなされている。

Ⅵ．米国での規制について

DTC遺伝子検査が早く社会に流通した米国では，2010年以降，食品医薬品局（Food and Drug Administration：FDA）が検査の精度を担保する法律を根拠にDTC検査に対する規制監督を行っている。2013年にFDAは，大手DTC企業（23andMe社）に対し，同社が宣伝販売している

200以上の疾患リスクを調べる遺伝子検査キットは，法律上，「医療機器」として取り扱われるべきとして，FDAの審査・承認が必要であることを警告した[15]。特にがん関連リスクと薬物応答性の検査を例に挙げて，検査の臨床的分析的妥当性や科学的根拠への懸念と消費者が結果を正しく解釈できず誤った健康行動につながる危険性があることを理由に販売を停止した。

その後，FDAは検査結果が医療につながる可能性の高さにより，事前審査の要否を分けるという遺伝子関連検査システムに関する特別規制を策定し，リスク別に規制対応を行っている。FDAは遺伝的健康リスク評価検査（日本における多因子疾患のリスク予測検査），薬理遺伝学的検査，がんリスク予測検査（cancer predisposition testsと呼ばれる）については，検査結果が医療につながる可能性が高いとして，市販前の承認審査（分析的妥当性，臨床的有用性，宣伝内容）を行っている[16]。FDAは十数疾患の遺伝的健康リスク評価を調べる検査や，遺伝性乳がん卵巣がんの特定のバリアントを調べるDTC検査を承認し，ホームページに掲載している[16]。その一方で，身体能力や体力などの検査（low risk general wellness testsと呼ばれる），祖先推定検査，常染色体潜性遺伝（劣性遺伝）性疾患の保因者検査については，医療につながる可能性が低いとして市販前の承認審査を不要としている。

FDAの特別規制では，プライバシー保護，守秘義務，データの二次利用については記載されていないため，他の関連法が影響する[17]。また最近では，他社でDTC遺伝子検査を受けた際に得られる生データ（raw data）を利用して，疾患と関連がある病的バリアントの情報を得るというデータ処理サービスというビジネスが存在している[18]。ビジネスを提供している企業はデータ処理業者と位置づけているため，FDA審査は必要ないとされているが，サービス利用者のサンプルにおいて病的なバリアントと判定された40％は偽陽性であったとの報告もあることから，その実施が問題視されている[19]。

非発症保因者検査に関しては，日本では遺伝カウンセリング行った後に実施することをガイドライン[10]で求めているが，米国では挙児に関する個人の意思決定のための検査で健康被害を生じ得ないとしてFDAが低リスクの検査としており，DTCとして販売されている。米国では，地域集団の特性のある潜性遺伝（劣性遺伝）性疾患に関する問題について長らく社会的議論がされてきた経緯があるが[20]，日本においては社会的な議論はなされていない状況がある。本質的な議論を経ずして日本においても保因者検査が医療の枠組みから離れて行われるようになると，社会的にも混乱を招く可能性がある。このことについては，2017年に日本人類遺伝学会等が声明を発表し，国民に不安を与え，社会的混乱を招く可能性があり，倫理的にも安易に実施されるべきではないとしている[21]。

■おわりに

遺伝子検査ビジネスについては，一般市民への啓発活動や医療者の知識向上も重要であるが，検査精度や科学的根拠の担保，倫理的社会的な課題があり，国全体としてその在り方について検討すべきである。最近では，検査を受ける対象者の範囲が拡大したり，検査項目が多くの多因子疾患に広がることで医療との境界線がますます不明瞭になっている。諸外国の規制対応を踏まえて，倫理的社会的側面を含めた日本独自の社会環境の整備が必要である。

参考文献

1) 武藤香織：科学技術社会論研究 17, 129-139, 2019.
2) 櫻井晃洋 編：最新多因子遺伝性疾患研究と遺伝カウンセリング，メディカルドゥ，2018.
3) 遺伝情報取扱協会：個人遺伝情報を取扱う企業が順守すべき自主基準，2023年1月改正
   https://aogi.jp
4) Martins MF, Murry L, et al : Eur J Hum Genet 30, 1331-1343, 2022.
5) 櫻井晃洋：臨床栄養 128, 274-275, 2016.
6) https://www.pubpoli-imsut.jp/files/files/18/0000018.pdf
7) 日本医師会：かかりつけ医として知っておきたい遺伝子検査，遺伝学的検査 Q & A, 2016
   https://www.med.or.jp/dl-med/teireikaiken/20160323_6.pdf
8) Covolo L, Rebinelli S, et al : J Med Internet Res 17, e279, 2015.

■各 論

9）福田　令, 高田史男：日遺伝カウンセリング会誌 38, 135-145, 2017.
10）https://jams.med.or.jp/guideline/genetics-diagnosis_qa.html
11）https://www.mhlw.go.jp/stf/kaiken/daijin/0000194708_00688.html
12）Fukuda R, Takada F : Kitasato Med J 48, 52-59, 2018.
13）Kalokairinou L, Howard H, et al : J Community Genet 9, 117-132, 2017.
14）https://www.mhlw.go.jp/content/10808000/001249568.pdf
15）Annas GJ, Elias S : N Engl J Med 370, 985-988, 2014.
16）https://www.fda.gov/medical-devices/in-vitro-diagnostics/direct-consumer-tests
17）Laesadius L, Rich JR, et al : Genet Med 19, 513-520, 2017.
18）Moscarello T, Murray B, et al : Genet Med 21, 539-541, 2018.
19）Tanday-Connor S, Guiltinan J, et al : Genet Med 20, 1515-1521, 2018.
20）Hennema L, Borry P, et al : Eur J Hum Genet 24, e1-e12, 2016.
21）https://www.jccls.org/wp-content/uploads/2020/11/concern_for_screening_inspection_2017.pdf

福田　令	
2009 年	米国カリフォルニア州立大学ノースリッジ校心理学部卒業
2013 年	北里大学大学院医療系研究科医科学専攻（遺伝カウンセリング養成課程）修士課程修了
2018 年	北里大学大学院医療系研究科医学専攻博士課程修了
	京都府立医科大学附属病院遺伝子診療部
2019 年	富山大学付属病院遺伝子診療部

各論

7 遺伝医療とインターネットの関わり

荒川玲子・高野　梢・加藤規弘

遺伝医療における情報収集，情報発信において，今やインターネットは欠かせない存在となった。情報収集の際には，科学的根拠に基づいた情報であるかを検証する必要があり，それゆえ，情報を受け取る側にも適切な情報リテラシーが求められる。また情報発信の際は，プライバシーに関わる情報倫理にも配慮しつつ，遺伝医療の対象は稀な疾患の患者だけでなく，ほぼすべての疾患，そしてすべての人々が関与しうる医療分野であるという理解が大切となる。遺伝医療をとりまく社会が，インターネットにより，より豊かなものとなるような取り組みが今後も必要とされる。

Key Words

情報リテラシー，情報倫理，デジタルデバイド，分析的妥当性，臨床的妥当性，臨床的有用性，clinical actionability，SQM スコア

はじめに

遺伝医療において，インターネットは情報収集で用いられることが多いが，情報発信やコミュニケーションにも多く用いられるようになっている。総務省が発表している「情報通信白書」の令和5（2023）年版によると，わが国のインターネット利用率は84.9％にのぼり，最も多く利用されている端末はスマートフォンである[1]（図❶）。スマートフォンの普及により，多くの人が手軽にネット情報に触れられるようになった。さらにCOVID-19により，在宅勤務・オンライン講義の環境が広がったことで，ハンディキャップをもつ方が以前よりも社会参加しやすくなったという声も聞くようになった。

本稿では，遺伝医療に関わるインターネットの利用者として，遺伝性疾患の患者とともに一般市民も含めたクライエント，遺伝医療を専門とする医療者，遺伝を専門としない医療者に対象を分け，それぞれの立場におけるインターネットとの関わりについて述べる。

Ⅰ．クライエントによる情報収集

2023年の一般市民を対象とした調査では，インターネットから医学情報を得る割合は60.9％と報告された[2]。患者を対象とした調査でもインターネットが医療情報の情報源である割合は75.3％（がん患者），67.4％（胃・十二指腸潰瘍患者）であった[3]。インターネットはいつでもどこでも大量の情報が得られるため便利な反面，情報の不確実性も増大することから，人々の情報リテラシーの必要水準を上昇させている。情報リテラシーのうち，受信リテラシーは，インターネットにある情報の意味と価値を的確に認識する能力である[4]。

数多ある情報の中から，自身に必要な情報を見極め集めることは容易ではない。クライエントがインターネットから適切に自身の体質に合った医療情報を得るためには，高い受信リテラシーが必要となる。受信リテラシーが高い人は，多様な情報がある状況の中で的確な選択が可能であり，画一的な情報しかない場合には，その情報が正しい

全ゲノム・エクソーム解析時代の遺伝医療，ゲノム医療における倫理・法・社会

■各論

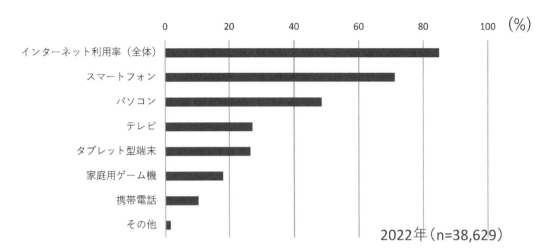

図❶　インターネット利用端末の種類（文献1より）

か懐疑することができる。一方で，受信リテラシーが低いと，多様な情報の中でどの情報が自分の状況と合致するかを判断できずに戸惑ってしまい，画一的な情報しかない状況の中では，その情報に説得されてしまう[4)5)]（図❷）。

豊富な情報の中で，クライエントが戸惑わずに情報を「選択」したうえで，自律的な意思決定ができるように，受信リテラシーの向上にむけた教育は遺伝医療においても重要となる。遺伝カウンセリングにおいて，医療者は社会的な状況や病状を把握したうえで，必要とされる情報を整理し，信頼できるwebサイトの情報を伝え，クライエントが自らの力で的確な情報を利用し問題を解決していけるように支援する体制が求められる。

さらに遺伝カウンセリングの受診にいたる前段階においても，クライエントは受診に向けた情報収集が必要となる。そこでわれわれは，遺伝カウンセリングを含むゲノム医療の専門外来を受診しようか迷っているクライエントの手助け（aid）になるサイトとしてMGenAid[6)]を立ち上げた（図❸）。本サイトでは，遺伝カウンセリングを受けようか迷っているクライエントの理解を助ける目的で，「ゲノム医療って何？」，「遺伝カウンセリングって何？」，「ゲノムの検査って何？」，「ゲノムの検査を受けた後は？」の四つのテーマの基礎知識に関して動画を用いて解説している。受診

図❷　「選択」を可能とするための受信リテラシー
（文献5より改変）

しようか迷っている人が，遺伝カウンセリングにたどり着くことで，豊富な情報の中から自身が必要とする情報を選択し，自律的意思決定ができるようになることを願ってこれらのサイトの運営を継続している。

Ⅱ．遺伝医療の情報発信源としてのインターネットの役割

クライエント個人や患者会が発信する個別性のある疾患関連情報は，同じ疾患や想いを共有するクライエントにとって非常に貴重な情報源となる。われわれ医療者にとっても，インターネットを通じて個人の想いや経過を知ることのできる機会はとても大切である。これらのコミュニティを守るためには，プライバシーに関わる情報倫理を

図❸ MGenAid

理解し，個人情報を慎重に取り扱う必要がある。

遺伝医療は，稀な疾患の患者だけでなく，ほぼすべての疾患，そしてすべての人々が関与しうる医療分野であるため，不特定多数の人々に対し発信可能なインターネットは医療者側からの重要な発信源ともなる。遺伝性疾患や遺伝学的検査などの情報のみならず，ヒトの多様性理解や，予防・早期発見・健康増進のためのゲノム情報の利用など，"自分が遺伝医療の対象であると認識していない人々"に対しても，メッセージを届けることが可能となる。

Ⅲ．情報収集のための遺伝医学関連webサイト

遺伝カウンセリングをはじめとする遺伝医療では，科学的根拠に基づく情報の提供が求められる。遺伝医療の情報は日々アップデートされるため，情報収集におけるインターネットの役割は大

■各論

きい。インターネットによる情報収集に際しては，信頼性が高く，最新の情報が掲載されたwebサイトを利用することが望ましい。

遺伝医療に関わる医療者がよく利用するサイトとして，文献検索サイトであるPub Med[7]，疾患に関わる原因遺伝子関連情報を入手できるOnline Mendelian Inheritance in Man（OMIM）[8]，専門家によりまとめられた遺伝性疾患のレビューが掲載されているGeneReviews[9]やその日本語訳を掲載しているGeneReviews Japan[10]，遺伝子のバリアントと疾患関連性に関する情報を公開しているデータベースClinVar[11]などが挙げられる。これらの国内外の遺伝関連情報を収集・提供しているwebサイトは，日本遺伝子診療学会のホームページに一覧としてまとめられている[12]。

上記の多くは医療者を対象としたwebサイトである。ゲノム情報をより身近なものとして利用できる社会への移行，そしてデジタルデバイド解消に向けて，クライエントが理解しやすい遺伝医学関連webサイトの開設も望まれる。

Ⅳ．遺伝学的検査の有用性評価

遺伝子の検査を実施する際には「当該疾患が単一遺伝子疾患か否か」，「体細胞変異か生殖細胞系列変異か」，「検査が保険収載されているか」，「検査実施機関が存在するか」などの情報とともに，バリアントを同定する意義やその有用性などについても把握することが求められる。これらの遺伝学的検査の有用性を，①analytical validity（分析的妥当性），②clinical validity（臨床的妥当性），③clinical utility（臨床的有用性），④ethical legal social implicationsの四つの側面（頭文字をとって「ACCE」という）から統合的に判断するには，臨床遺伝学の基礎知識と最新の情報が必要となる。ChatGPT[13]やElicit[14]などのAIツールは，適切に質問をすれば，複数の情報源からのデータを統合して分析し，高度な情報を与えてくれる。それでもインターネットの検索では，遺伝医療の体系的な知識が一定程度ないと使いこなせないという側面があり，遺伝医療を専門としない医療者

図❹ MGenReviews

7. 遺伝医療とインターネットの関わり

表❶ MGenReviews, MGenAid, MGenConsult の対象者と概要

	MGenReviews	MGenAid	MGenConsult
主な対象者	医療者	クライアント	
概要	遺伝子と疾患の関連性を包括的に評価するための情報を閲覧できるwebサイト	ゲノム医療の基礎的な（入門編の）知識を知ることができるwebサイト	ゲノム医療への理解を深められ，受診準備やオンライン相談ができるwebサイト

にとって，遺伝学的検査の有用性を評価することは容易でない。

遺伝性疾患の中には，遺伝学的検査で診断がつくことで，臨床的に有効な予防や治療を提供しうる疾患（clinical actionability が高い疾患）と，そうでない疾患が存在する。Clinical Genome Resource（ClinGen）[15] は米国 NIH が主体となって運営されている web サイトであり，活動の一つとして，clinical actionability を指数化した semiquantitative metric（SQM）スコア[16] を公開している。

ゲノム医療の実用化にあたり，まずは clinical actionability が高い疾患を広く臨床医に知ってもらい，遺伝学的検査により介入可能となる疾患の診断遅延を減らすことを目的の一つとして，われわれは MGenReviews[17] の web サイトを立ち上げた（図❹）。このサイトでは SQM スコアが高い疾患のリストをはじめ，遺伝学的検査の保険収載の有無や，日本人における病的バリアントの頻度など，日本の実状に合わせた情報を掲載している。

V．オンライン遺伝カウンセリングの臨床への導入

情報通信技術の進歩は，オンライン遺伝カウンセリングという新たな遺伝カウンセリングの仕組みを可能にした。オンライン診療は，来院に伴う身体的・金銭的負担を軽減できるなどのメリットも報告されており[18]，今後の発展が期待されている。われわれは，これから遺伝医療を受診しようかと考えているクライアントが，受診前にオンライン相談を受けられる体制も整えた[19]。遺伝医療受診に対するハードルを低くすることで，クライアントに適切な情報を提供できる仕組みを

作っていきたいと思う。われわれが運営している三つの web サイトの対象およびその概要を表❶に示す。

■ おわりに

情報通信社会と呼ばれる今日では，情報収集する側または情報発信する側の双方にとってインターネットは重要なツールの一つであり，ソーシャルメディアなど新たなメディアから得られる情報の活用は，今後さらに増加することが予測される。しかしながら，インターネットの利用には世代や収入格差が存在することも示唆されている[1]。必要とする人に，医療に関わる情報を適切に届けるためには，個別のニーズや特性に合った介入が最も効果的とされており[20]，この点においてもやはり遺伝カウンセリングは重要な位置を占める。

·············· 参考文献 ··············

1) 総務省：通信利用動向調査
   https://www.soumu.go.jp/johotsusintokei/whitepaper/ja/r05/html/datashu.html#f00281
2) Nakada H, Watanabe S, et al：Orphanet J Rare Dis 18, 143, 2023.
3) 小林　怜：東京大学大学院情報学環紀要 情報学研究 89, 67-80, 2015.
4) 前納弘武，岩佐淳一，他：変わりゆくコミュニケーション薄れゆくコミュニティ, 37-38, ミネルヴァ書房, 2012.
5) 早川洋行：流言の社会学 形式社会学からの接近, 112, 青弓社, 2002.
6) MGenAid
   https://mgenaid.ncgm.go.jp/manual-top/
7) PubMed
   https://pubmed.ncbi.nlm.nih.gov/
8) Online Mendelian Inheritance in Man
   https://www.omim.org/
9) GeneReviews
   https://www.ncbi.nlm.nih.gov/books/NBK1116/
10) GeneReviews Japan
   http://grj.umin.jp/

全ゲノム・エクソーム解析時代の遺伝医療，ゲノム医療における倫理・法・社会

■各 論

11) ClinVar
https://www.ncbi.nlm.nih.gov/clinvar/
12) 日本遺伝子診療学会データベースリンク集
http://www.gene-dt.jp/link_db.html
13) ChatGPT
https://openai.com/chatgpt
14) Elicit
https://elicit.com/?workflow=table-of-papers
15) ClinGen
https://www.clinicalgenome.org/
16) JE Hunter, SA Irving, et al : Genet Med 18, 1258-1268, 2016.
17) MGenReviews
https://mgen.ncgm.go.jp/
18) 森山育実, 池田真理子 : 日遺伝カウンセリング会誌 41, 296-300, 2020.
19) MGenConsult
https://mgenconsult.ncgm.go.jp/
20) 高山智子, 八巻知香子 : 保健医療社論集 27, 39-50, 2016.

荒川玲子	
2002 年	日本大学医学部卒業
2011 年	東京女子医科大学大学院遺伝子医療分野修了
	東京女子医科大学附属遺伝子医療センター助教
2016 年	同講師
2018 年	国立国際医療研究センター病院臨床ゲノム科医長
	国立国際医療研究センター研究所メディカルゲノムセンター室長

各論

8 医療者教育はどのように行われているか。

蒔田芳男

国家資格化されている医療系人材の教育目標は，平成13年（2001年）に策定された医学・歯学両分野のモデル・コア・カリキュラムに始まり，医学・歯学・薬学・看護学の分野で共通化・一体化を図る方向に動いている。令和4年（2022年）には，医学・歯学・薬学の3分野において，共通のキャッチフレーズを掲げるモデル・コア・カリキュラムが策定され，現在，令和6年（2024年）の公表を目標に看護学教育モデル・コア・カリキュラムの策定が進行している。今後の医療者教育の動向を知るには，このモデル・コア・カリキュラムがキーワードとなることに間違いはない。

Key Words

医学教育，歯学教育，薬学教育，看護学教育，モデル・コア・カリキュラム

■ はじめに

本稿では，医療者教育の仕組みや教育において要求されることの記載が求められている。しかしながら，医療者といっても多くの職種があり，その全体像を網羅することは無理がある。現在，国家資格をもつ医療者（医師，歯科医師，薬剤師，看護師）の教育目標は，医学・歯学・薬学・看護学の分野で共通化・一体化を図る方向に動いている。そこで本稿では，キーワードとなるモデル・コア・カリキュラムの策定に関わる歴史的変遷を振り返ることから，今後の展開を考えてみたい。

Ⅰ. 医学教育・歯学教育モデル・コア・カリキュラムの策定までの経緯

平成11年（1999年）4月に21世紀に向けた医師・歯科医師の育成体制の在り方をまとめた「21世紀医学・医療懇談会第4次報告」が提言された[1]。ここでは，学部教育における教育改革の方向性として2本柱が示されている。一つは，診療参加型臨床実習（クリニカルクラークシップ）の導入による臨床実習の充実，もう一つが，精選さ

れた基本的内容を重点的に履修させるコア・カリキュラムの確立である。この平成11年には，もう一つ大きな決定がなされている。それは，医師の臨床研修を必修化し，その充実を図るという医療関係者審議会医師臨床研修部会の取りまとめが出されたことである[2]。

この臨床研修の必修化と卒前臨床実習の充実とコア・カリキュラムの確立の3者は，密接な関係にある。実は，この時点まで医学部・歯学部で教える内容については，国家試験の出題基準が存在するのみで実際には青天井であった事実がある。つまり，それぞれの医学部・歯学部において教授される内容が一定でなく，学部学生の知識には大きな差が存在していたのである。そのため，臨床研修を必修化させるにしても，臨床実習を充実させるにしても，学生が到達すべき知識量を示す基準が存在していなかったのである。つまり，獲得すべき知識が明示されておらず学生を評価できない状況の打破がないと，次に進めない状況になっていたと言っても過言ではない。

この年に，医学・歯学教育の在り方に関する調査研究協力者会議が設置され，医学・歯学教育モ

全ゲノム・エクソーム解析時代の遺伝医療，ゲノム医療における倫理・法・社会

■ 各　論

デル・コア・カリキュラムの策定が開始されることになる[3]。

Ⅱ．医学・歯学教育モデル・コア・カリキュラムとは

　医学・歯学教育の在り方に関する調査研究協力者会議の方針として，「医学・歯学や生命科学の著しい進歩，医療を取り巻く社会的変化に対応して，医学部・歯学部における教育の抜本的改善」を目的に作成することが示された。つまり，21世紀における医療の担い手となる医学部・歯学部の学生が，卒業までに共通して修得すべき必須の基本となる教育内容と到達目標を提示することが求められたのである。当初の目的であった「精選された基本的内容を重点的に履修させるコア・カリキュラムの確立」の意味では，このモデル・コア・カリキュラムの内容は，学生の履修時間数（単位数）の3分の2程度を目安にし，残りは各大学の特色のあるカリキュラムにするという量的な明示がなされることになった。上記のコンセプトのもと，平成13年（2001年）に医学教育モデル・コア・カリキュラムと歯学教育モデル・コア・カリキュラムが策定された（**表❶**）。

Ⅲ．その他の領域のモデル・コア・カリキュラム

1. 薬学教育モデル・コア・カリキュラム

　薬学部は，平成18年（2006年）4月から，6年制第一期生の教育がスタートすることになり，専門教育については日本薬学会が平成14年（2002年）に，実務実習については文部科学省が平成15年（2003年）に，モデル・コア・カリキュラムを策定した。この二つが一体化した改訂版が平成25年（2013年）に策定され，平成27年度（2015年）から適用されている[4]。

2. 看護学教育モデル・コア・カリキュラム

　看護学教育では，平成23年（2111年）に取りまとめられた「大学における看護系人材養成の在り方に関する検討会」の最終報告書[5]において，「学士課程においてコアとなる看護実践能力と卒業時到達目標」により学士課程で養成される看護師の看護実践に必要な五つの能力群とそれらの能力群を構成する20の看護実践能力を明示するなど，大学における看護学教育の質保証について具体的な提言がなされた。

　大学での看護学教育による踏み込んだ形のモデル・コア・カリキュラムの策定は，平成28年（2016年）に設置された「大学における看護系人材養成の在り方に関する検討会」による「看護学教育モデル・コア・カリキュラム」～「学士課程においてコアとなる看護実践能力」の修得を目指した学修目標～としてまとめられた[6]。

Ⅳ．医・歯・薬・看のモデル・コア・カリキュラムの連携作業

　モデル・コア・カリキュラム改訂に関する連絡

表❶　医学・歯学・薬学・看護学のコアカリ策定・改訂の変遷

	医学	歯学	薬学	看護学
平成 13 年度	策定	策定		
平成 14 年度			専門教育策定	
平成 15 年度			実習部分策定	
平成 19 年度	一部改訂	一部改訂		
平成 23 年度	改訂	改訂		
平成 25 年度			改訂	
平成 28 年度	改訂	改訂		
平成 29 年度				策定
令和 4 年度	改訂	改訂	改訂	
令和 6 年度				改訂

令和5（2023）年7月19日看護学教育モデル・コア・カリキュラムの改訂に関する連絡調整委員会（第1回）資料3を一部改変。
https://www.mext.go.jp/b_menu/shingi/chousa/koutou/125/mext_00004.html

126　　全ゲノム・エクソーム解析時代の遺伝医療，ゲノム医療における倫理・法・社会

調整委員会は，平成19年（2007年）から開催されているが，当初は，医学教育と歯学教育の両モデル・コア・カリキュラム整合性の確認や運用の取り決めが主な役目であった。この会議の構成員が拡大されたのが，平成29年（2017年）に開催された第3回の会議からである。この会議から，医学・歯学，薬学，看護学と3者でばらばらに改訂されてきたモデル・コア・カリキュラムを横断的に取りまとめようという雰囲気が醸成されていく[7]。

令和4年度には医学，歯学，薬学が連携してモデル・コア・カリキュラムの同時策定が文部科学省によって行われた。今回の策定にあたっては，このコア・カリキュラムが適用される令和6年（2024年）度入学生が活躍する20年後を見据えることが共通のキャッチフレーズとなり，医学教育と歯学教育の両モデル・コア・カリキュラムの取りまとめは日本医学教育学会[8]，日本歯科医学教育学会[9]が，薬学教育モデル・コア・カリキュラムの取りまとめは薬学教育協議会[4]が担当する形で進行した。医療を取り巻く社会構造の変化は著しく，多様な時代の変化や予測困難な出来事に柔軟に対応し，生涯にわたって活躍し，社会のニーズに応える医療人の養成が必須であるとの認識が高まったのが，医学・歯学・薬学のモデル・コア・カリキュラムの同時策定のきっかけになったと考えられる。

現在，少し遅れた形ではあるが，令和6年の公表に向けて看護学教育モデル・コア・カリキュラムの調査研究事業が進行している。看護学の場合は，日本看護系大学協議会がその受託先となっている[10]。

この視点から考えると，遺伝医学教育に関しては，臨床遺伝学分野に関する記載が，今後どの程度共通化されていくのかがポイントになると思われる。医学教育モデル・コア・カリキュラムでは，平成28年度改訂版から臨床遺伝学教育の教育目標が取り込まれ，令和4年改訂版でも踏襲されている[11]。今後，この内容が，歯学・薬学・看護学の分野においてどのように記載されていくのかが重要なポイントとなろう。

■ おわりに

これまで見てきたように，国家資格をもつ医・歯・薬はすでに協調した教育モデル・コア・カリキュラム体制を構築し，現在看護学教育がそれに追いつこうとしている。医療の世界がチーム医療であることを考えると，最低限共通のプラットフォームの共有は将来の医療の実践のために必要なことであり，ますます推進されていくと考えられる。

今後の医療者教育の内容の変革を考える場合，現在一体化されて検討されているモデル・コア・カリキュラムの改訂時期とそれに合わせた調査研究を担当する各領域の教育関連学会の動向に注視する必要がある。

・・・・・・・・・・・・・・・・・・ 参考文献 ・・・・・・・・・・・・・・・・・・

1) 21世紀医学・医療懇談会第4次報告概要
https://www.mext.go.jp/b_menu/shingi/chousa/koutou/009/gaiyou/990401.htm（2024年1月9日参照）
2) 新（臨床研修）制度創設までの経緯
https://www.mhlw.go.jp/topics/bukyoku/isei/rinsyo/keii/（2024年1月9日参照）
3) 医学・歯学教育の在り方に関する調査研究協力者会議
https://warp.ndl.go.jp/collections/info:ndljp/pid/286794/www.mext.go.jp/b_menu/shingi/chousa/koutou/010/gijiroku/000301.htm（2024年1月9日参照）
4) 薬学教育モデル・コア・カリキュラム
https://yaku-kyou.org/?page_id=292（2024年1月9日参照）
5) 大学における看護系人材養成の在り方に関する検討会最終報告
https://www.mext.go.jp/b_menu/shingi/chousa/koutou/40/toushin/1302921.htm（2024年1月9日参照）
6) 「看護学教育モデル・コア・カリキュラム」〜「学士課程においてコアとなる看護実践能力」の修得を目指した学修目標〜
https://www.mext.go.jp/component/a_menu/education/detail/__icsFiles/afieldfile/2017/10/31/1217788_3.pdf（2024年1月9日参照）
7) モデル・コア・カリキュラム改訂に関する連絡調整委員会（平成27年度〜）（第3回）
https://www.mext.go.jp/b_menu/shingi/chousa/koutou/033-2/siryou/1384954.htm（2024年1月9日参照）
8) 医学教育モデル・コア・カリキュラム関連資料
http://jsme.umin.ac.jp/document/core-curriculum.html（2024年1月9日参照）
9) 歯学教育モデル・コア・カリキュラム令和4年度改訂版周知シンポジウム
https://jdea.jp/sympo/（2024年1月9日参照）

■各　論

10) 看護学教育モデル・コア・カリキュラム改訂に向けた調査研究
https://www.janpu.or.jp/commissioned-project2023/
（2024 年 1 月 9 日参照）

11) 令和 4 年度改訂版医学教育モデル・コア・カリキュラム
https://www.mhlw.go.jp/content/10900000/001026762.pdf （2024 年 1 月 9 日参照）

蒔田芳男
1987 年　旭川医科大学医学部医学科卒業
1991 年　同大学院医学研究科修了
1993 年　神奈川県立こども医療センター遺伝科シニアレジデント
1994 年　旭川医科大学附属病院小児科医員
1999 年　旭川医科大学医学部公衆衛生学講座助手
2005 年　同医学部小児科学講座講師
2007 年　同医学部教育センター教授
2019 年　旭川医科大学病院遺伝子診療カウンセリング室教授

各論

9 初等・中等教育における遺伝教育

佐々木元子

　初等・中等教育における理科の遺伝教育では，生物の多様性や進化，遺伝の基本的な仕組みなどを理解することを目的としている。さらに，遺伝教育を社会・保健体育・家庭科などに広げて考えると，倫理や社会の課題にも関連する。現行の学習指導要領では，教科間連携の重要性が言われており，遺伝教育を扱うことは意義があると考える。

　一方，わが国の学校教育課程のカリキュラムでは，「ヒトの遺伝」に関する内容は希薄である。教員および医療職者の双方に遺伝教育の重要性を知ってもらい，連携を図ることが望まれる。

Key Words

遺伝教育，初等教育，中等教育，小学校，中学校，高等学校，学習指導要領，カリキュラム・マネジメント，教科間連携，地域連携，出生前診断，がん

■ はじめに

　医療現場においても遺伝や遺伝子が関係する事項が増え，「ヒトの遺伝」に関する知識が必要となる場面もあり，学校教育における遺伝教育の必要性が遺伝関連学会を中心に議論されている。

　遺伝教育で思い起こす教科は，理科が一般的であろう。理科で扱う遺伝教育では，生物の多様性や進化，遺伝の基本的な仕組みなどを理解する，つまり生物や遺伝に関する基本的な概念や原理を理解することを目指している。そして，遺伝の説明に使われる対象（生物）は，植物や動物であり，「ヒト」ではないことも本邦の遺伝教育の特徴である。

　一方で遺伝に関する内容は，生命科学の基礎だけではなく倫理や社会の課題にも関連している。これらの知識をもとに，生物の環境への適応力や健康管理について考える力を養い，科学的思考力や問題解決能力を発展させることが求められる。

I．日本の教育制度と学習指導要領

　学校教育法によれば，初等教育は小学校，前期中等教育は中学校，後期中等教育は高等学校，高等教育は大学を中心とする教育である[1]。そして，小学校で学ぶ者は「児童」，中学校・高等学校で学ぶ者は「生徒」，大学で学ぶ者を「学生」という。また，全国どこの学校でも一定の水準が保てるよう，文部科学省が定めている教育課程（カリキュラム）の基準が「学習指導要領」であり，およそ10年に1度改訂しており，子どもたちの教科書や時間割はこれを基に作られている[2]。平成29（2017）・30（2018）・31（2019）年改訂の学習指導要領「生きる力」では，図❶[3]の方向性のもと，「カリキュラム・マネジメント」では教科間連携や地域連携なども重要とされている。

　本稿では，初等・中等教育，つまり小・中・高等学校における遺伝教育についてみていく。

全ゲノム・エクソーム解析時代の遺伝医療，ゲノム医療における倫理・法・社会

■ 各 論

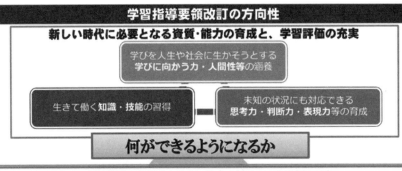

図❶ 平成29・30・31年改訂の学習指導要領「生きる力」の方向性（文献3より一部抜粋）

Ⅱ．初等・中等教育の遺伝教育

遺伝教育の科学的な内容は理科で扱われているが，小・中学校の道徳や高等学校の公民（倫理），小・中・高等学校での保健体育や家庭科でも，遺伝に関わる部分的な教育が行われている。

1．理科教育における遺伝教育

平成29・30・31年改訂の学習指導要領による，小学校・中学校理科と高等学校生物基礎の「生命」を柱とした内容の構成を表❶[4]に示す。理科は小学校3年より学習が始まり，様々な生物の成長や特徴，中学校で生物の体の共通性と相違点および多様性と進化，高等学校で生物の共通性と多様性へと発展する，段階的な学びとなっている。

遺伝については，中学校3年で，生物の成長と殖え方，遺伝の規則性と遺伝子について学び，高等学校での生物基礎では遺伝情報とタンパク質について学ぶ。しかし中学校では，ヒトの生殖や遺伝について学ばない。現代の遺伝学に即したDNAに関する内容は導入されたがDNAの構造や機能については学ばない，遺伝に詳しい（生物専門）の教員が少ないといった問題点がある。さらに高等学校では，多くの生徒が選択する生物基礎で「メンデル遺伝」に関する扱いがなくなり，DNAの遺伝情報をもとにしたタンパク質合成について（セントラルドグマ）の学習が主となり，DNAの複製と分配が体細胞分裂で説明されるが減数分裂は学ばなくなっている。また，遺伝の仕組みについての理解は中学校での学習が基本となり，ヒトの遺伝についての教育が行われていないため「遺伝子は誰でもが有しており，ここで一部異なっている」，「遺伝子の変化により生ずる病気を含めた多様性は，誰にでも起こりえることである」という事実を理解していない人が多く，減数分裂を学ぶ機会が減少するため，遺伝形質の継承についての理解が進まない可能性もある。

そしてヒトの遺伝に関して，学校教育での充実が求められているが，なかなか実現に至っていな

9. 初等・中等教育における遺伝教育

表❶ 小学校・中学校理科と高等学校生物基礎の「生命」を柱とした内容の構成 （文献 4 より一部抜粋）

校種	学年	生命		
		生物の構造と機能	生命の連続性	生物と環境の関わり
小学校	3年	身の回りの生物 • 身の回りの生物と環境との関わり • 昆虫の成長と体のつくり • 植物の成長と体のつくり		
	4年	人の体のつくりと運動 • 骨と筋肉 • 骨と筋肉の働き	季節と生物 • 動物の活動と季節 • 植物の成長と季節	
	5年		植物の発芽，成長，結実 • 種子の中の養分 • 発芽の条件 • 成長の条件 • 植物の受粉，結実 動物の誕生 • 卵の中の成長 • 母体内の成長	
	6年	人の体のつくりと働き • 呼吸 • 消化・吸収 • 血液循環 • 主な臓器の存在 植物の養分と水の通り道 • でんぷんのでき方 • 水の通り道		生物と環境 • 生物と水，空気との関わり • 食べ物による生物の関係 〔水中の小さな生物（小 5 から移行）を含む〕 • 人と環境
中学校	1年	生物の観察と分類の仕方 • 生物の観察 • 生物の特徴と分類の仕方 生物の体の共通点と相違点 • 植物の体の共通点と相違点 • 動物の体の共通点と相違点 （中 2 から移行）		
	2年	細胞と生物 • 細胞と生物 植物の体のつくりと働き • 葉・茎・根のつくりと働き （中 1 から移行） 動物の体のつくりと働き • 生命を維持する働き • 刺激と反応		
	3年		生物の成長と殖え方 • 細胞分裂と生物の成長 • 生物の殖え方 遺伝の規則性と遺伝子 • 遺伝の規則性と遺伝子 生物の種類の多様性と進化 • 生物の種類の多様性と進化 （中 2 から移行）	生物と環境 • 自然界のつり合い • 自然環境の調査と環境保全 • 地域の自然災害 自然環境の保全と科学技術の利用 • 自然環境の保全と科学技術の利用 （第 1 分野と共通）
高等学校 生物基礎		生物の特徴 • 生物の共通性と多様性 • 生物とエネルギー 神経系と内分泌系による調節 • 情報の伝達 • 体内環境の維持の仕組み 免疫 • 免疫の働き	遺伝子とその働き • 遺伝情報と DNA • 遺伝情報とタンパク質の合成	植生と遷移 • 植生と遷移 生態系とその保全 • 生態系と生物の多様性 （生物から移行） • 生態系のバランスと保全

全ゲノム・エクソーム解析時代の遺伝医療，ゲノム医療における倫理・法・社会

■各　論

い状況である。ヒトの遺伝を教えた経験のある中等教育の教員からは，倫理的事項に関する内容が含まれており難しい，実際に当事者の生徒がいる可能性がある，遺伝学の専門用語には差別的な印象を与える用語が多いという意見もあり，いじめや差別につながる可能性が懸念されている[5]。その一方で，出生前診断をテーマとした授業を生物基礎（高等学校1年）で扱っている学校もある。

2．道徳や公民における遺伝教育

道徳や公民では，科学技術の進歩と倫理観を関連づける内容がみられる。科学技術の中には，全ゲノム解析など遺伝情報を扱う技術も含まれる。

小・中学校では，特別の教科として道徳がある。道徳でも発達段階に合わせた内容となっており，小学校学習指導要領（平成29年告示）解説では，小学校5・6年では倫理観を育成するとある。さらに指導の配慮事項には特に，情報社会の倫理，法の理解と遵守といった内容を中心に取り扱うことが考えられる。「生命の尊さ」などについては現代的な課題と関連の深い内容であると考えられ，障害を理由とする差別の解消の推進に関する法律〔平成25（2013）年法律第65号〕の施行を踏まえ，障害の有無などにかかわらず互いのよさを認め合って共同していく態度を育てる工夫も求められるとされている[6]。中学校では，科学技術の発展と生命倫理との関係や社会の持続可能な発展などの現代的な課題の取り扱いにも留意し，身近な社会的課題を自分との関係において考え，その解決に向けて取り組もうとする意欲や態度を育てるよう努めることとある[6]。また，出生前診断を題材とした中・高等学校の道徳教材の開発研究もされている[7]。

高等学校の公民には，倫理の項目がある[8]。具体的には，生命科学や医療技術の発達を踏まえ，生命の誕生，老いや病，生と死の問題などを通して，生きることの意義について思索できるようにすることとある。生命倫理などの課題を扱うことという記載もあり，自然や科学技術に関わる倫理的な諸課題と社会と文化に関わる倫理的な諸課題について探究する活動を通して，課題の解決に向

けて多面的・多角的に考察したり構想したりできるようにすることを目指している。公民の現代社会の諸課題において，出生前診断をテーマとした授業実践例もある。

3．保健体育や家庭科における遺伝教育

平成29・30・31年改訂の学習指導要領では，保健体育に「がん」の取り扱いが明記されたことも話題となった。小学校では，喫煙を長い間続けるとがんや心臓病などの病気にかかりやすくなるなどの影響があることについても触れる。中学校でも，がんについても取り扱うものとするとされている[9]。高等学校でも，生活習慣病の予防や回復，国民の健康課題としてがんを扱うとある[10]。その一方で，「がん」発生の科学的なメカニズムや遺伝性腫瘍についての言及はない。

また，保健体育では妊娠・出産についても扱われている。中学校では，妊娠や出産が可能となるような成熟が始まるという観点から，受精・妊娠を取り扱うものとし，妊娠の経過は取り扱わないものとするとある。高等学校では，受精，妊娠，出産とそれに伴う健康課題について理解できるようにするとともに，健康課題には年齢や生活習慣などが関わることについて理解できるようにする。また家族計画の意義や人工妊娠中絶の心身への影響などについても理解できるようにすると発達段階に合わせた内容となっている。

高等学校の家庭科には「子どもの発達と保育」の項目もある。また，妊娠可能な年齢の女性，妊娠・授乳期の生理的特徴を踏まえたうえで，それに応じた栄養と食事構成を扱う，妊娠・分娩の生理について，母性保護の立場から母性保健指導が行われていることや生活や労働について留意すべき事項を理解できるよう指導する，などの内容もある[11]。そして，出生前診断を授業で扱っている学校もある。

Ⅲ．連携を活用した遺伝教育の可能性

図❶にあるように，平成29・30・31年改訂の学習指導要領では，カリキュラム・マネジメントにおいて，教科間連携や地域連携にも触れられている。

全ゲノム・エクソーム解析時代の遺伝医療，ゲノム医療における倫理・法・社会

1. 教科間連携

初等・中等教育では，「総合的な学習（探究）の時間」が，変化の激しい社会に対応して，探究的な見方・考え方を働かせ，横断的・総合的な学習を行うことを通して，よりよく課題を解決し，自己の生き方を考えていくための資質・能力を育成することを目標として設けられている[12]。「知識・技能」，「思考力・判断力・表現力等」，「学びに向かう力・人間性等」の三つの柱（図1）はここでも示され，その実践には，カリキュラム・マネジメントの重要性が言われ，実践例では教科間連携や地域連携の具体例が示されている。教科間連携では，国語と芸術，数学と情報，数学と理科，理科と保健体育，理科と家庭科，理科と社会，社会と養護など，様々な組み合わせでなされている。遺伝教育では，科学的側面だけではなく，倫理的・社会的課題も扱うことを考えると，この時間に扱う題材として有用であろう。実際に筆者は，理科と保健体育の連携において，外部講師として遺伝カウンセリングに関する授業実践を行っている。

また出生前診断は，生物，保健体育，養護が連携して行った例もあり，さらには公民や家庭科との連携についても模索している。がんについても，保健体育と理科（生物）の連携例はあり，家庭科や養護との連携も可能と考える。

2. 地域連携

外部講師の招聘や，児童・生徒が学校外にて学びを深めることが想定されている。

出生前診断でも，産婦人科医，看護師，助産師，認定遺伝カウンセラー®といった医療者を外部講師として活用することは可能であろう。がん教育では，医療職者やがん当事者を外部講師として積極的に活用するようにと言われているが，外部講師をどのように探し招聘するかで苦慮している学校が多いようである。

また，児童・生徒が病院や福祉施設などを訪問することでの連携も考えられる。

▌おわりに

学校教育の中で遺伝教育といった場合，「ヒトの遺伝」は扱わないことが多い。しかし，医療における遺伝子の扱いが急速に拡大していること，その活用が予防医療にまで広がりつつある現状を考えると，初等・中等教育における教育も重要であろう。最後に，**表❷**に学習指導要領の記載に基

表❷　学習指導要領の記載に基づく「ヒトの遺伝」教育導入のための実践案（文献5に小学校を追記）

	小学校	中学校	高等学校
何ができるようになるか	生物の多様性と共通性について，実感を伴い理解する	遺伝に関する基本的な考え方を知る	遺伝に関する情報を活用できる
何を学ぶか（学習指導要領の内容）	生物の生活や成長，体のつくり，人の体のつくりと運動	生物の成長と殖え方，遺伝の規則性と遺伝子，生物の多様性	生物の共通性と多様性，遺伝情報とDNA，遺伝情報の分配，遺伝情報とタンパク質の合成
何を学ぶか（遺伝医療に即した内容）	卵の中の成長，母体内の成長	生殖・発生，正常と病気，病気の遺伝との関わり（環境要因と遺伝要因），人種・民族と遺伝性疾患	遺伝子変異による機能変化，遺伝情報の病気との関わり，遺伝学的検査とELSI（倫理的・法的・社会的課題）
どのように学ぶか	観察とそれに基づくディスカッション	事例を基に，ロールプレイやディスカッションを用いるアクティブ・ラーニング	
発達をどのように支援するか	差別を助長しない配慮，遺伝的背景に配慮の必要な生徒への対応		
何が身に付いたか	正しく知っている		判断し，意思決定できる
実施するために何が必要か	教材，教科間の連携，学会や専門家および当事者との連携・協働		
評価法	ワークシートを用い，三つの観点（「知識・技能」，「思考・判断・表現」，「主体的に学習に取り組む態度」）を評価		

全ゲノム・エクソーム解析時代の遺伝医療，ゲノム医療における倫理・法・社会

■ 各 論

づく「ヒトの遺伝」教育導入のための実践案を示す。

初等・中等教育に関わる教員，遺伝医療に関わる医療職者ともに遺伝教育の重要性を知ってもらい，両者が連携して遺伝教育に携わることを願っている。

・・・・・・・・・・・・・ 参考文献 ・・・・・・・・・・・・・

1) e-Gov 法令検索：学校教育法（昭和 22 年法律第 26 号）
https://elaws.e-gov.go.jp/document?lawid=
322AC0000000026（2024 年 4 月 8 日参照）
2) 文部科学省：学習指導要領「生きる力」
https://www.mext.go.jp/a_menu/shotou/new-cs/index.
htm（2024 年 4 月 8 日参照）
3) 文部科学省：新学習指導要領について
https://www.mext.go.jp/b_menu/shingi/chousa/shisetu/
044/shiryo/__icsFiles/afieldfile/2018/07/09/1405957_003.
pdf（2024 年 4 月 8 日参照）
4) 文部科学省：高等学校学習指導要領（平成 30 年告示）
解説 理科編 理数編
https://www.mext.go.jp/component/a_menu/education/
micro_detail/__icsFiles/afieldfile/2019/11/22/1407073_
06_1_2.pdf（2024 年 4 月 8 日参照）
5) 木村　緑，佐々木元子，他：生物教育 63, 2-9, 2021.

6) 文部科学省：小学校学習指導要領（平成 29 年告示）
解説 特別の教科 道徳編
https://www.mext.go.jp/content/220221-mxt_kyoiku02-
100002180_002.pdf（2024 年 4 月 8 日参照）
7) 伊藤利明，石村由利子：関西福祉科学大紀 第 23 号，
65-76, 2019.
8) 文部科学省：高等学校学習指導要領（平成 30 年告示）
解説 公民編
https://www.mext.go.jp/content/20211102-mxt_
kyoiku02-100002620_04.pdf（2024 年 4 月 8 日参照）
9) 文部科学省：小学校学習指導要領（平成 29 年告示）
解説 体育編
https://www.mext.go.jp/component/a_menu/education/
micro_detail/__icsFiles/afieldfile/2019/03/18/1387017_
010.pdf（2024 年 4 月 8 日参照）
10) 文部科学省：高等学校学習指導要領（平成 30 年告示）
解説 保健体育編 体育編
https://www.mext.go.jp/content/1407073_07_1_2.pdf
（2024 年 4 月 8 日参照）
11) 文部科学省：高等学校学習指導要領（平成 30 年告示）
解説 家庭編
https://www.mext.go.jp/content/1407073_10_1_2.pdf
（2024 年 4 月 8 日参照）
12) 文部科学省：総合的な学習（探究）の時間
https://www.mext.go.jp/a_menu/shotou/sougou/
main14_a2.htm（2024 年 4 月 8 日参照）

佐々木元子
1993 年　日本女子大学化学科卒業
1998 年　横浜市立大学大学院満期退学，博士（理学）
　　　　（財）神奈川科学技術アカデミー研究員
　　　　横浜市立大学医学部客員研究員
2001 年　明治製菓（株）研究員
2008 年　田園調布学園中学校・高等学校非常勤講師
　　　　（理科）
2010 年　お茶の水女子大学大学院遺伝カウンセリングコース満期退学
　　　　お茶の水女子大学大学院研究員
2012 年　日本医科大学付属病院認定遺伝カウンセラー
2016 年　横浜市立大学附属病院認定遺伝カウンセラー
2018 年　お茶の水女子大学大学院遺伝カウンセリングコース / 領域助教
2023 年　同講師

各論

10 高等教育における遺伝教育

渡邉　淳

　遺伝子関連検査を提案される機会が増え，患者・家族は必ずしも遺伝性が疑われなくても，遺伝の課題に直面し選択や判断をする。各個人が「ヒトの遺伝」リテラシー（情報の中から取捨選択し，必要な情報を選んで活用する力）を持てば，このような遺伝の様々な課題に寄与できる。ヒトの遺伝は中等教育までに学ぶ場がほとんどない。高等教育機関はこの 30 年に進学率は 60％に上昇し，教育内容が変化してきている。本稿では，この遺伝医療の進展の中での高等教育における医療者養成課程としての専門教育，非医療者における教養教育，それぞれにおける遺伝教育を概説する。

Key Words

「ヒトの遺伝」リテラシー，高等教育，専門教育，教養教育，モデル・コア・カリキュラム，
専門職連携教育，遺伝用語，ゲノム医療法

I. 遺伝医療・ゲノム医療での課題 －ヒトの遺伝リテラシーの必要性

　2003 年にヒト全ゲノム配列の発表がされ，ポストゲノム時代となった。遺伝子関連検査が確定診断となる疾患群が増え，次世代シークエンサーの出現により，ゲノム解析の網羅的低コスト化につながり，一部は保険適用となった[1]。2013 年にアンジェリーナ効果で注目された *BRCA1/2* 遺伝学的検査は，乳がんのコンパニオン診断目的では 2018 年に保険適用になり，その後，卵巣がん，前立腺がん，すい臓がんに拡大されている。同じ 2013 年には，NIPT（非侵襲性出生前遺伝学的検査）が日本医学会認定施設で実施開始となった。近年，新生児マススクリーニングも領域が免疫・神経疾患に拡大し，対象疾患が増えてきている。2019 年に始まったがんゲノム医療では，ときに二次的所見として遺伝性の可能性を提示される。このようにポストゲノム時代となったこの 20 年で様々なライフステージで遺伝子関連検査を提案される場面が増え，選択や判断をする機会となっ

ている。特に出生前遺伝学的検査ではクライエントが考える時間が限られている。検査を提案された患者・家族は，必ずしも遺伝性が疑われることもなく，遺伝の課題に直面し選択や判断をすることになる。

　一般市民が遺伝学的検査の受検を選択し結果を適切に受容するには，検査提案前からのヒトの遺伝に関する基礎知識と，それを実生活に活かす見識が必要である[2]。遺伝に関わるイメージや価値観も一人ひとりが違い，周りの影響を受けていることがある。インターネットなどによって情報過多の現代においては，偏った情報・誤った情報を除外し正しい信頼できる情報を得るためにも，基礎となる知識を持っておくことが重要である。知識基盤のある人とない人で，判断や意見が異なることも多く選択にも影響する。また，検査結果を受け止めるにも基盤となる知識が必要となる。基盤となるこれらの知識に個人差があるため，遺伝カウンセリングの内容に影響することもある。各個人がヒトの遺伝子・ゲノムと遺伝学について正しい知識を持っていれば，必要に応じてこれらの

全ゲノム・エクソーム解析時代の遺伝医療，ゲノム医療における倫理・法・社会

■ 各論

情報を活用することによって，このような選択の場だけでなく医療の向上や健康の増進など様々な課題に寄与できることは間違いない。この「ヒトの遺伝」リテラシー（情報の中から取捨選択し，必要な情報を選んで活用する力）は，まずヒトの遺伝と多様性の知識を，発達段階に合わせて正しく適切に教える成人前教育（初等・中等・高等教育）が基盤となる。

Ⅱ．高等教育の現状

日本の高等教育は，初等教育（小学校6年間）および中等教育（中学校3年間，高等学校3年間）の12年間を修了してから始まる。大学等への進学率は，平成3（1991）年には30％台半ばだった。その後，18歳人口の急減によって令和2（2020）年度の学校種類別の男女の進学率を見ると，女子50.9％，男子57.7％と，男子のほうが6.8％ポイント高いが，女子は全体の7.6％が短期大学へ進学しており，これを合わせると女子の大学等進学率は58.6％となり，男女ともにおよそ60％にまで上昇した。高等教育機関は，進学率の上昇に伴う，いわゆる大衆化の進展に伴い，その性格を変化させてきている。

大学の正課授業は，各専攻領域の専門教育と教養教育で構成される（図❶）[3]。専門教育では，多少とも狭く設定された領域で専門的知識・技能を学ぶ。教養教育では，特定の領域に限定されず，社会や人間等に関する諸事象を幅広く学ぶ。両教育はそれぞれ，「狭く深く」と「広く浅く」の学びであり，一方，両教育とも将来の職業や生き方に関わり，キャリア教育の役割を担う。学士課程は，学生の人格形成機能や生涯にわたる学習の基礎を培う機能を担っており，内容の充実した教養教育や専門教育を行うことが不可欠である。以下に，医療者養成課程としての専門教育，非医療者における教養教育，それぞれについての遺伝教育を検討する。

Ⅲ．医療者養成課程における遺伝教育

学士課程教育の充実のため，専門教育においては分野ごとにコア・カリキュラムが作成されている。医療者養成課程においても，各大学が策定する「カリキュラム」のうち全大学で共通して取り組むべき「コア」の部分を抽出し「モデル」として体系的に整理したモデル・コア・カリキュラム（以下，モデル・コア・カリ）が，文部科学省から策定された[4]。モデル・コア・カリでは，多様なニーズに応えるべく学生が卒業時までに共通し

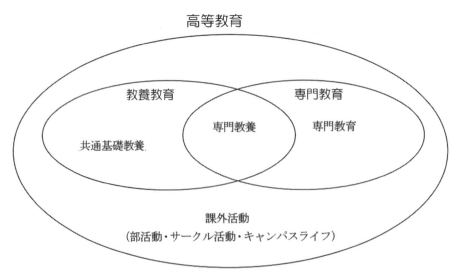

図❶ 高等教育における教養教育と専門教育 （文献3より改変）

て修得すべき必須の基本となる教育内容と到達目標が提示されている。2001年に医学・歯学モデル・コア・カリ，2002〜03年に薬学モデル・コア・カリが発表された。

2000年代初頭，医学教育において遺伝医学関連項目は，基礎遺伝学，分子生物学関連が多く，遺伝医療関連は各大学に任され[5]，医学モデル・コア・カリにも掲載されていなかった[6]。わが国のすべての医学部学生が卒業までに習得すべき遺伝医学・遺伝医療について，2013（平成25）年に日本医学会，全国遺伝子医療部門連絡会議，日本人類遺伝学会，日本遺伝カウンセリング学会が連名で，「医学部卒前遺伝医学教育モデルカリキュラム」を提示した[7]。医学教育モデル・コア・カリ2016（平成28）年改訂においては，「医学部卒前遺伝医学教育モデルカリキュラム」の多くが反映され，遺伝医学・ゲノム医学領域が大幅に増え，新たに遺伝医療・ゲノム医療の項目が加わった。医学・医療の進歩や疾病構造の変化を踏まえた習得すべき基本的事項が再整理され，各学会等が主導するモデルカリキュラム作成も検討の一つとなったと示されている。

遺伝医療・ゲノム医療はチーム医療である。教育の場でも，多職種の卒前段階からの教育の水平的な協調を進め，医療人として価値観を共有することは重要であり，専門職連携教育（interprofessional education：IPE）としても示されている。医療人として求められる基本的な資質・能力は，専門分野にかかわらず共通しているはずである。今後のモデル・コア・カリ等の策定や改訂において，基礎教育内容について各医療職のカリキュラムへ共通に盛り込むなども重要である。医学教育モデル・コア・カリ2016年度版では，医学・歯学における「基本的な資質・能力」の共有が行われた。医療人における卒前段階の水平的な協調を進めることは，上記の卒前・卒後の一貫性のある教育に基づく垂直的な協調と合わせ，わが国の医学・医療に対する国民の期待に応えるものであると示された。薬学教育モデル・コア・カリ2022（令和4）年度改訂版では，「求められる基本的な資質・能力」に関して原則として医学・

歯学・薬学の3領域で共通化した。遺伝医学教育の内容についても卒前の段階から各職種間で整合性がとれていることはチーム医療の推進につながるが，一部のみにとどまっている。医療者養成課程においては，医学・歯学・薬学とともに看護も2019年に「看護学教育モデル・コア・カリキュラム 〜学士課程においてコアとなる看護実践能力の修得を目指した学修目標〜」が策定されたが，遺伝医療に関する項目は少ない。現在，2024年改訂に向けて準備が進められている。看護基礎教育における遺伝看護教育の充実は遺伝医療の発展に欠かせないものであるという共通認識のもと，日本遺伝看護学会は遺伝関連学会である日本人類遺伝学会，日本遺伝カウンセリング学会からの助言・賛同を得て，連名で2024年2月，看護学教育モデル・コア・カリへの遺伝看護学の視座からの提案を示し[8]，遺伝医学の専門基礎的知識等については，医学モデル・コア・カリと文言を共通化した。今後は，遺伝医療・ゲノム医療の項目に関しても医療職全体を通して共通化していくことが重要となる。

Ⅳ．非医療者における教養教育としての遺伝教育

平成3（1991）年までは，教養教育（当時は「一般教育」と呼ばれた）は人文科学・社会科学・自然科学の3領域ごとに最低履修単位数が規定されていた。「ヒトの遺伝」関連も，自然科学に属する項目となる。平成3年の法令・大学設置基準の改正（大学設置基準の大綱化）により，一般教育に関する規程は撤廃され，大学設置基準から「一般教育」という呼称が消えた。各大学が開設科目や単位数を自由に設定することになり，多くの大学で教養教育を軽視する傾向が顕著になった。

中央教育審議会は，高等教育段階における教養教育について「新しい時代における教養教育のありかたについて」2002（平成14）年を答申し，「新たに構築されるべき『教養教育』は，学生に，国際化や科学技術の進展等社会の激しい変化に対応し得る統合された知の基盤を与えるものでなけ

ればならない。各大学は，理系・文系，人文・社会・自然といった，かつての一般教育のような従来型の縦割りの学問分野による知識伝達型の教育や単なる入門教育ではなく，専門分野の枠を超えて共通に求められる知識や思考法等の知的な技法の獲得や，人間としての在り方や生き方に関する深い洞察，現実を正しく理解する力の涵養に努めることが期待される」とされている。「学士課程教育の構築に向けて（答申）2008年」（平成20年）では，学士課程教育の基本的構成要素である教養教育と専門教育という用語が用いられていない。この両者の区分を前提するのではなく，両者が一体となった教育プログラムとしての学士課程教育を構築することが求められている。

　昨今，教養教育において各大学で様々な新しい試みが実施されている。教養教育の中核的な部分として，学生がどの専門分野を専攻することになるか/専攻しているかに関わりなく，すべての学生が共通に学修する「共通基礎教養」に加えて，教養教育と専門教育が重なり合うところで行われ専門教育の導入・基礎としての役割をある程度担う「専門基礎教養」科目が提示された。学士課程における専門教育は，その教育目標として自分が学習している専門分野の内容を専門外の人にもわかるように説明できることが一つである。「専門基礎教養」は，当該専門分野の基礎的素養のない学生でも積極的に取り組むことのできる内容構成と方法により行われ，人文社会系の学生にとって意義のある科学的リテラシーを育むものとしても充実を図ることが重要であると指摘されている。初等中等教育における遺伝に関する教育は極めて限定的であり，ヒトの遺伝はほとんど教えられていない。メンデルの法則は中学で初出するが，その後の高校生物の教科書では「ヒトの遺伝」の扱いが少なく，成人がヒトの遺伝的多様性や遺伝性疾患に対する正しい知識を身につけにくい状況にある。「専門基礎教養」として，中等教育までのヒトの遺伝内容の不足を補う場にもなりうる。その際に検討すべき点は，何を教えるかと使用する遺伝関連用語の理解度である。遺伝用語のうち，遺伝形式を示す「優性，劣性」は，新課程中学3

年教科書に「顕性，潜性」と併記なく変更された。2025年現役高等教育入学生より，「優性，劣性」を知らない状況となる。遺伝用語の中には多義に使用されている語もあり，使用する用語にも配慮が必要となる[9]。

V．今後の課題

　遺伝学は進歩が速いので，社会に出た人が新しい知識を入手できるようにすることも必要である。2023年6月に「良質かつ適切なゲノム医療を国民が安心して受けられるようにするための施策の総合的かつ計画的な推進に関する法律」（以下，ゲノム医療法）が公布・施行され，現在，基本計画の策定作業が進められている。ゲノム医療は，ほとんどすべての医学・医療分野に関係することから，日本医学会・日本医学会連合および日本医師会は，ゲノム医療法の基本計画に組み入れるべき事項の案を作成し，日本医学会に所属する142分科会の意見を取り入れたうえで提言としてまとめられた[10]。ゲノム医療法第18条には，「国は，国民がゲノム医療及びゲノム医療をめぐる基礎的事項についての理解と関心を深めることができるよう，これらに関する教育及び啓発の推進その他の必要な施策を講ずるものとする」とある。一方で，どのように推進するかの具体的な方策は明確ではない。遺伝医療・ゲノム医療が一般化しつつあるいま，ヒトの遺伝リテラシーを習得するために初等教育から高等教育までの一貫性をもった発達段階に応じた目標と内容を検討する機会に来ている。

・・・・・・・・・・・・・ 参考文献 ・・・・・・・・・・・・・

1) 藤本英也，渡邉　淳，他：日遺伝カウンセリング会誌 37（3），143-148，2016．
2) 日本学術会議基礎生物学委員会・統合生物学委員会・合同遺伝学分科会：社会人の遺伝学テラシー及び大学と高校の生物学教育について（平成25年）．
https://www.scj.go.jp/ja/member/iinkai/kiroku/2-20170905-2.pdf
3) 日本学術会議 日本の展望委員会 知の創造分科会：提言21世紀の教養と教養教育　日本の展望－学術からの提言2010
https://www.scj.go.jp/ja/info/kohyo/pdf/kohyo-21-tsoukai-4.pdf
4) 渡邉　淳：臨病理レビュー160号，69-77，2018．

5) 渡邉　淳, 島田　隆：日臨 68 増刊 8, 335-339, 2010.
6) 渡邉　淳, 島田　隆：医教育 36, 235-241, 2005.
7) 日本医学会, 全国遺伝子医療部門連絡会議, 日本人類遺伝学会, 日本遺伝カウンセリング学会：医学部卒前遺伝医学教育モデルカリキュラム（2013 年）
https://jshg.jp/wp-content/uploads/2017/08/1c9ddec334 31549ca74cbf63ceb4ccbf.pdf
8) 日本遺伝看護学会, 日本人類遺伝学会, 日本遺伝カウンセリング学会：看護学教育モデル・コア・カリキュラムへの遺伝看護学の視座からの提案（2024 年）
https://www.idenkango.com/wp-content/uploads/2024/02/785698cf7e4b884151f03848d264d333.pdf
9) 渡邉　淳：遺伝子医 9（4）, 32-37, 2019.
10) 日本医学会・日本医学会連合, 日本医師会：「良質かつ適切なゲノム医療を国民が安心して受けられるようにするための施策の総合的かつ計画的な推進に関する法律」に関する提言について（2024 年）
https://jams.med.or.jp/news/065.pdf

渡邉　淳

1988 年	日本医科大学医学部医学科卒業
1995 年	米国 NIH NIDCD（国立聴覚・コミュニケーション障害研究所）Visiting fellow
1996 年	日本医科大学大学院医学研究科修了
2011 年	同生化学・分子生物学（分子遺伝学）准教授
2012 年	独立行政法人国立がん研究センター東病院 非常勤
2013 年	日本医科大学付属病院遺伝診療科部長
2014 年	同付属病院ゲノム先端医療部部長
2018 年	金沢大学附属病院遺伝診療部特任教授・部長
2020 年	同遺伝医療支援センター センター長

各論

11 周産期医療の倫理（保因者検査含む）

江川真希子・山田崇弘

すべての女性はリプロダクティブヘルス＆ライツを有するが，出生前検査の場では，このリプロダクティブヘルス＆ライツと女性が包含する胎児の権利が対立することもある。本稿では，自律尊重・無危害・善行・正義の医療倫理の4原則を用いて出生前検査における問題点を整理し，次に日本国内の出生前検査と出生前検査に関するガイドラインの歴史を概説する。さらに出生前検査に関する倫理的問題として人工妊娠中絶と保因者検査を取り上げ，最後にこれから出生前検査の対象疾患が拡大された場合に起こりうる問題点や留意点について考える。

Key Words

出生前検査，非侵襲性出生前遺伝学的検査（NIPT），医療倫理，人工妊娠中絶，保因者検査

■はじめに

すべての女性はリプロダクティブヘルス＆ライツを有する。リプロダクティブヘルス＆ライツとは，生殖に関する活動のすべてにおいて，身体的・精神的・社会的に良好な状態であること，また生殖に関して必要な情報や手段などを得て，自己決定ができる権利のことである。この考えに基づくと，妊婦は自分の妊娠がどのような妊娠か，自身が包含する胎児がどのような胎児か知る（知らない）権利と，妊娠を継続するか，しないかについて決める権利を有することになる。しかし出生前遺伝学的検査（以下，出生前検査）検討の場面では，子宮内には確実に存在するのにまだ目の前に現れておらず，その意思の確認ができない「胎児」を中心に，医療者・妊婦と夫・その家族・社会と，様々な感情や考えが錯綜する。ここでは出生前検査を例に，その問題点を医療倫理の4原則に沿って概説し，日本における出生前検査の歴史と人工妊娠中絶などの問題，今後の課題について述べる。

I. 医療倫理の4原則と出生前検査

BeauchampとChildressが1979年に提唱した[1]，自律尊重（respect for autonomy），無危害（non-maleficence），善行（beneficence），正義（justice）の医療倫理の4原則に沿って，出生前検査について考えてみる。

1. 自律尊重

判断能力がある人は身体と生命の質を含む自己のものについて，自己決定権を有しており，「自律尊重」とは，その人の自律的な信念と行動に干渉しないようにする道徳的態度のことを指す。この自己決定への制限が認められるのは，その人の選択が他の人の幸福や権利を侵害するときのみである。ここで判断能力があるとは，情報を整理して正しく理解し，現状とこれから起こりうることを認識したうえで，自らの価値観に基づいて考え，自身で選択ができることを意味する。出生前検査において，「判断能力がある」ために医療者は，①検査をする場合／しない場合それぞれのメリット・デメリット，また，した場合／しなかった場合のその後に起こることなどの情報を平等に

与える必要があり、②遺伝学的検査の困難な仕組みを、検査の精度や限界について把握できる程度には伝える必要がある。その上で、妊婦はリプロダクティブヘルス＆ライツとして自分の妊娠（胎児）がどのような妊娠（胎児）か知る権利を有するが、胎児を「自己のもの」として胎児の生存に影響を及ぼす選択についても、自己決定権を発動してよいか、「自律的な信念」に基づいて決定できているか、家族を含む他者からの圧力の影響はないかといった点についても検討することが重要である。近年は特に、報道などの溢れる情報から出生前検査は「妊娠したらみな受けるもの」と思っている妊婦も存在する。その他、妊娠に対する不安やストレスなどがその選択に影響している場合もあり、周辺状況も十分検討する必要がある。

2. 善行と無危害

医療において、患者にとっての利益を最大限にし、危害となるようなことは行わないという原則である。この危害には手術の合併症や副作用といったものだけでなく、費用の負担や長期的な見込みが不確かなことなども含まれる。何が利益で何が危害となるかは妊婦とその家族それぞれに異なるが、医療者は、妊婦とその家族が人生の目的を達成しようとする意向に沿った形で医療を提供することが望ましい。よって、考えられる医療介入が行われた際の利益とその危害（リスク）を評価し提示、それを受け入れるかどうかを都度、妊婦、その家族と相談していく必要がある。出生前検査の場合は、誰にとっての善行で、誰にとっての危害かといった点も検討が必要である。妊婦が検査結果により安心を得られたと考える場合、利益となりうるが、この短期的な安心や満足が、長期的な幸福につながるのかといった疑問は残る。もし妊娠の中断が選択された場合、胎児にとってこの検査は危害となる。一般的に親には子の最善のために行動する道徳的責任があるが、この行為はこれに該当するのか、または、まだ生まれていない子についてはこの責任は発生しないと考えるか、多様な意見が出るだろう。そのほかにも、適切な情報が提示されず検査だけを提供されて受検

した場合や、精度が容認される程度の基準に達していない検査、結果の意義がまだ曖昧で不確実な予想しかできない対象疾患に関する検査の提供も危害となる可能性がある。

3. 正義

分け隔てなく処遇し、利益負担は公平かつ公正に配分するというもの。これには医療資源の配分や医療経済なども含まれる。例えば、2021年の非侵襲性出生前遺伝学的検査（NIPT）等の出生前検査に関する専門委員会報告書[2]の発出前は、出生前検査について「医師は妊婦に対し積極的に知らせる必要はなく、勧めるべきでもない」とされていた[3]。よって、出生前検査に賛同しない医師や出生前検査をよく知らない医師が担当になった妊婦には、受検の機会が公正に提示されているとはいえない状況であったと思われる。また日本では出生前検査は原則自費診療で、経済的な負担から受検を控える妊婦が存在する可能性がある。その他、NIPTに関する認証医療機関数は2023年11月現在477施設に増加したが、それでも地域偏在の問題や、海外では様々な疾患遺伝子を対象とした出生前に提供される臨床検査があるが、国内で出生前検査として利用可能な検査は少ないなど、現状、日本の妊婦にとって検査受検の機会が均等とは言えない。

Ⅱ. 出生前遺伝学的検査の歴史とガイドライン

日本には出生前検査に関する法はなく、それに関わる人々の道徳に基づく姿勢をとっている。検査提供側である医療者については学会からの指針や提言という形で守るべき規範が示されている。ここでは日本国内の出生前遺伝学的検査の歴史とその時々で示されてきたガイドラインについて概説する。

胎児染色体疾患スクリーニングの歴史を図❶に示す。1970年代に羊水染色体検査が、1980年代には絨毛染色体検査、そして1990年代には母体血清マーカー検査が行われるようになった。羊水検査や絨毛検査は特殊な手技が必要で、検査自体に流産などのリスクがあることから、これらが制

■各論

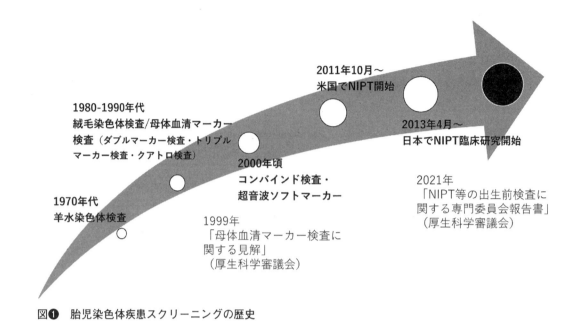

図❶　胎児染色体疾患スクリーニングの歴史

約となり，限られた施設で産婦人科医が対象者を絞って実施していた。しかし血清マーカー検査は採血だけで実施が可能であり，提供者側も受検する妊婦側にもある意味，制約がなくなった。そこでこれを危惧した国は1999年，厚生科学審議会から「母体血清マーカー検査に関する見解」を発出した[3]。ここでは「妊婦が十分な認識を持たずに検査が行われる傾向がある」，「確率で示された検査結果を誤解したり不安を感じる」，「マススクリーニング検査として行われる懸念がある」といった，現在のNIPTにも通ずる問題点が挙げられた結果，前述したとおり「医師は妊婦に対し本検査の情報を積極的に知らせる必要はなく，本検査を勧めるべきでもない」とされた。これには当時，遺伝カウンセリングという概念が十分浸透していなかったという背景もあった。日本はここから約20年この方針に添って，出生前検査について公に語られることはなかった。

しかし，2011年に米国でNIPTが開始となり，2013年には日本にも上陸，様々な議論が湧き起こる。その年，日本産科婦人科学会（以下，日産婦）は「出生前に行われる遺伝学的検査および診断に関する見解」，「母体血を用いた新しい出生前遺伝学的検査に関する指針」を発出，さらに関係5団体（日本医学会・日産婦・日本人類遺伝学会・日本医師会・日本産婦人科医会）と共同声明を発表，NIPTは日本医学会の認定制度のもと15施設で開始された。様々な社会的・倫理的課題をはらむ検査であるがゆえに臨床研究として運用が始まったが，2016年頃から認定を受けずNIPTを提供する施設（以下，非認定施設）が出現，あっという間に増加した。非認定施設の多くは遺伝カウンセリングがなく，また産婦人科医ではない医師が実施していたため陽性結果などに対して適切に対応ができないといった問題が発生し，2019年には厚生労働省が出生前検査に関するワーキンググループを立ち上げ，国内の実態調査を始めた。この調査結果をもとに2021年に厚生科学審議会から「NIPT等の出生前検査に関する専門委員会報告書」が発出され[2]，それに基づいて2022年に日本医学会の出生前検査認証制度等運営委員会によるNIPT実施体制が整備された[4]（図❷）。厚生科学審議会報告書には，誰もが容易に出生前検査に関する玉石混交の情報へアクセスが可能になったこと，出産年齢の高年齢化，仕事・子育ての両立などへの懸念を背景として出生前検査を検討する妊婦が増加していることなどから，妊娠・出産に関する包括的な支援の一環として，誘導と

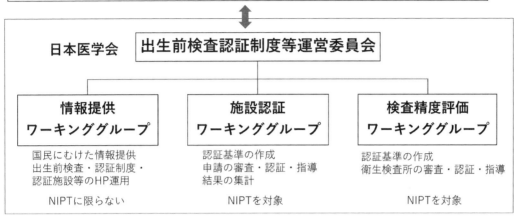

図❷　NIPT認証制度等の新たな体制（文献4より改変）

ならないようにすべての妊婦とそのパートナーに出生前検査に関する情報提供を行うことが記されている[2]。1999年の「積極的に知らせる必要はない」から180度方向転換したことになる。新しい体制や実際の認証医療機関についてはホームページ上で確認できる[5]。また，これを受けて日産婦は「出生前に行われる遺伝学的検査に関する見解」を本年（2024年）6月，約10年ぶりに改訂した[6]。ここで出生前遺伝学的検査の概念は「妊娠中に胎児が何らかの疾患に罹患していると思われる場合に，その原因となる遺伝学的背景を知る目的で実施すること」と定義，また厚生科学審議会報告書を引用し，検査の目的は，胎児の状況を把握し，将来の予測をたて，妊婦およびそのパートナーの家族形成の在り方等に係わる意思決定の支援としている。さらに留意点として，遺伝学的情報や遺伝学的検査結果のあいまい性やこれらの検査だけで胎児の正確な表現型を知ることは困難であることなども記載されている。2022年に日本の出生前検査は大きく方向転換したが，実際の運用だけでなく，社会でどのような議論がなされリテラシーが醸成されていくのかなど，今後も注視が必要である。

Ⅲ．出生前検査における倫理的問題を考える

1．人工妊娠中絶の問題

日本では人工妊娠中絶は法律によって規制されており，実施した場合は刑法第29章の「堕胎の罪」に該当，刑罰の対象である。その違法性が阻却されるケースとして母体保護法第14条に医師の認定による人工妊娠中絶が規定されており，「妊娠の継続又は分娩が身体的又は経済的理由により母体の健康を著しく害するおそれのあるもの」，「暴行若しくは脅迫によって又は抵抗若しくは拒絶することができない間に姦淫されて妊娠したもの」の二つとなっている。人工妊娠中絶術が実施可能な週数は，平成8（1996）年の厚生労働事務次官通達により妊娠22週未満と定められている[7]。よって日本での人工妊娠中絶は適応と時期の二つの面から規制されている。

次に，中絶される側である胎児の権利について考える。胎児はいつから人とみなされ，いつから人権が発生するのか。日本では，民法第3条に「私権の享有は，出生に始まる」とされ，出生して初めて権利を有する人として扱われることが規定されている。ただ，例えば胎児組織の研究利用に関する日産婦の見解では[8]，「妊娠期間の如何に拘わらず，胎児は将来人になる存在として生命

■各 論

倫理上の配慮が不可欠であり，尊厳を侵すことのないよう敬虔の念をもって取り扱われなければならない」とあり，胎児に対しても道徳的配慮が求められている。通常，妊婦は自身が包含する胎児の健康を願い両者に利益相反は生じないと考えられるが，両者に利益相反が生じる場合もある。例えば出生前検査で胎児の疾患が判明し，妊婦が妊娠の中断を考慮する場合などである。米国産科婦人科学会（American College of Obstetricians and Gynecologists：ACOG）は妊婦の自律性（autonomy）を尊重する立場をとり，例えば疾患が判明した胎児の予後改善のために必要な治療（帝王切開術など）を妊婦が断ったとしても，妊婦に治療の有効性や必要性を提示し説得することはできても強制してはいけないし，また妊婦こそが胎児の意思決定者であるとしている[9]。欧米では女性の決定による人工妊娠中絶を可としている国もある（米国は州によって異なる）一方，日本では前述したような規制がある。そのため妊婦が，胎児が疾患をもつことなど含めて総合的に判断し，人工妊娠中絶という苦渋の選択をした場合，現状「妊娠の継続が母体の健康を著しく害する恐れがあり」やむを得ないこととして中絶が実施されている。しかし，その選択には慎重であるべきで，決断までの過程には臨床倫理4分割法[10]などを参考に，妊婦とその家族，また医療者で様々な状況や選択の先に想定されることについて検討することを勧める（表❶）。

2. 特定の疾患を対象とする出生前検査に関する問題（保因者検査を含む）

出生前検査は，①特定の疾患に対するものと，②漠然とした不安に対するものの二つに大別される。日本の出生前検査のほとんどは②で，想定される特定の疾患があるわけではないので，妊婦はその時点で，もしくはその施設で選択可能な出生前検査の中から選ぶことになる。当然，選んだ検査が不安を本当に解消するのか十分検討する必要があり，この選択には「検査を行わない」選択も含まれる。一方①は，家族内に特定の疾患があり，その疾患の家系内での再発を心配して検査を

表❶　妊婦が 21 トリソミーをもつ胎児の中絶を考えている場合に検討されるべき点

	妊娠を継続する場合	両者に共通	妊娠を中断する場合
医学的適応 善行と無危害の原則 病状や診断，予後・治療（介入による見通し）について検討	• 生まれた児にケアを提供した場合の予後（発達面の評価は個人差が大きく困難）	• 診断の確定（羊水検査など確定診断が必要，次回妊娠においても重要な情報となりうる） • 予後予測のため胎児超音波検査などの検討（合併症の評価）	• 中絶を行った場合の見通し（精神的なダメージ，次回妊娠への時間的・身体的・精神的影響など）
患者の意向 自律尊重の原則	• 妊婦の意向（十分情報が伝わっているか，各選択肢を選んだ後の不確実性含めて理解できているか，自発的に同意しているか） • 胎児の意向（確認できない。ただし将来人になる存在として尊重されなければならない）		
QOL 善行と無危害，自律尊重の原則	• ダウン症をもつ児を育てる生活の QOL はどうか	• 妊娠前の QOL，妊娠したことによる QOL の検討（女性は妊娠・出産によって合併症を負う，命を失う可能性がある） • その QOL に対する考え方は先入観や偏見に囚われていないか	• 中絶を選択した後の人生の QOL はどうか
周囲の状況 正義の原則	• 実際に障がいをもつ児を産み，育てている家族があり，そういった家族が必ずしも不幸と感じているわけではない	• 出生前検査はすでに存在し，診療として提供されている • 障がいをもつ児を育てる場合，社会のサポートを受けることができる（わが国は充実している）	• 社会のサポートは十分でないと考える人もいる • 障がい児を忌避する風潮は否定できない • 母体保護法は，胎児の疾患を理由に中絶を行うことを認めていない

全ゲノム・エクソーム解析時代の遺伝医療，ゲノム医療における倫理・法・社会

検討するものである。まずは疾患をもつ人（発端者）の診断がついており，遺伝学的検査によって遺伝子のバリアントが特定されていることが必要となる。この情報をもとに，これから生まれてくる子が同様の疾患をもつ可能性があるか検討していくが，これには夫婦の遺伝学的検査が必要で，夫婦のどちらか，もしくは両者に原因となるバリアントが確認された場合，出生前検査を検討することになる（ここでは述べないが，着床前検査が検討される場合もある）。両親が健康である場合，一般的には，①両親共に保因者（バリアントをもつが健康状態には問題がない）で両親のそれぞれのバリアントが両方とも子に受け継がれた場合に子が発症する常染色体潜性遺伝（劣性遺伝）形式か，②女性のX染色体上に原因のバリアントが存在し（母はX染色体を2本もつため発症していない），子が男児の場合1/2の確率で発症するX連鎖遺伝形式が考えられる。保因者と診断された場合は，自責の念が生じること，特にX連鎖遺伝形式の場合は女性にのみ原因となるバリアントがあるため子の疾患発症に関して精神的負担が生じやすい。こういった保因者検査の場合も出生前検査と同様に，①「自律尊重」：保因者検査が強制されていないか，②「善行と無危害」：保因者であることが確定した場合，家族間で軋轢が生じるなどの危害はないか，検査を受けさせられたと感じ家族内で不信感が生じる可能性などはないか，受検前に十分検討する必要がある。保因者でも軽度症状が出うる疾患の場合は，この情報を健康管理に活かせるなどメリットとなる場合もある。③「正義」：保因者検査や出生前検査についてはその対応に施設間差がある。例えば，施設内に「遺伝医療部門」がない，もしくは臨床遺伝専門医や認定遺伝カウンセラー®といった遺伝診療を専門とするスタッフがいない場合には，相談すらできない可能性もある。また相談した医師によっては保因者検査が出生前検査につながりうる検査と認識し検査実施に反対する，反対しなくても積極的に手助けをしない可能性もあり，どこでも平等に情報や検査にアクセスできるとは限らない。さらに日本では保因者検査の多くは医療保険のカバーがなく，検査によっては高額な費用負担が必要となる。

Ⅳ．今後の課題

今後，確定的検査においても非確定的検査においても検査の対象疾患が拡大される可能性がある。なかでも非確定的検査では，国内のNIPTの対象疾患は13，18，21の三つのトリソミーに現在のところ限定されているが，技術的には可能なこともあり，海外では性染色体異数性や，CNV（copy number variant），染色体微細欠失/重複，さらには単一遺伝子などを対象とした報告が多数みられる。NIPTに関する指針は国によって異なっているが，例えば国際出生前診断学会（ISPD）は2023年に声明を出し，性染色体異数性については，検査精度は担保されるが一般集団に対して実施する場合は社会的・文化的・倫理的面について検討を要すること，またCNVや染色体微細欠失/重複などについては臨床的有用性に関するデータが不十分で，一般集団での検査は推奨しないとしている[11]。日本でも日産婦周産期委員会報告として「3種の染色体トリソミー以外を対象とする検査については分析的妥当性や臨床的妥当性が十分に確立されていないため，その医学的意義を評価する必要がある。同時に倫理的・社会的影響等についても考慮して慎重に対応する必要がある」とされている[12]。

これらはあくまで一般妊婦を対象としたものである。では，リスクが高いと考えられる集団に対してはどうか。例えば，超音波検査で胎児の心疾患を指摘されている妊婦集団において母体血を用いて胎児が22q11.2欠失症候群かどうか調べたところ，その感度は69.6%，特異度は99.9%であったといった報告もある[13]。疾患の頻度（22q11.2については1/4000〜5000）など含めて，検査対象集団を正しく選定すれば検査の意義が十分あると考えられる。しかしこれら精度面の問題だけでなく，母体血を用いた検査はあくまで非確定的検査であり，確定的検査法が確保されているか，また対象疾患について妊婦が自律的な意思決定ができるほどの情報提供や遺伝カウンセリングができ

■各　論

るかなど検討すべき課題は多い。

■ おわりに

　その他にも考えるべき課題は多いが，その中のいくつかについて述べる。NIPT 以外の出生前遺伝学的検査については，現在，実施体制に関する決まりや登録制度はなく，これらの検査についてはその正確な実態把握はできていない。また日本には出生前検査に関する法はないが，海外では出生前検査に関する法を整備している国や，出生前検査費用が医療保険でカバーされる国もあり，これらの国では，検査自体の善悪とは別に，「検査受検の選択肢を保障する」ことを重視している。同時に，検査を利用する側である一般市民の教育も不十分と言わざるを得ない。現在の日本では，妊娠し，出生前検査に関する情報を手にして初めて「疾患をもつ子どもが生まれること」，「障がいをもつ子・人と生活すること」を考えるカップルが多い。当然，熟考する時間的余裕はなく，多くの人は問題ない結果を手に，なんとなく良かった体験としてしまう。もっと早い段階からリプロダクティブヘルス＆ライツについて学び，出生前検査は疾患をもつ子を見つけることがその第一義ではなく，自身の妊娠（胎児）について知る権利があるといった考えに基づくものであること，ただしそこには責任を伴うといったことを認識してもらう必要がある。同時に，社会の中での障がい児（者）観の醸成も必要であるし，まずは何より現在障がいをもって生活している人やその家族が，その一生を少なくとも安心して過ごせるような体制整備が最重要課題である。

・・・・・・・・・・・・・・・・・・ 参考文献 ・・・・・・・・・・・・・・・・・・

1) Beauchamp TL, Childress JF : Principles of Biomedical Ethics 1st ed, Oxford University Press, 1979.
2) 厚生科学審議会科学技術部会・NIPT 等の出生前検査に関する専門委員会：「NIPT 等の出生前検査に関する専門委員会報告書」令和 3 年（2021 年）5 月 https://www.mhlw.go.jp/content/000783387.pdf
3) 厚生科学審議会先端医療技術評価部会・出生前診断に関する専門委員会：「母体血清マーカー検査に関する見解」平成 11 年（1999 年）6 月 23 日 https://www.mhlw.go.jp/www1/houdou/1107/h0721-1_18.html
4) 日本医学会出生前検査認証制度等運営委員会：「NIPT 等の出生前検査に関する情報提供及び施設（医療機関・検査分析機関）認証の指針」令和 4 年（2022 年）2 月 https://www.mhlw.go.jp/content/11908000/000901425.pdf
5) https://jams-prenatal.jp/medical-analytical-institutions/
6) https://fa.kyorin.co.jp/jsog/readPDF.php?file=75/8/075080775.pdf#page=42
7) https://www.mhlw.go.jp/web/t_doc?dataId=00ta9675&dataType=1&pageNo=1 （厚生労働事務次官通達）
8) https://fa.kyorin.co.jp/jsog/readPDF.php?file=75/8/075080775.pdf#page=41
9) https://www.acog.org/clinical/clinical-guidance/committee-opinion/articles/2007/12/ethical-decision-making-in-obstetrics-and-gynecology
10) Jonsen AR, 他著, 赤林　朗, 他監訳：臨床倫理学 第 5 版, 新興医学出版社, 2006.
11) Hui L, Ellis K, et al : Prenat Diagn 43, 814-828, 2023.
12) https://www.jsog.or.jp/news/pdf/NIPT_202301.pdf
13) Bevilacqua E, Jani JC, et al : Ultrasound Obstet Gynecol 58, 597-602, 2021.

江川真希子	
2000 年	広島大学医学部卒業 同医学部付属病院産婦人科研修
2009 年	同大学院医歯学総合研究科創生医科学修了 国立成育医療研究センター
2012 年	東京医科歯科大学茨城県小児・周産期地域医療学講座助教
2017 年	同講師
2019 年	東京医科歯科大学血管代謝探索講座寄附研究部門准教授 現在に至る

各論

12 発症前検査の倫理 − 神経疾患を中心に −

柴田有花・山田崇弘

発症前遺伝学的検査（発症前検査）は，疾患の早期介入につながるなどの医学的メリットや人生設計ができるなどの生活上のメリットがあると同時に心理的負担が増大するなどの心理社会的問題が想定されるため，倫理的検討が求められる。全ゲノム・エクソーム解析といった網羅的遺伝学的検査が日常的に行われる時代にあっては，二次的所見の開示が発症前検査を意味する場合もある。また，遺伝子解析技術の発展と並行して治療法の開発も進んでおり，発症前検査の対象となる疾患の臨床像が時代の流れの中で変化し得ることに留意する。

Key Words

発症前遺伝学的検査，発症前検査，医療倫理の4原則，自律的意思決定，遺伝カウンセリング，
倫理的ジレンマ，標準的な手順書，新規バリアント，二次的所見

はじめに

遺伝情報の不変性と予測性といった特徴のために，遺伝学的検査によって未発症疾患の発症予測が可能である。しかし，本人や血縁者にとって発症前に遺伝情報を明らかにすることが必ずしも有益であるとは限らず，その実施判断は難しく，多角的な視点が必要となる。本稿では，Beauchampと Childress による医療倫理の4原則[1]に則して発症前遺伝学的検査（発症前検査）に関連する考慮事項を整理し，科学的な視点以外から考察する。さらに，全ゲノム・エクソーム時代に生じると予想される新たな課題についても検討する。

I. 発症前検査の対象

日本医学会の「医療における遺伝学的検査・診断に関するガイドライン」によると，発症前遺伝学的検査（発症前検査）とは，発症する前に将来の発症をほぼ確実に予想することを可能とする検査である[2]。発症をほぼ確実に予想するために，発症前検査の対象は，①単一遺伝子疾患であるこ

と，②浸透率がほぼ100％であることが必要とされる。実際，神経疾患の遺伝子診断ガイドライン2009においても，神経疾患の中で発症前検査の対象となり得る要件として上記の2点が記載されている[3]。ただし，浸透率が低い場合にも何らかの医学的介入が臨床的に有用である場合は対象となり得る。

II. 発症前検査の実施要件

発症前検査の実施要件を**表❶**に示した[3]。これは神経疾患について設定された項目だが，他領域の疾患においても概ね共通する内容である。なお，正常な判断力・理解力を有していないと判断される対象者については基本的に発症前検査が推奨されないが，有効な治療法や予防法があり，医学的介入が臨床的に有用である場合には考慮される。また，「真の陰性（＝発症前検査の結果が陰性であった場合に，確実に当該疾患が否定されること）」を確認するために，事前に同一家系内罹患者に病因となる遺伝子バリアントが確定されている必要がある。

全ゲノム・エクソーム解析時代の遺伝医療，ゲノム医療における倫理・法・社会

Ⅲ．倫理的課題

 前述のとおり，検査結果が臨床的に有用であると判断される疾患については，浸透率が低い場合や十分な理解力・判断力が確認されない未成年の場合などにおいても，医学的なメリットがあることから発症前検査が考慮される．しかし，現時点では有効な予防法や治療法がなく，臨床的有用性が明らかでない疾患であっても検査を希望されることがある．また，自発的な意思により検査を希望しているか不明な場合や，同一家系内罹患者の遺伝情報を入手することが困難な場合などでは，被検者にとってのデメリットがメリットより大きくなる可能性があり，検査を実施してよいかの判断に迷う状況が起こり得る．このとき，倫理的視点から発症前検査の影響を検討することで状況が整理され，実施判断の手助けとなる．

 発症前検査に関与する倫理的事項は，様々な領域（身体的・精神的・経済的など）や様々な視点（患者本人・家族・社会など）から検討することができる．本項では，本人・家族・社会といった視点から，医療倫理の4原則に則し主な考慮事項を整理した（図❶）[4]．

1．自律尊重

 自律尊重とは，患者本人の自律的な意思決定を尊重し，干渉しないことである．発症前検査においては，自身の遺伝情報を知る / 知らないでいる意思や，血縁者に遺伝的リスクがあることを伝え

表❶ 発症前検査の実施要件（文献3より）

- 被検者は正常の判断力，理解力を有する成人である
- 周囲等からいかなる強制もなく，被検者が自発的に発症前検査を希望している
- 原則として，同一家系内の罹患者において，病因となる遺伝子変異が確定している
- 被検者は当該疾患の遺伝形式，臨床症状，予後，遺伝子診断の意味などの特徴をよく理解している
- 検査結果が陽性あるいは陰性であった場合の自分自身・家族の将来に対して十分な見通しを持っている（予備的ガイダンスがなされている）
- 診断結果告知後に臨床心理的，社会的支援を行う医療機関が利用できる

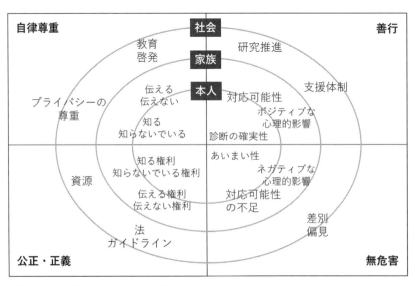

図❶ 発症前検査における考慮事項（文献4より改変）
医療倫理の4原則に則し，発症前検査における考慮事項の一例を視覚的に整理した．

る / 伝えない意思を尊重することなどが当てはまる。この際の意思決定は，当該疾患の特徴について正確に理解し，今後の見通しを立てたうえでの判断であるべきであり，正しい理解のためには適切な情報提供を行うこと，今後の見通しを立てるためにはメリット・デメリット表（**表❷**）などを用い検討することが有効である[5]。また，意思決定には医学的制約のみならず，経済的制約，パーソナリティ，意欲の程度，本人の価値観，家族の価値観，法的・社会的基準，カウンセラーによる制約といった様々な要因が影響することが報告されている[6]。遺伝カウンセリングでは，クライエントが置かれた状況をこれらの要因から具体的に整理していくことでクライエント自身の自己理解が深まり，意思決定の支援に役立てることができる[7]。

社会的な視点では，周囲から強制されず自律性が尊重されるための教育と啓発や，自律的な意思決定を擁護するためのプライバシーを尊重する仕組みが必要である。

2. 善行 vs 無危害

善行とは患者自身にとっての最善をつくすことであり，無危害とは患者自身に危害を加えないこと，または予防することである。善行と無危害はしばしば対立する状況が予測され，倫理的ジレンマが生じる。例として，浸透率がほぼ100%である疾患では発症前検査によりほぼ確実に将来の発症を予測することができる診断の確実性がある一方で，いつ発症するかわからないといったあいまい性がある。対応可能性の評価には，米国 NIH の ClinGen が提供している Actionability Summary Report の日本語版である Actionability サマリーレポート日本語版[8] が参考になるが，リストにない疾患や個々の状況によっては判断が難しく，十分な対応可能性が担保できない場合がある。また，臨床的な対応可能性は明らかでなくても，職業や生殖の選択といった場面で人生設計に役に立つと考え発症前検査を希望する者も存在するが，対応可能性は医学の進歩や社会・福祉制度などの改正を受け時代とともに変化するために，現時点で長い人生に及ぶ決定を具体化することは困難とも考えられる。心理的影響については，自身の遺伝的状態を知ることで漠然とした不安が軽減するなどのポジティブな影響と，恐怖や抑うつが助長されるなどのネガティブな影響を考慮しなければならないが，これらの感情についても時間や環境とともに流動的に変化する。実際に，発症前検査後の QOL に関する文献レビューでは，抑うつや不安は結果開示後によく確認されるが一過性であり，自殺などの破滅的な結果になることは稀であると報告されている[9]。ただし，これは研究参加者に限定したデータであり，選択バイアスが存在することに留意する必要がある。

社会的には，疾患理解や治療法開発を目的とし

表❷　メリット・デメリット表（文献5より改変）

	メリット	デメリット
検査を受ける 陽性	• すっきりする • 人生設計（職業 / 挙児 / 財政等）ができる • （治療がある疾患の場合） 　早期発見・治療につながる	• 落ち込む • 家族が落ち込む • 親戚の誰に伝えるべきか迷う • 上司や友人に伝えるべきか迷う
検査を受ける 陰性	• すっきりする • 人生設計（職業 / 挙児 / 財政等）ができる • 家族に心配をかけずにすむ • 人生観が180度変わる	• 特に思いつかない • 陽性であった同胞に申し訳ない • 自身が責任をもって家族の面倒をみなければならないと思う
検査を受けない	• 余計な心配をせずにすむ • 陽性と思い覚悟を決めて生活できる	• 人生設計ができない • 周囲の人間は受けて欲しがると思うのでプレッシャーを感じる • 必要以上に不安が続く

発症前検査を検討する者に対し，検査を今受けること / 受けないことのメリットとデメリットを整理する目的で用いられる。検査前の遺伝カウンセリング時に作成する。

全ゲノム・エクソーム解析時代の遺伝医療，ゲノム医療における倫理・法・社会

■各　論

た研究の推進のために，発症前からの情報が有益になることがある。診断後は，医療だけでなく社会保障制度を含めた継続的な支援体制が必要である。さらに，被検者が不利益を被らないために差別や偏見への対応が求められる。

3. 公正・正義

公正・正義とは，患者を常に平等・公平に扱うことである。これにより，すべての者に対し，自身の遺伝情報について知る / 知らないでいる権利が保証される。また，知り得た遺伝情報を他人に伝える / 伝えない権利も尊重されなければならないが，それゆえにしばしば患者本人と血縁者の間で対立が生まれる。例として，患者本人は自身の遺伝情報を知りたくないために遺伝学的検査を拒んでいるが，血縁者は自身の遺伝情報を知りたいために発症前検査を希望していることがある。上述のとおり，発症前検査を実施するうえでは，原則同一家系内罹患者に病因となる遺伝子の変化が確認されている必要があるため，この場合，患者本人の遺伝情報が判明していないことが血縁者の知る権利を拒む原因となり得る。また患者本人が，遺伝性疾患であることを血縁者に伝えたくない場合，特に臨床的有用性がある疾患では血縁者が早期発見・治療を行う機会を逃してしまう可能性がある。

公正・正義には，限りある資源を平等に分配することも含まれる。国民全体に遺伝学的検査や遺伝カウンセリングの機会を平等に分配するためには，地理的問題や経済的問題を緩和する仕組みが必要である。例として，発症前検査の遺伝カウンセリングに対応できる施設は限られており，人材の育成や経験を共有する場の設定が提案される[10]。経済的問題では，現在非発症者に対する医療は保険適用でなく，自己負担額が大きいといった課題への対応が必要である。さらには，発症前検査を適切に運用するためのルール作りや法整備が求められる。神経疾患の発症前検査については，欧米で様々な疾患に対するガイドラインや推奨事項が提案されている。一方本邦では，発症前検査の実施要件が示されているものの詳細な手順は定められておらず，各施設の判断に委ねられ

ている[10]。脊髄性筋萎縮症に対する遺伝子治療薬に代表されるような発症前段階を含めた早期での投与が重要である医薬品が登場したことにより，今後は発症前検査のニーズがますます増加すると予想されることから，本邦における発症前検査の実施に関する標準的な手順書の作成に向けた取り組みが急務である。

Ⅳ. 法的・社会的課題

法的課題については，2023 年 6 月に成立した「良質かつ適切なゲノム医療を国民が安心して受けられるようにするための施策の総合的かつ計画的な推進に関する法律」[11] が支柱となる。特に発症前検査においては，遺伝情報による不当な差別を防止しなければならないと明記されたことで，従来危惧されていた結婚・就職時や民間保険への加入時に生じ得る問題に対応できる可能性がある。

社会的課題については，"そもそも発症前段階より疾病として診断・管理すべきなのか"という論点がある。早期より予防し発症を遅らせることは，本人の健康寿命を延ばすのみならず，医療費削減といった国益につながり得る。一方，予防のための医学的管理にも相応の費用がかかることから，遺伝性疾患の発症前からの管理が医療経済の視点から考慮しても効果的であるかについて検討したうえで，社会保障制度の適応について判断する必要がある。

Ⅴ. 全ゲノム・エクソーム解析時代での課題

全ゲノム・エクソーム解析などの網羅的な遺伝学的検査では，特定の遺伝子を解析対象とする状況では起こり得なかった新たな課題が生じる。それぞれの課題に対する発症前検査への影響を整理する。

1. 新規バリアントの検出

一般的に，全ゲノム解析の診断率は約50％，全エクソーム解析では約25～40％と報告されており[12]，解析対象遺伝子が増加することでこれまで不明であった診断を確定することが可能と

150　　全ゲノム・エクソーム解析時代の遺伝医療，ゲノム医療における倫理・法・社会

なった。未診断疾患の診断到達は個別化医療に貢献するが，検出されたバリアントを病因とする疾患の臨床像や治療法に関する報告が極めて少ない場合には，患者本人のみならず血縁者についても疾患像をイメージすることが難しくなる。さらに，血縁者がこの情報を基に発症前検査を検討する場合にも限られた情報の中で将来の見通しをもつことが困難となり，心理的負担が増える可能性がある。

また，新規で認められるバリアントには，病的意義が不明なバリアント（variant of uncertain significance：VUS）も多く含まれる。VUS の結果は臨床的意義が明らかでないことから患者に返却されず，血縁者の発症前検査にも利用できない。しかし，病的意義の解釈は医学の進歩とともに変わり得ることから，将来的には患者や血縁者にとって有益な情報になる可能性があり，VUSへの対応については検査前によく検討しておく必要がある。

2. 二次的所見への対応

網羅的な遺伝学的検査では，本来の検査の目的ではないが解析対象になっていたために検出されたバリアント（二次的所見）が判明することがある。患者本人・血縁者の健康管理に有益な二次的所見は開示することが推奨されるが[13]，二次的所見は現時点で発症していない症状に対する情報の場合があり，網羅的な遺伝学的検査自体が発症前検査の側面をもつといえる。さらに，その情報を踏まえ血縁者が患者同様に当該二次的所見を有している可能性を考慮し，発症前検査を検討する場合がある。この場合では，患者・血縁者ともに二次的所見を病因とする遺伝性疾患についての知識やイメージが皆無である可能性があることから，疾患の臨床像や予防法・治療法について，遺伝カウンセリングで十分に情報提供を行い，理解を促したうえで自律的意思決定を尊重する。

■ おわりに

発症前検査に関連する考慮事項について整理し

た。治療薬や遺伝子解析技術の開発と並行して，今後ますますニーズが増加する発症前検査の体制整備が不可避である。従来からの課題に引き続き真摯に向き合う姿勢が求められる一方で，新たに生じた課題に対し柔軟な対応を行うことで，適切なゲノム医療を推進することが可能となる。

・・・・・・・・・・・・・・・・・ 参考文献 ・・・・・・・・・・・・・・・

1) Beauchamp TL, Childress JF : Principles of Biomedical Ethics 1st ed, Oxford University Press, 1979.
2) 日本医学会：医療における遺伝学的検査・診断に関するガイドライン, 6, 2022.
https://jams.med.or.jp/guideline/genetics-diagnosis_2022.pdf（2023 年 12 月 19 日参照）
3) 辻 省次, 他：神経疾患の遺伝子診断ガイドライン 2009（日本神経学会監修）, 7-8, 医学書院, 2009.
4) van der Schaar J, Visser LNC, et al : Alzheimers Res Ther 14, 31, 2022.
5) 日本人類遺伝学会編：コアカリ準拠 臨床遺伝学テキストノート, 165, 診断と治療社, 2018.
6) Mealey L : Health Soc Work 9, 124-133, 1984.
7) 小杉眞司編：遺伝カウンセリングのためのコミュニケーション論, 104, メディカルドゥ, 2016.
8) AWG-Japan : Actionability サマリーレポート日本版
http://www.idenshiiryoubumon.org/actionability_japan/index.html（2023 年 12 月 19 日参照）
9) Paulsen JS, Nance M, et al : Prog Neurobiol 110, 2-28, 2013.
10) 柴田有花, 松島理明, 他：臨神経 62, 773-780, 2022.
11) デジタル庁 e-GOV 法令検索：良質かつ適切なゲノム医療を国民が安心して受けられるようにするための施策の総合的かつ計画的な推進に関する法律, 2023.
https://elaws.e-gov.go.jp/document?lawid=505AC1000000057（2023 年 12 月 19 日参照）
12) Sawyer SL, Hartley T, et al : Clin Genet 89, 275-284, 2016.
13) 厚生労働科学研究費補助金 倫理的法的社会的課題研究事業「国民が安心してゲノム医療を受けるための社会実現に向けた倫理社会的の課題抽出と社会環境整備」：ゲノム医療におけるコミュニケーションプロセスに関するガイドライン -その 2：次世代シークエンサーを用いた生殖細胞系列網羅的遺伝学的検査における具体的方針 改訂第 2 版.
https://www.amed.go.jp/content/000087775.pdf（2023 年 12 月 19 日参照）

・・・・・・・・・・・・・・・ 参考ホームページ ・・・・・・・・・・・・・・・

・ ClinGen
https://clinicalgenome.org/

柴田有花

2012 年　京都大学医学部人間健康科学科看護学専攻卒業
2014 年　同大学院医学研究科社会健康医学系専攻遺伝医療学分野専門職学位課程修了
2022 年　北海道大学大学院医学院神経病態学分野神経内科学教室博士課程修了

各論

13 網羅的ゲノム・遺伝子解析において判明する偶発的所見・二次的所見をめぐる倫理的課題

大橋範子

網羅的ゲノム・遺伝子解析技術の進歩・普及にともない，偶発的所見・二次的所見の取り扱いが新たな倫理的・法的・社会的課題として注目されるようになってきた。網羅的解析で生じる偶発的所見・二次的所見は遺伝情報である。そのため，その情報を被験者／患者や血縁者の健康などに役立てることが期待される一方，それが適切に取り扱われない場合，彼らに不利益やリスクをもたらす可能性もある。本稿ではゲノム研究・ゲノム医療の場で長年議論が続いてきた「結果の返却」に関連した問題を取り上げる。

Key Words

偶発的所見，二次的所見，追加的ケア，結果の返却，対処可能性

■ はじめに

近年のゲノム・遺伝子解析技術の進歩は目覚ましい。Human Genome Project によって，2003 年にヒトゲノムが解読されたが，その際には 13 年という期間と 30 億ドルという巨額の予算が投じられた。しかし，その後登場した次世代シーケンサーは，ゲノム解析の高速化・低価格化を飛躍的に進め，ヒトゲノムの解析が，わずか数時間，そして 1000 ドル以下の費用で可能となった。そうした進展にともない，研究や診療の場で，全ゲノム解析・全エクソン解析・遺伝子パネル検査といった網羅的なゲノム・遺伝子解析の普及が進みつつある。

その一方で，網羅的解析にともなう新たな問題もクローズアップされるようになった。ゲノム・遺伝子解析で得られる遺伝情報は究極の個人情報とも言われ，「不変性」，「予測性」，「共有性」，「あいまい性」[用解1]，「個人識別性」などの特性を有している。それゆえ従来から，遺伝情報やその取り

扱いに関連する様々な倫理的・法的・社会的課題（ethical, legal and social issues：ELSI）が指摘されてきた。次世代シーケンサーによる網羅的解析では「偶発的所見（IF）」，「二次的所見（SF）」の取り扱いが新たな倫理的課題として加わった。本稿では，この「偶発的所見」，「二次的所見」の取り扱いをめぐる問題について論じる。

Ⅰ. 偶発的所見（IF）・二次的所見（SF）

偶発的所見は「incidental findings（IF または IFs と略される）」の訳語であり，一般的には「研究や診療の中で，ある疾患についての検査をしたとき，偶然，見出された別の疾患についての所見」といった意味で使われ，ゲノム・遺伝子解析に限らず，MRI などの画像研究・画像診断でも問題となる。検査の本来の目的である「primary findings（一次的所見／本来的所見）」に対する語で，同義または類義の語に，「unsolicited findings」，「accidental findings」，「co-incidental findings」などがあり，後述する二次的所見（「secondary

■各論

findings（SF または SFs と略される）」の訳語）も同義で用いられる場合がある。

偶発的所見の取り扱いをめぐる問題を提起した有名な論文の一つに 2008 年に発表された Wolf らによるものがあるが[1][2]，そこでは研究において判明する「incidental findings」を「研究参加者個人に関する，健康上または生殖上重要な可能性があり，研究を行う過程で見つかるが，当該研究の目的を超えた所見」と定義している。

2013 年には，診療の場での「incidental findings」の返却をめぐって大きな議論を巻き起こすことになる米国臨床遺伝・ゲノム学会（American College of Medical Genetics and Genomics：ACMG）の勧告が出された[3]。この勧告では「incidental findings」を，当該解析検査の目的とは関連がない病的遺伝子変異を「意図的に探索して得られた結果」としている。なお，勧告中には「incidental (or secondary) findings」という記載があり，その時点では両者を同義で用いていることがわかる。同年には「生命倫理問題研究に関する大統領諮問委員会（Presidential Commission for the Study of Bioethical Issues：PCSBI）」による報告書も出された[4]。この報告書では，「incidental findings」と「secondary findings」を探索意図の有無で区別し，「incidental findings」についてはさらに予想の可否で二つに分けている[*1]。「secondary findings」については「実施者が A の発見を目指すとともに，専門家の推奨に従って D も積極的に探索する」[*2] と説明している。「意図的に探索して」得られるという点で，PCSBI の「secondary findings」と ACMG の「incidental findings」は同旨であり，ACMG の勧告が更新された際に[5]，PCSBI の用法に整合させる形で「incidental findings」から「secondary findings」に改められた（以下，incidental findings は IF，secondary findings は SF と表記）。

わが国では，日本人類遺伝学会が提言[6]で述べたように，二次的所見を「検査の目的から外れて意図的に見つける所見」，偶発的所見を「検査の目的から外れて偶然に見つかる所見」と定義することが一般的だが，前述のような経緯もあって，IF・SF の両語がその区別もあいまいなまま使われている現状があり，IF/SF のように一体的に表記されることも多い。いずれにせよ，IF も SF も検査の本来の目的から外れて判明する所見であり，本稿では特に区別する必要がない限り，両者を包括して IF/SF と表記する。

II．研究における IF への対処義務

前項で述べたように，網羅的解析で判明する IF への対処をめぐる議論は，研究で得られた IF を対象にまず起こった[*3]。

患者の最善の利益を目指す診療と違い，研究が目指すのは医学の進歩であり，その成果の恩恵を受けるのは将来の患者らである。そうすると，研究中に被験者の健康に役立つかもしれない所見が偶然見つかったとしても（しかもそれが研究の目的を外れたものである場合に），はたして研究者がそれに対処する義務を負うのだろうか[*4]。たしかに倫理的には何らかの対処をすることが望ましく思われるかもしれないが，それを倫理的義務とまで言うとすれば，その根拠をどのように考えればよいだろうか。

この問いに答えを与えるものとしては，Richardson らが「追加的ケア（ancillary care）」[7]の枠組みの中で構築した「部分委託モデル

---

*1 「予想可能な incidental findings」には「実施者は A の発見を目指すが，その検査や処置との関連が知られている結果 B を見出す」という説明が，「予想不可能な incidental findings」には「実施者は A の発見を目指すが，その検査や処置との関連が知られていない結果 C を見出す」という説明が付けられている。この B が「予想可能な incidental findings」に，C が「予想不可能な incidental findings」に当たる。

*2 この D が「secondary findings」に当たる。

*3 この時点の議論では，まだ「IF」と，意図的に探索するという意味での「SF」の語は併存していないため，本項では IF に統一する。また IF への対処義務の検討は，Wolf らの論文を含め，画像研究など IF が生ずる研究を広く射程としたものも多い。

*4 Wolf らによれば，根拠は様々であっても，IF に対処する倫理的義務を研究者は負うべきだという点に関しては共通の意識はあったとされる[2]。

全ゲノム・エクソーム解析時代の遺伝医療，ゲノム医療における倫理・法・社会

(partial-entrustment model)」[8], Miller らの「専門職としての関係性 (professional relationship) に基づく義務」[9] などが知られている。また，より一般的な義務である「救助の原則」[用解2] や「互恵性」[用解3] に根拠を見出すこともできよう。ここでは「研究の目的から外れたものである」にもかかわらず，研究者が義務を負う点をより明確に説明していると思われる前二者を紹介する。

1. 部分委託モデル

まず追加的ケアであるが，これは「研究を科学的に妥当なものにするためや，研究の安全性を保障するためや，研究中に生じた被害を補償するために必要とされるケアではないが，被験者にとっては必要なケア」[7] と定義される。研究の目的を外れて生じる IF への対処は — 被験者の立場からは，IF に対処（ケア）してもらえることは必要と言えるが，その対処（ケア）は研究の科学的妥当性や安全性を確保するために必要なわけでも，研究で生じた被害補償のために必要なわけでもないという点において — まさしくこの追加的ケアに該当すると言える。

Richardson はこの追加的ケアを行う義務がどのように生じるかを「部分委託モデル」によって次のように説明する。

被験者は，プライバシー権によって保護された自身の身体サンプルや医療情報の収集，侵襲・介入といった処置を，インフォームドコンセントによって研究者に「許可」する。「部分委託モデル」では，研究者はその「許可」を得た「範囲」で研究を実施することが可能になるが，それとともに暗黙のうちに被験者から特別な責任を「委託」され，その範囲で被験者の健康に対する責任を負うと考える。したがって，プロトコルに沿って研究を実施する中で見出されたものについては，それが研究の目的を外れていても — 被験者から網羅的解析の許可を得て実施したところ，当該解析の本来の目的ではないが，その解析によって IF が判明した場合がこれに当たる — ，研究者は IF への対処義務を負うことになる。

2. 専門職としての関係性に基づく義務

これは専門職とクライアントとの間に築かれる専門職としての関係性に着目するものである。専門職は，クライアントの同意によってそのプライベートな情報や身体に特権的にアクセスすることが可能となる。この関係性のもと職務を遂行中に，クライアントの利益に関わるが職務の範囲外の情報を得た場合，しかもそれがクライアント自身では見つけにくいものである場合，その情報の潜在的な意義を見きわめる専門職の能力と，それに特権的にアクセスできるということが，この「偶発的な情報」に対処する義務を形成すると考えるのである。Miller らはこの考え方を適用して，病的意義のある IF を見つけた研究者の義務を説明する。

ただ，研究者や研究機関が IF に対処する際の範囲については留意すべき点がある。研究者側が倫理的に義務づけられる以上に対処しようとすれば，かえって被験者の「治療との誤解 (therapeutic misconception)」[用解4] を助長する可能性があるという点である[9]。したがって，研究者側が，より積極的に広く対処すればより望ましいというわけではなく，義務の限界を見きわめた対応が必要である。

III. ACMG の勧告とその倫理的問題

研究に対して診療では，医師（または医療機関）と患者の間には診療契約[*5] が結ばれており，そこから医師の義務は生ずる。医師はその義務に従って患者のために診療を行い，検査・手術などに際しては患者からインフォームドコンセントを取得しなくてはならない。ところが 2013 年に ACMG は，診療でエクソーム解析・ゲノム解析を実施する場合に，患者の意向や年齢に関わりなく IF（後に SF と改められた）として，検査室が医師に報告すべきミニマムリストを示した勧告を発表した[3]。本項ではこの勧告からはらむ倫理的問題について概説する。

当時，診療の場でも網羅的解析の普及が急速に

[*5] 日本では，診療契約は準委任契約（民法第 656 条，第 643 条）と考えられており，そこから医師の説明義務が生ずる。

■ 各 論

進みつつあり，解析検査の本来の目的ではないが臨床的に有用な IF/SF が判明する可能性が高まってきた。そこで ACMG ではこの問題を検討するワーキンググループを発足させた。ワーキンググループでは，臨床的妥当性・臨床的有用性に基づいて，疾患・遺伝子・変異を特定し，予防・治療が可能な疾患や，病的変異をもつ者が長期間無症状である疾患を優先するなどの検討を重ねて，前述の発表にいたった。

勧告では，解析検査の依頼を受けた検査室は，当該解析の適応対象である疾患と関わりなく，ミニマムリストに掲載された全遺伝子・変異を積極的に探索し，解析を依頼した医師に報告するよう推奨する。しかしこれに従うと，患者側ではリスト内の全部あるいはその一部の探索をオプトアウトすることができず（リストの探索を望まないのであれば解析検査自体を受けないという選択しかできない），従来の倫理規範である患者の「自律の尊重」や「自己決定権」，「知らないでいる権利」の保障に反することになる[*6]。ところがワーキンググループは，医師や検査室職員には，IF/SF について患者やその家族に警告することによって危害を防止する信認義務があり，それは患者の自律に優先すると判断したのである。

また，勧告では患者の年齢に関係なく IF/SF を報告することを推奨しているが，これも「小児に対しては成人発症の疾患の発症前診断を実施しない」という従来の推奨[10]とは相容れないものであった。しかしワーキンググループは，介入可能な IF/SF の発見による小児やその親の将来の健康に対する潜在的利益が，小児の遺伝的リスクを医師に報告することにともなう倫理的懸念を上回ると判断した。

ほかにも，解析検査のたびにルーティンで IF/SF の解析を実施するというあり方（日和見的スクリーニング），リストの選定の問題（過剰包摂または過少包摂）などいくつもの問題を勧告は含んでおり，多くの批判が寄せられた[11]。このうち患者のオプトアウトについては，2014 年に勧告が更新された際に認められることとなったが[5]，それはミニマムリストに掲載されたすべてに対するオプトアウトであり，患者側がリストの中から検査対象とする疾患・遺伝子を選ぶことはできなかった。

勧告・リストの更新は継続して行われており[*7]，ミニマムリストの選定については新しい知見が反映されるが，今述べたようないくつかの問題は依然として残っている。ともあれ，アメリカでは現在 ACMG の方針・リストが定着しているようであり，日本のゲノム医療においても ACMG のリストは参考にされている[12]。

Ⅳ．IF/SF への対処 〜結果の返却についての留意点

網羅的解析の普及とともに，現在，研究・診療のどちらにおいても IF/SF への対処が急務となっている。同様の問題は画像研究・診断などの領域でも起きているが，診療における画像診断では，検査の本来の目的ではなかった病変が偶発的に見つかった場合に，それを患者に伝えず病状の悪化を招けば，診療契約上の注意義務違反を問われることとなる。

一方，網羅的解析で判明する IF/SF は遺伝情報であるために，その時点では発症しておらず[*8]，将来必ず発症するとも限らないこと，血縁者にも影響が及ぶ可能性があることなどの特性がある。また，次世代シーケンサーで検出された変異を IF/SF として返却するためには病的意義の解釈やサンガー法などによる追加検査が必要となるなど，様々な負担も生じる。そのため画像診断の場合と異なり，返却によってもたらされる利益と害・負担を慎重に衡量して返却の可否を決めることに

[*6] ACMG の勧告では，IF/SF の報告は医師に対して行われることになっている。しかし医師は，結果を患者に開示しなければ法的責任を問われるリスクがあること，そのリスクは患者が望まない結果を開示することによるリスクを上回ることを知っているため，患者に開示することが予想されるからである[13]。

[*7] 現在最新のものは，「Miller DT, Lee K, et al : Genet Med 25, 100866. Epub 2023 Jun 22」を参照。

[*8] 自覚症状がなく本人は気づいていないが，すでに発症している場合もありうる。

全ゲノム・エクソーム解析時代の遺伝医療，ゲノム医療における倫理・法・社会

なる。そして，返却の方針をとる場合には，以下のような対応も求められる。

例えば，インフォームドコンセントのプロセスにおいては，IF/SF が判明する可能性，遺伝情報の特性，IF/SF の返却によって本人や血縁者にもたらされる利益・不利益，「知る権利 / 知らないでいる権利」などについて，被験者 / 患者に対し適切に説明し，その理解を得たうえで，返却に対する希望の有無を確認しなくてはならない。

また返却側の体制面の整備も重要な課題である。具体的には，臨床遺伝専門医や認定遺伝カウンセラーによる遺伝カウンセリングや，IF/SF として判明した遺伝性疾患の診療を担える診療科・施設との連携を可能にしておくことなどである。

ところで，こうした人的・施設的な対応とともに，そもそも判明した IF/SF がどのような疾患・遺伝子変異であれば返却すべきかという問題があり，この判断にあたって重要な基準となるのが医学的対処可能性（clinical actionability）である。次項ではそれを取り上げる。

V．対処可能性（actionability）について

医学的対処可能性とは通常，判明した遺伝性疾患に予防法や治療法が存在することを意味する。医学的対処可能性がある場合，IF/SF の返却によって将来の発症可能性を知ることで，予防，早期発見・早期治療に努めることができ，その結果，本人や血縁者に医学的利益がもたらされる可能性がある。

これを評価する方法としては，アメリカのClinGen の Actionability Working Group が提案する「Severity（重篤さ）」，「Likelihood of disease (akin to penetrance)（浸透率）」，「Effectiveness of specific interventions（特定の医学的介入の効果）」，「Nature of intervention（医学的介入の性質）」の4指標を各々0〜3点で評価したものを合計し，

それにエビデンスレベル（A 〜 E の5段階）を組み合わせる方式などがある[14]。

ただ，仮に医学的対処可能性の高い IF/SF が判明して返却されたとしても，それが当事者に必ず利益や幸福をもたらすとは限らない。100％予防できるのでない限り発症への不安が払拭されるとは限らず，また高い予防効果が証明された方法があっても侵襲度が高かったり，経済的負担が大きかったりすれば，結局その予防的治療を受けること，あるいは受けられないことに対し新たな苦悩が生じる可能性もある。

IF/SF 返却の事例ではないが，アメリカの俳優アンジェリーナ・ジョリー氏が発症前診断で明らかになった遺伝性乳がん卵巣がん症候群のリスク低減手術に踏み切ったこと[*9]はよく知られている。彼女の場合，乳がん，卵巣がんを発症する可能性はそれぞれ87％，50％だったと言われている。そして乳がんに関しては手術により発症可能性が5％未満になったとされる[15]。しかし，浸透率が100％でない場合，発症しない可能性もあったのであり，しかも手術によって発症リスクが0になったわけでもない。また経済的な観点から言えば，日本では今はまだ未発症の段階での検査や手術は保険適用とならない[*10]。ここで例に挙げた遺伝性乳がん卵巣がん症候群は医学的対処可能性が認められ，ACMG のミニマムリストにも含まれるものである。それでも，このように考えていくと，IF/SF として知らされることが，本人や血縁者とって福音となるかは軽々に断じることはできない。

医学的対処可能性は数値化でき，比較的客観的でわかりやすい尺度ではあるものの，結局，IF/SF の返却が本人や血縁者にとってどのような意味をもつのかは，彼らの価値観やそのとき彼らの置かれた状況など様々な主観的・個人的な要因や事情の影響も大きいように思われる。

[*9] 近親者の病歴から遺伝性のがんを懸念したジョリー氏が発症前診断を受け，*BRCA1* の病的変異が判明した。同氏はリスク低減のため予防的に両側乳房切除術を受け，後に両側卵巣卵管摘出術も受けた。この選択を勇気あるものとして賞賛する声も多かったが，慎重論も存在した。

[*10] 現時点で保険適用されるリスク低減手術は，遺伝性乳がん卵巣がん症候群と診断された乳がん既発症者が対側のリスク低減乳房切除術やリスク低減卵巣卵管摘出術を受ける場合などに限定されている。

■ 各 論

他方，医学的対処可能性がない場合，すなわち現在の医学では予防や治療が不可能な場合の返却は今のところほとんど検討されていないようであるが，日本で過去に実施されたアンケートによれば，60％近い回答者が医学的対処可能性がない場合でも知りたい（「知りたい」および「どちらかといえば知りたい」）と回答している（大阪大学調査 58.4％ [16]，AMED 委託調査 59.9％ [17]）。そしてその理由として挙がったのが，「将来に対する心構えができるから」，「自分のことなのでいかなることでも知っておきたいから」，「人生設計に役立つから」，「残された人生を有効に使いたいから」などであった [16]。これらの結果を踏まえると，非医学的な観点からの利益・対処可能性を重視する者がかなりいることがわかる。

近年，海外では臨床的有用性を超えたゲノム解析検査の結果を「個人的有用性（personal utility）」[*11] として評価し，個人の価値観や選好と臨床的なニーズを併せることで，個人の身体的健康と心理的幸福の両方を達成する「personalized healthcare」を目指す動きがある [18]。日本でも今後，医療の個別化がますます進むことが予想される。そうした時代にあって個人のニーズを反映した，より質の高い医療を実現していくためには，非医学的有用性・非医学的対処可能性という視点で解析結果を評価することも必要かもしれない。

■ おわりに

本稿では，網羅的ゲノム・遺伝子解析がもたらした IF/SF をめぐる倫理的問題として「結果の返却」に関する議論を取り上げた。IF/SF は研究・診療のどちらでも生じるが，本来，研究と診療は峻別すべきものとされ，それぞれに個別の論点を有する。ただ，遺伝情報であるがゆえの共通の倫理的課題も多く，そうしたものについてはまとめて論じた。

ところで，疾患リスクに関する遺伝情報は差別につながる可能性がある。そのため，網羅的解析

により，思わぬ遺伝性疾患が判明するのをおそれた人々が，研究への参加や医療上必要な検査を控えるといった事態も懸念され，遺伝差別禁止法などの法的規制への要望が高まっていた。そのような中，2023 年 6 月に「良質かつ適切なゲノム医療を国民が安心して受けられるようにするための施策の総合的かつ計画的な推進に関する法律（ゲノム医療推進法）」が成立する。罰則をもたないため実効性を疑問視する声はあるものの，この法が制定された意義は大きいと考える。今後，「ゲノム情報による不当な差別が行われることのないようにすること」という同法の基本理念のもと，この新しい技術を用いた研究・医療が健全な発展を遂げることを願ってやまない。

················ 用語解説 ················

1. **あいまい性**：結果の病的意義の判断が変わりうること，病的バリアント（変異）から予測される，発症の有無，発症時期や症状，重症度に個人差がありうること，医学・医療の進歩とともに臨床的有用性が変わりうること等である。〔日本医学会「医療における遺伝学的検査・診断に関するガイドライン」（2022 年 3 月改定）〕
2. **救助の原則**：救助の必要性が切迫しているときに，必要な介入が比較的容易に，危険を伴わないで行えるなら救助の義務が生じるという原則。
3. **互恵性**：研究者は被験者の協力を得て研究を実施するのであるから，自らも被験者を助け，あるいはその役に立つ義務を負うという原則。
4. **治療との誤解**：被験者が研究と診療を混同し，研究が自分の利益のために行われる治療だと誤解すること。

················ 参考文献 ················

1) Wolf SM, Lawrenz FP, et al : J Law Med Ethics 36, 219-248, 2008.
2) Wolf SM, Paradise J, et al : J Law Med Ethics 36, 361-383, 2008.
3) Green RC, Berg JS, et al : Genet Med 15, 565-574, 2013.
4) Presidential Commission for the Study of Bioethical Issues : ANTICIPATE and COMMUNICATE Ethical Management of Incidental and Secondary Findings in the Clinical, Research, and Direct-to-Consumer Contexts. December 2013.
5) ACMG Board of Directors : Genet Med 17, 68-69, 2015.
6) 日本人類遺伝学会：次世代シークエンサーを用いた網羅的遺伝学的検査に関する提言, 2017.

[*11] Kohler は，個人的有用性は「mental preparation（心の準備）」，「value of information（情報自体の価値）」，「reproductive autonomy（生殖上の自律）」，「ability for future planning（人生設計ができること）」など 15 項目の要素から構成されるとしている [18]。

7) Belsky L, Richardson HS : Br Med J 328, 1494-1496, 2004.

8) Richardson HS : J Law Med Ethics 36, 256-270, 2008.

9) Miller FG, Mello MM, et al : J Law Med Ethics 36, 271-279, 2008.

10) American Society of Human Genetics Board of Directors, American College of Medical Genetics Board of Directors : Am J Hum Genet 57, 1233-1241, 1995.

11) Wolf SM : J Law Med Ethics 45, 333-340, 2017.

12) 「ゲノム医療におけるコミュニケーションプロセスに関するガイドライン」その1：がんゲノム検査を中心に 改訂第3版, 20210908.

13) Ross LF, Rothstein MA, et al : J Am Med Assoc 310, 367-368, 2013.

14) Hunter JE, Irving SA, et al : Genet Med 18, 1258-1268, 2016.

15) Jolie A : My Medical Choice: Op-Ed Contributor, The New York Times（online）, May 14 2013.

16) 大橋範子, 大北全俊：医療生命倫理社会, 12, 88-104, 2015.

17) 平成29年度日本医療研究開発機構（AMED）委託調査：2017年度　研究や診療における遺伝情報に関する市民意識調査, 日本リサーチセンター, 2018.

18) Kohler JN, Turbitt E, et al : Eur J Hum Genet 25, 662-668, 2017.

大橋範子

1989年	京都大学法学部卒業
2008年	大阪大学大学院高等司法研究科修了
2013年	同大学院医学系研究科修了
	同大学院医学系研究科特任研究員
2019年	同データビリティフロンティア機構特任助教

遺伝カウンセリングのための
コミュニケーション論

京都大学大学院医学研究科遺伝カウンセラーコース講義

編者：小杉眞司（京都大学大学院医学研究科社会健康医学系専攻
　　　　　　　　医療倫理学/遺伝医療学分野（遺伝カウンセラーコース）教授）

通年講義担当者：浦尾充子（京都大学大学院医学研究科社会健康医学系専攻
　　　　　　　　　　医療倫理学/遺伝医療学分野（遺伝カウンセラーコース）非常勤講師）
　　　　　　　　鳥嶋雅子（京都大学医学部附属病院遺伝子診療部遺伝カウンセラー）
　　　　　　　　村上裕美（京都大学医学部附属病院遺伝子診療部遺伝カウンセラー）

定価：5,500円（本体 5,000円＋税10％）、A4変型判、404頁

●基礎編
遺伝カウンセラーのコミュニケーション　基本的な考え方
遺伝カウンセラーの基本的態度と内側（内的照合枠）からの理解
共感的理解を理解する　他

●実践編
京大の遺伝カウンセラーコースでのロールプレイの授業の流れ
病院実習の流れ、記録の方法、情報の取り扱い　他

●特別講義　立ち止まって考えて欲しいテーマ（11編）

遺伝子(ゲノム)医学・医療，研究の推進を支援する

定価：2,750円
　　　（本体 2,500円＋税10％）
年4回（1、4、7、10月）発行

【2024年発行分の特集】
47号（2024年　1月）……… 特集：ゲノム医療におけるバイオバンクの役割とその利活用
48号（2024年　4月）……… 特集：遺伝性腫瘍の新たな視点
49号（2024年　7月）……… 特集：精神疾患と遺伝
50号（2024年 10月）……… 特集：ゲノム医療・研究のELSI最前線　近日刊行

年間予約ご購読受付中

・1年間の予約ご購読の場合は ────── 1冊 2,750円（本体2,500円＋税10％）×4＝11,000円になります。
特典・2年間以上の予約ご購読の場合は ─ 1冊 2,475円 ×4＝9,900円（1年間あたり。10％引き）とさせていただきます。
　　　　　　（特典につきましては弊社への直接のお申し込みに限らせていただきます）

発行／直接のご注文は

株式会社 メディカルドゥ

〒550-0004
大阪市西区靱本町 1-6-6　大阪華東ビル 5F
TEL.06-6441-2231　FAX.06-6441-3227
E-mail　home@medicaldo.co.jp
URL　https://www.medicaldo.co.jp

巻末

資料：参考となる法律・指針・ガイドライン

参考となる法律・指針・ガイドライン

＜法令＞

医師法（昭和 23 年法律第 201 号）（令和 3 年改正）

保健師助産師看護師法（昭和 23 年法律第 203 号）（令和 4 年改正）

臨床検査技師等に関する法律（昭和 33 年法律第 76 号）（令和 4 年改正）

医療法（昭和 23 年法律第 205 号）（令和 6 年改正）

がん対策基本法（平成 18 年法律第 98 号）（平成 28 年改正）

難病の患者に対する医療等に関する法律（平成 26 年法律第 50 号）（令和 4 年改正）

良質かつ適切なゲノム医療を国民が安心して受けられるようにするための施策の総合的かつ計画的な推進に関する法律（令和 5 年法律第 57 号）

医薬品，医療機器等の品質，有効性及び安全性の確保等に関する法律（昭和 35 年法律第 145 号）（令和 5 年法律第 63 号による改正）

再生医療等の安全性の確保等に関する法律（平成 25 年法律第 85 号）（令和 6 年改正）

健康保険法（大正 11 年法律第 70 号）（令和 6 年改正）

国民健康保険法（昭和 33 年法律第 192 号）（令和 6 年改正）

臨床研究法（平成 29 年法律第 16 号）（令和 6 年改正）

児童福祉法（昭和 2 年法律第 164 号）（令和 6 年改正）

障害者の日常生活及び社会生活を総合的に支援するための法律（平成 17 年法律第 123 号）（令和 4 年改正）

障害者虐待の防止，障害者の養護者に対する支援等に関する法律（平成 23 年法律第 79 号）（令和 4 年改正）

障害を理由とする差別の解消の推進に関する法律（平成 25 年法律第 65 号）（令和 3 年改正）

生殖補助医療の提供等及びこれにより出生した子の親子関係に関する民法の特例に関する法律（令和 2 年法律第 76 号）（令和 4 年改正）

個人情報の保護に関する法律（平成 15 年法律第 57 号）（令和 5 年改正）

個人情報保護委員会　法令・ガイドライン等
https://www.ppc.go.jp/personalinfo/legal/

＜国際宣言＞

UNESCO：ヒトゲノムと人権に関する世界宣言
https://www.mext.go.jp/unesco/009/1386506.htm

世界医師会：患者の権利に関する WMA リスボン宣言
https://www.med.or.jp/doctor/international/wma/lisbon.html

＜臨床ガイドライン・指針・報告＞

日本医学会：医療における遺伝学的検査・診断に関するガイドライン（2022 年 3 月改定）
https://jams.med.or.jp/guideline/genetics-diagnosis_2022.pdf

Minds ガイドラインライブラリ
https://minds.jcqhc.or.jp

日本人類遺伝学会・日本遺伝カウンセリング学会・日本遺伝子診療学会：指定難病の遺伝学的検査に
関するガイドライン
https://jshg.jp/wp-content/uploads/2024/03/a8c675d9a379cdcf13ba0ed19fcb7a80.pdf

ゲノム医療におけるコミュニケーションプロセスに関するガイドライン その 2：次世代シークエンサー
を用いた生殖細胞系列網羅的遺伝学的検査における具体的方針【改訂第 2 版】
https://www.amed.go.jp/content/000087775.pdf

日本臨床腫瘍学会・日本癌治療学会・日本小児血液・がん学会：成人・小児進行固形がんにおける臓器
横断的ゲノム診療のガイドライン 第 3 版

日本病理学会・日本臨床検査医学会：がんゲノム検査全般に関する指針

ゲノム医療におけるコミュニケーションプロセスに関するガイドライン その 1：がんゲノム検査を中心
に【改訂第 3 版】
https://www.amed.go.jp/content/000087773.pdf

■ 参考となる法律・指針・ガイドライン

厚生科学審議会科学技術部会 NIPT 等の出生前検査に関する専門委員：NIPT 等の出生前検査に関する専門委員会報告書
https://www8.cao.go.jp/cstp/tyousakai/life/haihu130/sanko5.pdf

日本医学会 出生前検査認証制度等運営委員会：NIPT 等の出生前検査に関する情報提供及び施設（医療機関・検査分析機関）認証の指針
https://jams-prenatal.jp/file/2_2.pdf

日本産科婦人科学会：倫理に関する見解一覧
https://www.jsog.or.jp/medical/576/

厚生労働省：人生の最終段階における医療・ケアの決定プロセスに関するガイドライン
https://www.mhlw.go.jp/file/06-Seisakujouhou-10800000-Iseikyoku/0000197721.pdf

日本医師会：人生の最終段階における医療・ケアに関するガイドライン
https://www.med.or.jp/dl-med/doctor/r0205_acp_guideline.pdf

日本小児科学会 倫理委員会小児終末期医療ガイドラインワーキンググループ：重篤な疾患を持つ子どもの医療をめぐる話し合いのガイドライン
https://www.jpeds.or.jp/uploads/files/saisin_120808.pdf

＜研究に関する指針・ガイドライン＞

厚生労働省：研究に関する指針について
https://www.mhlw.go.jp/stf/seisakunitsuite/bunya/hokabunya/kenkyujigyou/i-kenkyu/index.html

文部科学省：生命倫理・安全に対する取組
https://www.mext.go.jp/a_menu/lifescience/bioethics/mext_02626.html

人を対象とする生命科学・医学系研究に関する倫理指針
https://www.mhlw.go.jp/content/001077424.pdf

AMED 患者・市民参画（PPI）ガイドブック
https://www.amed.go.jp/ppi/guidebook.html

索引

索引

数字

3省指針 …… 14

英語

A
APRIN …… 15
ATTRv アミロイドーシス …… 33

B
BRCA1/2 遺伝子検査
（BRACAnalysis® 診断システム）… 29

C
clinical actionability …… 123

D
DTC 遺伝子検査 …… 77, 114

E
eAPRIN …… 15
ELSI …… 106

F
Fabry 病 …… 33

H
HBOC …… 29
HL7 FHIR …… 94
HUGO …… 58

L
LDT …… 38
Lynch 症候群 …… 29

M
MMR-IHC 検査 …… 29
MSI 検査 …… 29

N
NIPT …… 23, 141

P
PGT-A …… 23
PGT-M …… 23
PGT-SR …… 23
PNT …… 22
polygenic score …… 82
PPI …… 107, 109

S
SQM スコア …… 123

W
WHO ガイドライン …… 13

日本語

い
医学教育 …… 125
医学教育モデル・コア・カリキュラム
…… 15
医師 …… 43
意思決定 …… 50
遺伝 …… 104
遺伝医療 …… 43, 69
遺伝カウンセリング …… 20, 28, 149
遺伝カウンセリング加算 …… 92
遺伝教育 …… 129
遺伝子関連検査 …… 38
遺伝子検査 …… 73
遺伝子検査ビジネス …… 114
遺伝子差別 …… 77
遺伝子多様体 …… 82
遺伝情報差別 …… 77
遺伝子例外主義 …… 56
遺伝性疾患当事者支援 …… 103
遺伝性腫瘍 …… 27
遺伝性乳がん卵巣がん（HBOC） …… 29
遺伝要因 …… 82
遺伝用語 …… 138
命の選択 …… 51
医療 DX …… 93
医療法学 …… 69
医療倫理 …… 140
医療倫理の 4 原則 …… 148

お
オンライン遺伝カウンセリング …… 91
オンライン診療 …… 90

か
外部精度評価 …… 39
学習指導要領 …… 129
神の委員会 …… 11
カリキュラム・マネジメント …… 129
がん …… 132
がん遺伝子パネル検査 …… 30, 92
環境要因 …… 82
がんゲノム拠点病院加算 …… 92
看護学教育 …… 126
患者家族会 …… 20
患者還元 …… 64
患者・市民参画（PPI） …… 107, 109

き
機能難病診療分野別拠点病院 …… 34
教科間連携 …… 129
教養教育 …… 136

く
偶発的所見 …… 153

け
形質予測 …… 83
結果の返却 …… 156
ゲノム …… 69
ゲノム医療 …… 43, 92, 103
ゲノム医療推進法 …… 75
ゲノム医療法 …… 56, 75, 94, 138
ゲノム研究 …… 109
ゲノム編集 …… 25
ゲノムワイド関連解析 …… 82
研究倫理指針 …… 56
健康管理 …… 18
検体検査 …… 38

こ
厚生労働省 …… 13
高等学校 …… 129
高等教育 …… 136
個人情報保護 …… 71
こども基本法 …… 97
コンサルテーション …… 47
コンパニオン診断 …… 29

し
歯学教育 …… 125
自然歴情報 …… 18
指定難病 …… 34
児童福祉法 …… 97
社会福祉 …… 96
社会福祉支援 …… 19
社会保障制度 …… 96
出生前遺伝学的検査（PNT） …… 22
出生前検査 …… 140
出生前診断 …… 70, 132
障害者総合支援法 …… 98
障害者手帳 …… 98
障害福祉サービス …… 98
小学校 …… 129
消費者直販 …… 84
情報リテラシー …… 119
情報倫理 …… 120
初等教育 …… 129
自律尊重 …… 11
自律的な意思決定 …… 148
知る権利・知らないでいる権利 …… 51
ジレンマ …… 50
新規バリアント …… 150
人工妊娠中絶 …… 143
診療報酬 …… 92
人類遺伝学会 …… 13

せ
正義 …… 11
生殖細胞系列 …… 22
性腺モザイク …… 25
精密医療 …… 43
生命倫理の 4 原則 …… 10

索　引

全エクソーム解析 ………………… 63
全ゲノム解析 ……………………… 63
善行 ………………………………… 11
全国遺伝子医療部門連絡会議 ‥ 14, 90
染色体構造異常を対象とした PGT
　（PGT-SR）…………………… 23
染色体数的異常を対象とした PGT
　（PGT-A）……………………… 23
先制医療 …………………………… 35
先天異常症候群 …………………… 17
専門職連携教育 …………………… 137
専門教育 …………………………… 136
専門職連携 ………………………… 47

そ
ソフトロー規制 …………………… 73

た
対処可能性 ………………………… 157
多遺伝子スコア …………………… 82
多職種・多施設連携 ……………… 21
単一遺伝子疾患を対象に行われる
　PGT（PGT-M）……………… 23

ち
地域共生社会の実現 ……………… 97
地域連携 …………………………… 129
着床前遺伝学的検査（PGT）… 22, 84
中学校 ……………………………… 129
中等教育 …………………………… 129

つ
追加的ケア ………………………… 154

て
デジタルデバイド ………………… 122

と
トロッコ問題 ……………………… 11

な
内部精度管理 ……………………… 39
難病 …………………………… 33, 63
難病医療協力病院 ………………… 34
難病診療連携拠点病院 …………… 34
難病法 ……………………………… 34

に
二次的所見 ……………… 54, 151, 153
日本遺伝カウンセリング学会 …… 90

は
発症前診断 ………………………… 35
発症前遺伝学的検査 ……………… 147
発症前検査 ………………………… 147
バリデーション …………………… 39

ひ
ピアサポート ……………………… 20
非指示性 …………………………… 51
非侵襲性出生前遺伝学的検査
　（NIPT）………………… 23, 141
「ヒトの遺伝」リテラシー ……… 136
標準的な手順書 …………………… 150

ふ
分析後プロセス …………………… 39
分析前プロセス …………………… 39
分析的妥当性 ……………………… 122
分析プロセス ……………………… 39

ほ
保因者検査 ………………………… 145
包括的支援 ………………………… 17
法律 ………………………………… 69
保健師・助産師・看護師 ………… 46

ま
マルチ遺伝子パネル検査 ………… 30

む
無危害 ……………………………… 11

も
網羅的ゲノム解析 ………………… 63
モデル・コア・カリキュラム
　………………………… 125, 136

や
薬学教育 …………………………… 126
薬剤師 ……………………………… 44

ゆ
ユネスコ …………………………… 56

よ
予防医療 …………………………… 48
四原則 ……………………………… 50
四分割表 …………………………… 53

り
利活用 ……………………………… 64
臨床遺伝学的アプローチ ………… 35
臨床検査技師 ……………………… 46
臨床的妥当性 ……………………… 122
臨床的有用性 ……………………… 122
倫理委員会 ………………………… 58
倫理原則 …………………………… 50
倫理指針 …………………………… 56
倫理審査委員会 …………………… 59
倫理的ジレンマ …………………… 149
倫理的・法的・社会的課題（ELSI）
　………………………………… 106
倫理分析 …………………………… 11

全ゲノム・エクソーム解析時代の遺伝医療，ゲノム医療における倫理・法・社会

メディカル ドゥの書籍　好評発売中

WILEY-BLACKWELL

原書『A Guide to Genetic Counseling second edition』

日本語版

遺伝カウンセリングガイド

【日本語版監訳】

福島明宗（岩手医科大学大学院医学研究科 専門医学領域 臨床遺伝学分野）

川目　裕（東京慈恵会医科大学附属病院 遺伝診療部／東北大学東北メディカル・メガバンク機構 人材育成部門 遺伝子診療支援 遺伝カウンセリング分野）

山本佳世乃（岩手医科大学大学院医学研究科 専門医学領域 臨床遺伝学分野）

本書は多くの認定遺伝カウンセラー養成校においても遺伝カウンセリングに関する基礎テキストとして用いられています「A Guide to Genetic Counseling, second edition」の日本語翻訳版です。

自信をもって遺伝カウンセリングを行うために！！

信州大学名誉教授　福嶋義光先生　推薦

国策の一つとなったゲノム医療に求められているのは遺伝カウンセリング（GC）の充実である。GCの真髄は「何を伝えるか」ではなく、「双方向のコミュニケーションをいかに充実させていくか」である。認定遺伝カウンセラー®を養成する大学院修士課程の関係者により翻訳された本書は、わが国の事情も考慮されたものとなっており、遺伝カウンセリングに関わる全ての方にとって必読の書であると言える（福嶋義光先生推薦文より）。

定価：11,000円（本体10,000円＋税10%）、B5判、556頁

発行／直接のご注文は

 株式会社 メディカルドゥ

〒550-0004
大阪市西区靱本町1-6-6　大阪華東ビル5F
TEL.06-6441-2231　FAX.06-6441-3227
E-mail　home@medicaldo.co.jp
URL　https://www.medicaldo.co.jp

遺伝子(ゲノム)医学・医療, 研究の推進を支援する

季刊 **近日刊行**

遺伝子医学
Gene & Medicine

50号
復刊25号
Vol.14 No.4

特集 ゲノム医療・研究のELSI最前線

特集コーディネーター：
武藤香織（東京大学医科学研究所 ヒトゲノム解析センター 公共政策研究分野 教授）
長神風二（東北大学 東北メディカル・メガバンク機構 広報戦略室 教授）
吉田雅幸（東京科学大学大学院医歯学総合研究科 先進倫理医科学分野 教授）

定価：2,750円（本体2,500円+税10%）、A4変型判

- ●目で見てわかる遺伝病 - 神経内科編6〈シリーズ企画〉
  - ●筋ジストロフィー（筋強直性ジストロフィー, ジストロフィン異常症）
- ●Front View
  - ●巻頭言
- ●Main Theme
  《特集：ゲノム医療・研究のELSI最前線》
  Ⅰ 総論
  1）ゲノム医療・研究者のためのELSI最前線
  Ⅱ ゲノム研究・医療をめぐる広報と報道
  1）ゲノム医療・研究の情報発信 - プレスリリースを中心に -
  2）ゲノム医療研究ニュースがテレビで放送されるまで
  3）ゲノム医療・研究を報じる通信社記者の立場から
  Ⅲ ゲノム研究・医療への患者参画/市民参画
  1）RUDY JAPANにおける患者・市民参画
  2）大規模コホート/バイオバンクにおける社会とのコミュニケーション
  3）インフォームド・コンセントの査読を受けてみた
  4）患者と共に創る未来のがんゲノム医療：SCRUM-Japan MONSTAR-SCREENとFairy'sが生み出す共創の価値
  Ⅳ ゲノム研究における公正・包摂・多様性
  1）ヒトゲノム研究におけるベネフィットシェアリング再考
  2）データの多様性確保をめぐる国際的な議論の動向
  3）ゲノム医療の適切な発展に資するAIの活用のあり方をめぐって

- ●Hot Topics 話題
  - ●原因不明の重症新生児に対する迅速な遺伝子診断
  - ●NIPTを取り巻く最近の海外の動向 - 対象疾患の現状と検査提供体制 -
- ●Learning① 遺伝性疾患(遺伝病), 難治性疾患(難病)を学ぶ
  - ●タナトフォリック骨異形成症
- ●Learning② 遺伝子関連検査を知る
  - ●近年のPGT-Mの検査法について
- ●Method 研究手法
  - ●エピシグナチャー解析
- ●Genetic Counseling 実践に学ぶ遺伝カウンセリングのコツ
  - ●遺伝カウンセリングの潜在的クライエントを紹介に導くための取扱い
- ●CGC Diary 私の遺伝カウンセリング日記〈リレー執筆〉
  - ●始まりは13歳のハローワーク 〜着床前検査の今までと今後を考える〜
- ●Ties 絆 当事者会, 支援団体の紹介⑰
  - ●CMT友の会 〜医療・福祉で解決できないことをピアサポートのチカラで〜

―― 年間予約ご購読受付中 ――

・1年間の予約ご購読の場合は ……………… 1冊 2,750円（本体2,500円+税10%）×4＝11,000円になります。
・**特典**・2年間以上の予約ご購読の場合は …1冊 2,475円×4＝9,900円（1年間あたり。10%引き）とさせていただきます。
（特典につきましては**弊社への直接のお申し込み**に限らせていただきます）

発行／直接のご注文は

株式会社 メディカルドゥ

〒550-0004
大阪市西区靭本町1-6-6　大阪華東ビル5F
TEL.06-6441-2231　FAX.06-6441-3227
E-mail　home@medicaldo.co.jp
URL　https://www.medicaldo.co.jp

■ 編集者プロフィール

三宅秀彦（みやけ　ひでひこ）
お茶の水女子大学大学院人間文化創成科学研究科
ライフサイエンス専攻 遺伝カウンセリングコース / 領域 教授

＜経歴＞
1993 年　日本医科大学医学部医学科卒業
　　　　 同付属第一病院産婦人科
2009 年　同産婦人科学教室講師
2011 年　葛飾赤十字産院第 1 産科部長
2013 年　京都大学医学部附属病院遺伝子診療部・倫理支援部特定准教授
2017 年　お茶の水女子大学大学院人間文化創成科学研究科ライフサイエンス専攻
　　　　 遺伝カウンセリングコース / 領域教授

全ゲノム・エクソーム解析時代の
遺伝医療，ゲノム医療における
倫理・法・社会

定　価：本体 4,200 円＋税
2024 年 11 月 20 日　第 1 版第 1 刷発行

編集　三宅秀彦
発行人　大上　均
発行所　株式会社 メディカル ドゥ

〒550-0004　大阪市西区靱本町 1-6-6 大阪華東ビル
TEL. 06-6441-2231/FAX. 06-6441-3227
E-mail：home@medicaldo.co.jp
URL：https://www.medicaldo.co.jp
振替口座　00990-2-104175
印　　刷　モリモト印刷株式会社
©MEDICAL DO CO., LTD. 2024　Printed in Japan

・本書の複製権・上映権・譲渡権・公衆送信権（送信可能化権を含む）は株式会社メディカル ドゥが保有します。
・[JCOPY] ＜出版者著作権管理機構 委託出版物＞
本書の無断複製は著作権法上での例外を除き禁じられています。複製される場合は、そのつど事前に、出版者著作権管理機構（電話 03-5244-5088、FAX 03-5244-5089、e-mail: info@jcopy.or.jp）の許諾を得てください。

ISBN978-4-909508-30-0